U0136078

# 浯嶼水寨

## 一個明代閩海水師重鎮的觀察

何孟興 著

蘭臺出版社

謹 以 此 書
獻給

我的母親

黃 淑 惠 女 士

## 作者簡歷

　　何孟興，臺灣省臺中縣人，一九六二年生，東海大學歷史學研究所畢業，朝陽科技大學通識教育中心副教授，研究興趣領域爲臺灣史、明清史、海洋史和勞作教育制度。歷史學方面，著有《清初巡臺御史制度之研究》、〈明嘉靖年間閩海賊巢浯嶼島〉、〈詭譎的閩海：由「李魁奇叛撫事件」看明政府、荷蘭人、海盜李魁奇和鄭芝龍的四角關係〉、〈從《熱蘭遮城日誌》看荷蘭人在閩海的活動〉、〈神岡三角仔呂家的崛起〉…等專論。

# 目　次

# 序——我的「閩海」研究過程

　　十七世紀以前的臺灣，既不像中國、日本那樣，已經形成自主有力的政治實體；亦不同於琉球、朝鮮，從屬於中華帝國的政治保護之下。此時的臺灣，除了人數不多的各族土著先住民，散居在島上各地外，只有來自中國南方沿海的零星漢人不時前來捕魚、交易，交換生活日用品，或有一些海上武裝勢力以它作為對中國沿海和日本，進行轉口貿易或武裝劫掠的巢穴基地。偶而，還有少數個別的漢人移居到島上。[1]

　　明熹宗天啓四年（1624）亦即十七世紀上半葉中期，渴望和中國進行直接貿易的荷蘭人，在明政府壓迫下，由澎湖轉進到臺灣，因荷蘭東印度公司的經營統治，讓此僻居中國海隅、蕞爾小島—臺灣，登上了世界歷史的舞臺。而十七世紀是人類史上重要的轉折期，風起雲湧，世界局勢發生前所未有的巨大變化，歐洲人的大航海活動已經開始，除先前東來貿易的葡萄牙人、西班牙人之外，此

---

1　湯錦台，《前進福爾摩沙─十七世紀大航海時代的臺灣》（臺北市：貓頭鷹出版社，2001年），頁20。

時更因荷蘭人的加入，中國人、日本人和歐洲商人之間的互動有愈演愈烈的趨勢，最後，在東亞形成了以臺灣、福建和日本九州爲核心的三邊貿易，[2]亦即臺灣原本幾乎「與世隔絕」的型態突遭打破，更開啓日後中外勢力交叉影響下的臺灣四百年近代史。

十七世紀前期的福建海域（以下簡稱「閩海」），在上述中、日、歐等不同勢力的角逐和互動中，出現了一批通稱爲「海盜」的海上利益集團，[3]他們周旋在這三大股勢力之中，而且，這些海上利益集團彼此間攻伐吞併、分合不定。在這詭譎的閩海局勢中，尤其是泉州南安人鄭芝龍爲首海上勢力最後的出線，影響的層面最大。在他一面接受明政府的招撫，一面在海上剷除異己的出線過程中，留給或影響臺灣最大的是漢人的移民臺灣，以及其子孫以他當年的勢力爲基礎，在東南海上堅決地反抗清政府的統治，此一反清勢力後來轉進到臺灣，直至清康熙二十二年（1683）時才爲施琅所打敗，結束了在臺三代的統治，此時的臺灣亦正式地納入中國版圖之中。

值得一提的是，荷蘭人在閩海活動的情形究竟是如何？鄭芝龍在海上利益集團中爲何能脫穎而出？鄭芝龍如何能成功周旋於明政府與荷蘭人之間？這些都是觀察十七世紀的閩海，以及探討早期臺灣歷史所關心的課題。針對上面這些的問題，筆者亦曾做過一些的思考和探索，首先是荷人在閩海活動的本質問題，爲此，曾以《熱

---

2　同前註，〈自序〉，頁9。

3　此處的海盜，泛指在海上用武力對抗官府，劫掠人、貨，並兼販易貨物的中國人，它們的來源十分地複雜。

蘭遮城日記》為主要史料，[4] 再參照明代當時的相關文獻，撰述過〈從《熱蘭遮城日誌》看荷蘭人在閩海的活動（1624—1630 年）〉一文，[5] 當中曾發覺到，荷人在閩海活動嘗試打開中國自由貿易之門時，其活動策略具有「唯利是圖」、「觀風向」的特質取向，他們的立場常隨著「現實」環境的變化而擺動游移，如此的特質，在明崇禎元年（1628）秋天爆發的「李魁奇叛撫事件」中表露無遺。李魁奇，係此時剛接受明招撫的鄭芝龍身邊重要的手下，和鄭皆出身於海盜，二人都與荷人有經貿往來的關係。因為，此一事件直接牽動明末閩海局勢的演進方向，加上，逐漸崛起的鄭芝龍在此事件中扮演十分關鍵的角色，筆者遂又撰寫了〈詭譎的閩海（1628—1630 年）：由「李魁奇叛撫事件」看明政府、荷蘭人、海盜李魁奇和鄭芝龍的四角關係〉，[6] 來深入探究明末時海盜、荷人和明政府間的錯綜複雜

---

4　《熱蘭遮城日誌》，這部內容記載當年荷蘭東印度公司的人員如何通商中國，如何開始殖民臺灣的活動，以及與他們關係密切的事務與人事，旁及他們見聞的的各地情勢，地理，物產與習俗等。這部珍貴史料的第一冊，內容是從西元一六二九年十月記載到一六四一年一月，對於後人在瞭解這段歷史時，它提供了莫大的幫助。請參見江樹生譯註，〈譯者序〉，《熱蘭遮城日誌（第一冊）》（臺南市：臺南市政府，2000 年），頁 3。

5　請參見拙作，〈從《熱蘭遮城日誌》看荷蘭人在閩海的活動（1624－1630 年）〉，《臺灣文獻》第 52 卷第 3 期（2001 年 9 月）。

6　請參見拙作，〈詭譎的閩海（1628－1630 年）：由「李魁奇叛撫事件」看明政府、荷蘭人、海盜李魁奇和鄭芝龍的四角關係〉，《興大歷史學報》第 12 期（2001 年 10 月）。

關係,而綜觀這次「李魁奇叛撫事件」的經過,[7]得知當時閩海四大勢力一明政府、荷蘭人、鄭芝龍和李魁奇,他們在角逐的過程中把利益擺在中間,彼此合縱連橫各有算計,於是「爾虞我詐」、「變幻莫測」的畫面一再地出現在閩海,令人「目不暇給」,故該文題稱為「詭譎的閩海」,原因便在此。

因為,上述這些文章的撰寫過程中,讓筆者深刻地體會到,海上利益集團在明代閩海局勢的演進過程中,扮演著相當重要的角色。尤其是,十六世紀中後期亦即明嘉靖年間,他們曾勾引日本倭人騷擾東南沿海、劫掠人貨,導致史上有名「倭禍」的發生。其中,最引人注意的是,這些劫掠者常選擇在距離海岸邊不遠處的小島做為自己的巢穴基地。像這種離海岸陸地「有一點遠,又不會太遠」的巢窟,它通常是具有多種功能的,包括有做為貨物買賣交易的場所,劫掠內陸人、貨的進攻前哨站,海上飲水食糧的補充、儲存站,奪得贓物的儲存地點,藏匿家小、財貨甚至人質的場所……等,這

---

[7] 綜觀這次「李魁奇叛撫事件」的全部經過,可以清楚看出,荷人的「唯利是圖」、「觀風向」的特質,但其成效也不如荷人所預期的。至於明政府,此次用計借用招撫的鄭芝龍和海盜鍾斌來消滅李魁奇而從中漁利,是李魁奇叛撫事件中的獲利者;而整個李叛撫事件真正獲利最大者,當屬鄭芝龍。鄭不僅剷除異己奪回地盤廈門,還為福建當局立下戰功,並兼併李的餘黨壯大自己的勢力。至於,整個事件中,最可悲的莫過是李魁奇本人了,隨著荷人「扶鄭倒李」政策的確立以及明政府的「撫李不如助鄭」策略的漸趨明朗後,他的命運便已註定分曉,最後竟「一無所得」,落得兵敗被處死的下場!

類的離島巢窟是經過一番的篩選，因爲，受限於地理位置的適當、交通往來的方便、風信潮候的週期和官軍追捕的防備，以及「人多膽壯，人寡膽寒」的心理層面等因素的考慮下，海盜通常是並不隨便選擇某一地點來當巢窟的，縱使選擇了某小島當巢窟時，也會對此島周遭保持高度的警戒，縱使該島突然遭受不測之變時，亦會在鄰近地區或沿海鄰省份，事先找尋到合適「鳩聚爲巢」的地點，可以供轉進或是避難，以備不時之需，用「狡兔有三窟」來形容海盜巢據近岸離島的景況，是十分合宜的。[8]

上述的這類島嶼，其中較爲人知者，例如浙江的雙嶼、烈港、舟山島上的柯梅，福建的橫嶼、海壇、浯嶼，以及廣東的南澳島，這當中又以位處漳、泉海上交界的浯嶼島最爲特殊，它在明初時是水師兵船基地—「水寨」的所在地，但在此時卻淪爲劫掠者的巢窟，變化之大令人咋舌，因此，筆者便以該島作爲明中期閩海賊巢的研究個案，而完成了〈明嘉靖年間閩海賊巢浯嶼島〉一文，[9]對作爲閩南巢窟的浯嶼究竟有哪些功用，以及劫掠者在浯嶼島上活動時，可能會呈現何種的樣貌，做了一番的推測和詮釋。而值得一提的是，在上文撰寫過程當中，對筆者個人而言，不僅釐清了「明政府將浯嶼水寨遷離了浯嶼島，係開啓海盜巢據浯嶼的關鍵所在」的見解主

---

8　拙作，〈明嘉靖年間閩海賊巢浯嶼島〉，收錄在《興大人文學報》，第32期（2002年6月），頁787。

9　請參見拙作，〈明嘉靖年間閩海賊巢浯嶼島〉，《興大人文學報》第32期。

張，[10] 更重要的是，它勾起筆者對「浯嶼水寨」這個課題去作更深入研究的興趣和動機，甚至，還引發個人想對福建海防、水寨制度，甚至是整個明代海防思想、海防制度作更深一層探索的渴望，而這些的動機和渴望，便是筆者撰寫本書的主要由來。

　　浯嶼水寨，是明初為對抗倭寇侵擾閩海而興建的水師兵船基地之一，類似此兵船基地的水寨，在福建邊海總共有五座之多，由北而南依序為烽火門、小埕、南日、浯嶼和銅山水寨，史書合稱其為「五寨」或「五水寨」。上述的五水寨，它們在明代福建的海防架構中，扮演著一個特殊且關鍵的角色，而本書名為《浯嶼水寨：一個明代閩海水師重鎮的觀察》，顧名思義，主要係以明代福建的水師基地—「浯嶼水寨」做為本書研究的課題對象，說得更詳細些，筆者主要是想對該水寨變遷過程做一全面性的觀察，並透過此，來探討有明一代福建海防措置的利弊得失，亦就是明代福建海防的發展演進過程中，存在哪些現象、特質或問題，並且對此做出一番的

---

10　同註 8，頁 797。明政府不當的政策，是海盜巢據浯嶼的先決條件；而浯嶼優越特殊的地理因素，則是誘引海盜巢據該島的另一項條件。明人唐順之便認為，「國初水寨故處，向使我常據之，賊安得而巢之」？因明政府的失策，將福建海防水寨內遷，開啟海盜進犯內地的方便之門，讓他們有機會來到浯嶼島。所以，浯嶼縱使它擁有再好的地理背景條件，估測海盜尚不至於膽大到敢去進犯甚或佔領水軍兵船基地的水寨所在地浯嶼。可知，若無明政府先前的內遷水寨到廈門「開門揖盜」的不智之舉，便不會有嘉靖年間海盜巢據浯嶼「四出剽掠」情事的發生。見同前書，頁 802。

詮釋和說明，尤其是，希望本書的研究結果，能對明代福建海防相關問題的瞭解上，略盡棉薄之力，提供一些研究的線索或思考的方向以為來者做參考，此為筆者撰寫本書的最大心願。

除前已提及，筆者在撰寫賊巢浯嶼島一文時，勾起對浯嶼水寨的研究興趣外，吾人若翻開浯嶼水寨的歷史，發覺該寨在福建五座水寨中甚具代表性，不僅寨址遷移次數最多，[11] 而且變化的起伏相當地大。單僅就寨址的部份，該寨便曾遷徙過兩次，亦即由泉州府同安縣海上的浯嶼島，先內遷到亦屬同安的廈門島上，之後再北遷到晉江縣泉州灣畔的石湖，寨址前後便有三處不同的地方，重要的是，每一次寨址的遷移，它的背後，各蘊涵著不同的措置動機，產生的結果和影響的層面自亦不同，吾人綜觀其遷徙的整個過程，猶如是一部明代福建海防史的寫照，甚至是，整個明代東南海防變遷史的縮影，此正亦是吸引筆者研究此一課題的另一個原因。至於，本書主要的撰述內容，它的章節大要如下：

第一章概述浯嶼水寨的設置地點與時間。

第二章論述明政府設置水寨的目的，用以闡明水寨設置的背景。明政府認為，要完全憑藉岸上的衛、所、巡檢司等陸岸上的防衛武力，不足以完全阻絕倭寇從海上對沿海地區的進擊，故有必要在近海建立一支常設武力，並透過陸上與海中兩方武力的結合，阻

---

11 有明一代，烽火門、南日和銅山三水寨，各曾遷徙過一次，小埕水寨似乎未做過遷移，有關烽、南和銅三寨的遷徙經過，請詳見下面章節的說明。

絕海上入侵敵人。換句話說，明初水寨的設置，係與沿海軍衛、守禦千戶所、巡檢司和烽堠等海防措施，有著密切關連，透過彼此的有機聯繫，達成海防禦敵的效果。此是浯嶼水寨設置的背景。

第三章探討浯嶼水寨的組織勤務。主要是經由(一)寨體設施,(二)水師官兵的組成、數量、值戍和待遇,(三)寨軍的海防轄區、會哨制度及汛防勤務,(四)兵船的來源、數量及製造,(五)兵船的種類、人員與器械的配備等水寨具體運作的建構，來敘述浯寨水師官兵是如何執行勤務。

第四章浯嶼水寨終明之世，曾歷經廈門、石湖等地之遷徙，由近海的島上，逐步遷入靠近岸邊的灣澳。水寨的內遷，直接牽動明代海防佈署的發展方向，影響至為鉅大。本章即藉由浯嶼水寨兩地三遷徙時間、動機、規模大小等分析，來觀察明代福建海防存在的特質與問題。

第五章綜觀浯嶼水寨的遷徙過程，發現浯寨的內遷，浯寨愈遷愈北，愈遷愈內陸，嚴重破壞明初福建海防架構，明代福建海防功能於焉不彰。

回顧明代近兩百五十年歷史的浯嶼水寨，自明初江夏侯周德興南下福建構築海防措施，創建於同安浯嶼小島起，期間歷經了寨址內遷廈門、嘉靖中晚期倭亂、譚綸和戚繼光的海防革新、隆慶以後遊兵的增置、寨址北遷石湖，再到崇禎時海盜鍾斌直入浯寨焚奪兵船、寨創將亡……若再將此一情景，和該水寨初創時做一對照，不僅對洪武帝建構「寨軍據險伺敵，兵船遠汛外海」的遠見十分地佩

服，更對其擘劃「構築水寨海中浯島，衛所軍兵遠戍孤島」的眼光、
氣魄景仰不已。

　　近人研究明代海洋或與閩海相涉者，大多是以本土海賊或倭寇
販貿、劫掠等問題的討論為主，[12] 雖有其他部分論著涉及到明代海
防的問題例如陳文石《明洪武嘉靖間的海禁政策》，[13] 但專門探討
福建地區海防的作品數量卻不是很多，專書如駐閩海軍編纂室的
《福建海防史》、黃鳴奮的《廈門海防文化》……諸書，[14] 論文如盧
建一的〈福建古代海防述論〉，收錄在唐文基主編的《福建史論探》
一書中。[15] 至於，明代福建浯嶼水寨的研究方面，除黃中青的《明

---

[12] 　明代和閩海相涉的研究，相關論著甚多，以專書為例，如陳懋恒，《明
　　　代倭寇考略》（北京市：人民出版社，1957 年）；張增信，《明季東南
　　　中國的海上運動（上編）》（臺北市：私立東吳大學中國學術著作獎助
　　　委員會，1988 年）；轟德寧，《明末清初－海寇商人》（臺北縣：楊江
　　　泉，1999 年）；湯錦台，《前進福爾摩沙－十七世紀大航海時代的臺
　　　灣》……等書。

[13] 　陳文石，《明洪武嘉靖間的海禁政策》（臺北市：臺大文學院，1966 年）。
　　　其他相關論著內容中，有涉及明代海防問題討論者，例如陳尚勝的
　　　《「懷夷」與「抑商」：明代海洋力量興衰研究》（濟南市：山東人民出
　　　版社，1997 年）、王宏斌的《清代前期海防：思想與制度》（北京市：
　　　社會科學文獻出版社，2002 年）……等書。

[14] 　駐閩海軍編纂室編，《福建海防史》（廈門市：廈門大學出版社，1990
　　　年）；黃鳴奮，《廈門海防文化》（廈門市：鷺江出版社，1996 年）。

[15] 　盧建一，〈福建古代海防述論〉，收入唐文基主編，《福建史論探》（福
　　　州市：福建人民出版社，1992 年）。

代海防的水寨與遊兵：浙閩粵沿海島嶼防衛的建置與解體》，[16] 在論述明代福建水寨、遊兵體制時，曾介紹過該水寨外，其餘多係針對曾任水寨把總沈有容個人事蹟的討論，[17] 而直接專門針對浯嶼水寨的討論作品，目前似乎不易覓得，此或許和史料瑣碎、零散有所關聯。筆者此次撰寫本文，所使用的史籍文獻多和東南海防相關者，它的來源主要包括有明清福建地方志書、明清時人文集、四庫全書、四庫全書存目叢書、[18] 四庫禁燬書叢刊、[19] 臺灣文獻叢刊、《明實錄》和《明內閣大庫史料》⋯⋯等，透過這些龐雜資料的排比和分析，嘗試將浯嶼水寨的樣貌和場景重新再搭架起來，並藉此

---

[16] 黃中青，《明代海防的水寨與遊兵：浙閩粵沿海島嶼防衛的建置與解體》（宜蘭縣：學書獎助基金，2001 年）。

[17] 浯嶼水寨把總沈有容相關事蹟的探討，相關論著不少，專書如鄭喜夫，《臺灣先賢先列專輯：沈有容傳》（南投縣：臺灣省文獻委員會，1979 年），論文如廖漢臣，〈韋麻郎入據澎湖考〉，《文獻專刊》第 1 卷第 1 期，1949 年 8 月；姚永森，〈明季保臺英雄沈有容及新發現的《洪林沈氏宗譜》〉，《臺灣研究集刊》，1986 年第 4 期；中村孝志，〈關於沈有容諭退紅毛番碑〉，收入許賢瑤譯，《荷蘭時代臺灣史論文集》（宜蘭縣：佛光人文社會學院，2001 年）⋯⋯等。

[18] 此一四庫全書存目叢書，係由四庫全書存目叢書編纂委員會負責編輯，臺灣地區在一九九七年十月，由臺南縣柳營鄉的莊嚴文化事業有限公司出版。本文曾引用的文獻史料，例如鄭若曾《籌海重編》、朱元璋《皇明祖訓》、唐順之《奉使集》⋯⋯諸書，皆屬此一叢書。

[19] 四庫禁燬書叢刊，是由四庫禁燬書叢刊編纂委員會編輯，由北京市的北京出版社出版，初版時間在二〇〇〇年一月。本文曾引用該叢刊的史料，諸如程子頤《武備要略》、何喬遠《名山藏》、王鶴鳴《登壇必究》、何汝賓《兵錄》、茅元儀《武備志》⋯⋯等書，皆屬之。

以觀察明代福建海防的利弊得失。

最後，要說明的是，中國自古雖有「左圖右史」的說法，但過去的歷史著述總是較爲偏重文字性的敘述，相對地忽略「圖像歷史」的重要性；加上，本書的研究時段距今年代久遠，而閩海滄海桑田，變異卻極爲巨大。因此，本書在文字論述之外，特別收錄數張明代福建方志中珍貴的古地圖，以及在介紹浯嶼水寨軍備時，引用明代古籍諸如胡宗憲《籌海圖編》、戚繼光《紀效新書》、鄭若曾《籌海重編》和茅元儀《武備志》等書中，有關明代福建各式兵船、武器等圖錄，使吾人在閱讀過程中，能有較爲具體的想像憑藉。此外，筆者又另行製作十餘幅和浯嶼水寨相關的沿海示意圖，例如「《八閩通志》載明前期福建沿海衛所官兵駐戍五水寨情形圖」、「廈門時期浯嶼水寨汛防範圍變遷圖」、「明萬曆二十五年閩南海域三寨三遊汛防交叉圖」，以及爲使讀者對明初福建海防佈署有較清楚意象的「海中腹裡」圖、「箭在弦上」圖和「三道防禦線想像圖」……等，供讀者閱讀時比對參考之用。文後，筆者將已蒐羅到曾任浯嶼水寨指揮官者的相關事蹟，編製而成〈歷任浯嶼水寨把總生平事蹟表〉作爲本文的「附錄」，因爲，年代十分久遠，蒐集不易齊全，上述的附錄並不是十分地完整，還請讀者包涵和指正。

何孟興　　於臺中・霧峰
朝陽科技大學

# 第一章

# 浯嶼水寨

閩有海防，以禦倭也。

—明・曹學佺

　　浯嶼水寨，約於洪武二十一年（1388）前後，創建在浯嶼島上，至明末崇禎亡國（1644）為止，前後共歷兩百五十餘年。因為，本文主要係援引浯嶼水寨變遷經過作為例子，透過對它的整體觀察，來探究明代福建海防變遷過程的利弊得失。本章的內容，主要是敘述有明一代福建設置水寨的由來，以及本書探討的主題—「浯嶼水寨」設立的地點和時間。首先，第一節要說明的是，浯嶼水寨設置地點在何處，該處周遭環境是如何，以及明政府究竟是何時，創建這座閩海的水師基地。另外，筆者為使本章以下的各章節行文敘述，更加地簡明流暢，並且，避免浯嶼島和浯嶼水寨兩者間的混淆，浯嶼島以下改簡稱「浯島」，浯嶼水寨則簡稱為「浯寨」，特此說明。

# 第一節、浯嶼水寨概說

　　浯島（請參見附圖一之一：「明代福建漳泉沿海示意圖」，筆者製），地處明代泉州府同安縣的海上，亦即今日金門島的西南方，與大、二擔島隔鄰相望，且距離廈門島僅有六海里，全島面積才零點九六平方公里，水道卻四通八達，自古以來便是廈門、同安、海澄等地的海上門戶。[1] 翻開福建的地圖，吾人可發現浯嶼地在九龍江的河、海交會口處，是漳、泉二地交界的海中小島。明時的浯島，它的位置雖較接近漳州府的海澄縣即原來龍溪縣地方，[2] 但在行政區劃上卻將它撥歸給離它較遠的泉州府同安縣來管轄。[3] 故，對同安縣而言，這個地處該縣西南角落大海中的彈丸小島，真可算是名符其實的「偏遠地區」，此正亦是福建地方志在描述「浯嶼」時，常會出現該島位「屬（漳州）海澄，地在（泉州）同安縣極南，孤懸大

---

[1]　陳建才主編，〈海防要塞浯嶼島〉，《八閩掌故大全：地名篇》（福州市：福建教育出版社，1994 年），頁 204。

[2]　明初時，浯嶼地近原來的龍溪縣，但該縣地近浯嶼的部分卻在穆宗隆慶元年時，為明政府所分割，而和漳浦縣之部分土地，合併成立新縣「海澄縣」，故之。請參見羅青霄，〈海澄縣‧輿地志‧建置沿革〉，《漳州府志》（臺北市：臺灣學生書局，明萬曆元年刊刻本，1965 年），卷之 30，頁 2。

[3]　浯嶼雖地較近漳州府，在明代卻屬泉州府所管轄。此可由《明史》三百二十五卷〈考證〉中得知：「佛郎機傳。其人無所獲利，則整眾犯漳州之月港、浯嶼，州改泉。按一統志。月港為漳州所轄。浯嶼為泉州所轄，兵志並同，此作漳州，誤」。見張其昀編校，〈彙證〉，《明史》（臺北市：國防研究院，1963 年），卷 325，頁 3725。

海中」，[4] 或地處「在大擔（島）、（南）太武山外」等字語的理由
所在。[5] 亦因為浯島隸屬於泉州同安，故明政府在一開始佈置福建海
防、規劃水寨設在浯島時，便配合行政區劃將該水寨納編於泉州府
的地區，成為該區海上主要禦倭的軍事武力，並要求泉州地區各
衛、所與之相配合，來執行捍衛該區海域的安全。但，又因浯島地
又偏近漳州府，浯寨能否有效地發揮功能，亦攸關漳州海防的安
危，故漳府地區的衛、所亦奉命調撥兵卒，協助泉州衛、所官兵駐

---

[4] 例如沈定均，〈兵紀一‧明〉，《漳州府誌》（臺南市：登文印刷局，清
光緒四年增刊本，1965 年），卷 22，頁 8。另外，筆者為使文章前後
語意更為清晰，方便讀者閱讀的起見，有時會在正文中的引用句內
"「」"加入文字，並用"（）"加以括圈，例如上文中的「屬（漳
州）海澄……」。特此說明。

[5] 例如羅青霄，〈漳州府‧兵防志‧險扼‧水寨〉，《漳州府志》，卷之 7，
頁 13。太武山可分為北太武和南太武。北太武地處同安縣金門島上東
方，該山「雄偉莊厚，獨冠嶼上，海上人別呼為仙山」，亦即今日金
門的太武山。南太武一名太姥山、大武山或大母山，地處在鎮海衛西
北十里（一說是五里）處，即在漳浦縣境的東北方，「高數十仞，周
迴一百八十里，東鄰大海」，後該地劃歸新設的海澄縣管轄。文中的
「太武山外」，一般史籍多指南太武，如周凱，《廈門志》（南投縣：臺
灣省文獻委員會，1993 年），卷 3，頁 80。其實，若從地理的位置來
看，浯嶼地在北太武山外亦可講得通。上述南、北太武的地理簡述，
引自林焜熿，〈分域略‧山川〉，《金門志》（南投縣：臺灣省文獻委員
會，1993 年），卷之 2，頁 8；周凱，〈分域略‧山川〉，《廈門志》，卷
2，頁 24；黃仲昭，〈地理‧山川‧漳州府〉，《八閩通志》（福州市：
福建人民出版社，1989 年），卷之 8，頁 146。另外，並請參見附圖一
之一：「明代福建漳泉沿海示意圖」。

成浯嶼水寨。關於此，神宗萬曆元年（1573）刊刻的《漳州府志》在介紹漳州地區海上武力的銅山水寨時，曾提到了浯寨，內容中指出：「浯嶼水寨，屬泉州府同安縣，然嘗調漳州衛軍在彼防守，而是寨在吾漳，視泉州尤為要地。其軍數、法制屬泉州府，行不復備錄」，[6] 即是最佳的證明。

至於，浯島周遭的環境又是如何，清中葉周凱撰修的《廈門志》，採集各方志史籍的說法，對浯島做一輪廓性的說明，稱其「周圍六里，左達金門，右臨岐尾，極為要害」，[7] 並指浯島「在廈門南大海中，水道四通，為海澄、同安二邑門戶」，位置正好面對金門料羅灣的陳坑，且該島「嶼前有小嶼，曰浯案嶼；嶼後海石叢生，名九節礁」。[8] 另外，在島的西邊有灣澳，「澳內，可泊南北風船百餘」，[9] 以躲避風颶；島上並有水源可供來往船隻取汲飲用；[10] 至於，浯島的航道方面，該書亦指出：「浯嶼澳，內打水四、五托，沙泥地。南北風，可泊船取汲。嶼首、尾兩門，船皆可行。惟尾門港道

---

6　羅青霄，〈漳州府・兵防志・險扼・水寨〉，《漳州府志》，卷之 7，頁 13。

7　周凱，〈防海略・島嶼港澳〉，《廈門志》，卷 4，頁 120。

8　周凱，〈分域略・山川〉，《廈門志》，卷 2，頁 30。

9　杜臻，《粵閩巡視紀略》（臺北市：臺灣商務印書館，1983 年），卷 4，頁 43。

10　島的西邊灣澳稱「浯嶼澳」，澳內平穩無波，來往船隻可避風颶。周凱，〈防海略・島嶼港澳〉，《廈門志》便稱：「浯嶼澳：在浯嶼西，前對島美村。灣澳平穩。可泊避風」。見同註 7，頁 123。

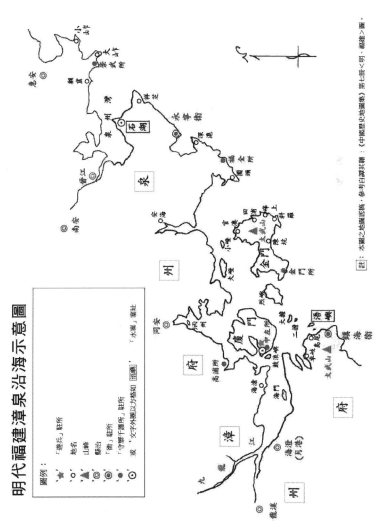

附圖一之一：明代福建漳泉沿海示意圖，筆者製。

下有矼礁，船宜偏東而過；識者防之」。[11]

有關明代浯島的描述記載，筆者目前找到最早史料是黃仲昭的《八閩通志》一書，這部始修于憲宗成化二十一年（1485），成于孝宗弘治二年（1489）的明代早期珍貴文獻，在該書卷之八〈地理‧山川‧漳州府‧龍溪縣〉的「浯嶼」條，僅用簡單的話來介紹浯島，指稱：

> 浯嶼：林木蒼翠，上有天妃廟，官軍備倭者，置水寨於此。
> [12]

上述短短的一行話，卻為明代前期的浯島提供兩個重要的訊息：一、「林木蒼翠」是浯島的地表特徵，類似的描述亦出現在萬曆元年（1573）刊刻的《漳州府志》之中。[13] 甚至，直到清末沈定均撰修的《漳州府誌》，還如此地來形容浯島。[14] 其實，吾人拿今日浯島所呈現的景象，「島上青山翠谷，綠草如茵，一灣潔白細軟的沙

---

[11] 周凱，〈防海略‧島嶼港澳（附南洋海道考）〉，《廈門志》，卷4，頁138。

[12] 黃仲昭，〈地理‧山川‧漳州府‧龍溪縣〉，《八閩通志》，卷之8，頁144。

[13] 該書卷之三十載稱：「浯嶼，在同安界海中，林木蒼翠，上有天妃廟，官軍備倭於此。今遷于嘉禾，遂為盜泊舟之所」。見羅青霄，〈海澄縣‧輿地志‧山川〉，《漳州府志》，卷之30，頁4。文中的「嘉禾」，便是廈門島。

[14] 沈定均，〈山川〉，《漳州府誌》，卷之4，頁24。

灘，遼闊而平展」來加以比照，[15] 浯島確實是一座林木茂盛，充滿綠意盎然的小島。二、「設寨備倭」是浯島的軍事機能，明政府為防備倭寇遂設水寨於該島之上。

然而，上述的「林木蒼翠」對明代浯島的描述，似乎是失之簡略。筆者以為，明末的荷蘭人對浯嶼（Gousou）島的景觀描述，最為生動且詳實。這些在明代中晚期前來福建沿海尋求貿易機會的西方人，曾在西元一六三〇年（思宗崇禎三年）的三月考察了這一座被他們稱作「有塔之島」（Eiland van de Toren）的小島，並且留下了文字記錄，它的內容如下：

> 三月十一，十二，十三，十四日。……今天長官普特曼斯（Hans Putmans）閣下帶著隨從航往浯嶼島，即那個我們稱之為「有塔之島」，去從各方面觀察該島。看到立在該島上的那個塔，完全沒用木料，都用砍銼而成的石頭建造的，有七層樓台，高一五〇呎，下面周圍四十步。島上還有個堡壘，連接著兩個四角形的碉堡，大部分都用砍銼而成的石頭建造的，周圍有九百步；牆高達十一呎，牆有四呎高的胸牆，牆寬三、四到五呎，牆的內外兩面都用石頭建造，中間用土和沙填滿；那兩個碉堡各造在一個高地上，但該塔所在的那平地比這些高地樹木稀少，沒有淡水，只有在該塔附近海邊的低處有一

---

15　葉時榮，〈地名篇・浯嶼〉，《廈門文化叢書（第一輯）：廈門掌故》（廈門市：鷺江出版社，1999 年），頁 14。

口井；那裡有幾間房屋，但沒有人居住，今晚長官回到船上。
16

上文中，根據荷人的描述，來推測他們所提及浯島上的碉堡工事，
有可能是昔日浯寨堡壘的一部份，或是明政府遷浯寨入廈門後，海
盜盤據該島時構築的巢穴也有可能。17

至於，浯寨創建的時間，究竟是在何時？吾人根據各家的史
料，加以整理歸納，則有以下的六種不同說法，其情形如下：

第一、設於太祖洪武（1368－1398）初年，未提及創始者。例
如羅青霄撰修的《漳州府志》，18以及陳壽祺撰修的《福建通志》。
19

第二、洪武初年，由江夏侯周德興創建。例如沈定均撰修的《漳
州府誌》。20

---

16　江樹生譯，《熱蘭遮城日誌（第一冊）》（臺南市：臺南市政府，2000
　　年），頁 21。上文中的普特曼斯（Hans Putmans），是當時駐地在熱蘭
　　遮城（今臺南安平古堡）的荷蘭東印度公司臺灣長官，有關他個人努
　　力爭取與中國自由貿易的事蹟，請參見拙作，〈從《熱蘭遮城日誌》
　　看荷蘭人在閩海的活動（1624－1630 年）〉，《臺灣文獻》第 52 卷第 3
　　期（2001 年 9 月），頁 341。

17　這裡所指的海盜，有可能是世宗嘉靖年間築巢於此的倭寇，亦有可能
　　是熹宗天啟以後新興的本土海賊，目前難以斷定。

18　羅青霄，《漳州府志》，卷之 7，頁 12。

19　陳壽祺，《福建通志》（臺北市：華文書局，清同治十年重刊本，1968
　　年），卷 86，頁 19。

20　沈定均，〈兵紀一·明·衛所〉，《漳州府誌》，卷 22，頁 8。

　　第三、洪武二十年（1387），由江夏侯周德興創建。例如清康熙時杜臻的《粵閩巡視紀略》，[21] 乾隆年間懷蔭布總裁、同治時章倬標補刊的《泉州府誌》，[22] 以及道光年間周凱的《廈門志》。[23]

　　第四、洪武二十一年（1388），由江夏侯周德興創設。例如方鼎等撰修的《晉江縣志》，[24] 乾隆年間懷蔭布總裁、同治時章倬標補刊的《泉州府誌》，[25] 以及清道光年間周凱的《廈門志》。[26]

　　第五、僅言周德興所創設，未提及設立時間。例如世宗嘉靖時胡宗憲的《籌海圖編》。[27]

　　第六、設於成祖永樂（1403－1424）年間。例如世宗嘉靖時卜大同的《備倭記》，[28] 周凱的《廈門志》亦引此一說法置於書中，

---

[21]　同註 9，頁 1。

[22]　懷蔭布，〈海防・明〉，《泉州府誌》（臺南市：登文印刷局，清同治補刊本，1964 年），卷之 25，頁 5。

[23]　周凱，〈防海略・建置〉，《廈門志》，卷 4，頁 104。

[24]　方鼎等，《晉江縣志》（臺北市：成文出版社，清乾隆三十年刊本，1989年），卷之 7，頁 2。

[25]　懷蔭布，〈明軍制〉，《泉州府誌》，卷之 24，頁 30。

[26]　周凱，〈兵制考・歷代建制〉，《廈門志》，卷 3，頁 80。上述周凱《廈》書中的說法，係引自懷蔭布，《泉州府志》，清同治補刊本的說法，特此說明。

[27]　胡宗憲，〈福建事宜・浯嶼水寨〉，《籌海圖編》（臺北市：臺灣商務印書館，1983 年），卷 4，頁 23。

[28]　卜大同，〈置制〉，《備倭記》（濟南市：齊魯書社，1995 年），卷上，頁 2。

[29] 以備考證之用。

　　上述的說法中以《泉州府誌》和《廈門志》二書的看法最奇特，同書不同章節竟然有不同的說法，此亦可間接證明浯寨創設的時間不易正確地判定。而以上的六個說法中，除最末「永樂年間」的說法，筆者懷疑可能是卜大同個人的誤植，[30] 對其說法採取保留外，吾人綜合其餘五種的不同說法，可歸納出一個結論，便是浯寨設立的時間當在太祖洪武年間，江夏侯周德興應該是該水寨的創建者，似當無問題。因，周奉命赴閩建構海防措施共計三年餘，時間約從洪武二十年（1387）到二十三年（1390），離開福建最晚不超過洪武二十四年（1391）年底，而福建海防相關的措置包括浯寨的創建，周當在此一時期完成的，故，上述的「洪武初年設立浯寨」的說法大有問題。至於，浯寨確切的創建時間，當以洪武二十年（1387）到二十一年（1388）間的可能性為最大，亦即在周駐閩推動海防建設的前半時期時實施的，而且它的時間最晚當不超過洪武二十一年（1388）年底。

---

29　同註 26。

30　筆者以為，卜大同可能將烽火門水寨誤植為浯寨。翻開史料，有關福建五寨創設時間在永樂年間的說法十分地罕見，類似此，筆者目前僅尋得黃仲昭的《八閩通志》，該書曾載稱，烽火門水寨「永樂十八年創設於三沙海面」，關於此，請詳見下面章節的說明。

# 第二節、五水寨由來

有明一代，在福建的邊海共設有五座水寨，若依地理位置分佈，由北向南依序為福寧州的烽火門水寨、福州府的小埕水寨、興化府的南日水寨、泉州府的浯嶼水寨以及漳州府的銅山水寨，明、清史書常稱其為福建「五寨」或「五水寨」。五寨的兵、船負責「哨守於外」，和陸地岸上的軍衛、守禦千戶所、巡檢司相為表裏，共同肩負福建海防的重責大任。雖然，本文探討的主題是浯寨，而且，上述的內容亦已將浯寨設置地點和創建時間作過說明，但是，福建邊海尚有烽火門等四座水寨，它們和浯寨是一體的，浯寨僅是五寨其中之一而已，因此，五水寨的樣貌究竟是如何，它與本文主題有著最直接的關聯，要瞭解浯寨必先認識五水寨，故本文有必要對五水寨的體制做一說明，這對認識浯寨整個的變遷過程上，有著不可或缺的需要。

首先，要介紹福建五水寨由來之前，先來談明代的水寨。「水寨」一詞，用現今術語來說，它的性質有點類似於今日的「海軍基地」。因備倭禦盜之需要，明代福建的水師設有兵船，在沿海執行哨巡、征戰等任務。水寨，它不僅是水軍及其兵船航返岸泊的母港，同時也是兵船補給整備、修繕保養的基地，以及官兵平日訓練和生活起居的處所。而作為水軍和兵船母基地的水寨，它有那些相關的周邊設施？它的形貌究竟是如何？因囿於目前史料的不足，根據筆者的臆測是，做為海軍基地的水寨，它的寨城當係涵蓋水岸、周圍

環邊築有城牆和防禦工事的軍事堡壘，甚至建構有轟擊入犯敵人的砲臺。而此一寨城的內部設施，除在岸邊有專供戰船停泊的碼頭外，在陸上可能亦有維修戰船的船塢、軍火倉庫和其他維護的補給設施。此外，尚有水師官兵辦公的衙署和提供食宿的營舍，以及官兵平時操練校閱的教練場，甚至官兵精神或信仰依託的祠廟如祀奉玄天上帝的玄武祠……等，[31] 水寨它似乎亦是陸地的軍事城堡和岸邊的軍用港口兩者合一的混合體。以福寧州的烽火門水寨為例，該寨便設有「水寨教場」，在教練場的當中設有演武亭，演武亭北面便是職管軍火的軍器局，而該亭的東邊是「把總公館」，亦即水寨指揮官的邸舍。[32]

由上可知，做為明代海防措施之一的水寨，主要是由岸上相關硬體建設的「寨城」、職屬於該水寨的水師官兵，以及專屬於該水寨擔任巡戍、戰鬥用途的兵船這三者所構成的。水寨，它和穆宗隆慶年間以後陸續成立的遊兵（例如隆慶四年設立的浯銅遊兵），皆是明政府福建海上的武力象徵。更重要的是，水寨並和它附近沿岸

---

[31] 神宗萬曆年間遷建浯嶼水寨於晉江縣石湖的工程中，曾有「徙建玄武祠」的記載，語見葉向高〈改建浯嶼水寨碑〉一文，收錄在沈有容輯，《閩海贈言》（南投縣：臺灣省文獻委員會，1994年），卷之1，頁4。此玄武祠當以祀奉玄天上帝為主神，玄天上帝又稱真武大帝或北極大帝，此一信仰在閩、臺地區頗為流傳。而玄天上帝和媽祖、五水仙同為海神信仰，水寨官兵常往來於風濤難測的海上，信仰玄天上帝十分地合理。

[32] 黃仲昭，〈公署‧武職公署〉，《八閩通志》，卷之43，頁909。

陸上的衛、所、巡司和烽堠等海防相關措施互為表裏，衛、所等軍負責「控禦於內」，水寨兵船則「哨守於外」，[33]「其勢則相聯絡，其職則相統攝，其事機之重大，則有專責焉」，[34]彼此「協同援應、瞭哨禦敵」，編織成一幅明政府在福建地區完整的海防架構圖像，這在中國海防史上是一個創舉。雖然，福建水寨的創建並非始於明代，但如此有系統地將海上的水寨和陸岸的衛、所、巡司等武力巧妙地結合在一起以禦敵犯，卻屬第一遭，亦是明初海防措施中甚具創意的一項，此對整體中國的海防措施的演進而言，同時亦具有劃時代的意義。關於此一立論，本文後面章節會做較詳細的說明。

就福建海防而言，水寨制度的創建，時間似乎可追溯到北宋年間，以下便是福建泉州地區海防水寨發展的大致情形。根據史料的載稱，得悉早在神宗熙寧（1068－1077）年間，北宋政府便在石湖、石井和小兜等地設立了防海水寨；神宗的元豐二年（1079），又特撥禁軍一〇〇人以增防小兜水寨，巡徼晉江、南安、惠州、同安四縣沿海邊地。[35] 孝宗乾道八年（1172）時，南宋政府因島夷以海舟

---

[33]　請參見陳仁錫，〈各省海防・閩海〉，《皇明世法錄》（臺北市：臺灣學生書局，1965 年），卷 75，頁 8。

[34]　洪受，〈建置之紀第二〉，《滄海紀遺》（金門縣：金門縣文獻委員會，1970 年），頁 7。

[35]　懷蔭布，〈海防・宋〉，《泉州府誌》，卷之 25，頁 1。之後，北宋政府便撤回小兜水寨的禁軍，改招募當地民人為土軍充代之，並且增加員額十人。至南宋理宗淳祐年間，小兜水寨軍兵更增至三百一十人。小兜，即明代崇武守禦千戶所城的所在地，在泉州惠安縣境。

入寇，遂增設水軍並置水澳寨分兵守之。[36] 後來，到孝宗淳熙十三年（1186）時，又增置寶林、法石二寨。[37] 到了寧宗嘉定十一年（1218），因海寇進犯圍頭，時任泉州知州事的真德秀遂「請增法石兵，至二百人；又於圍頭立寶蓋寨，移寶林兵百二十人戍之。其正將銜立於法石，諸屯並聽命焉」。[38] 雖然，宋代福建沿海已陸續地設立了水寨，但此時的水軍僅以備禦海盜為主，卻尚未發展到如明初時陸上和海中的武力相互協應、多層次禦敵的境地。

　　有關明代福建五水寨的由來，首先要說明的是，它們究竟是何時創建的？翻閱相關史料，各家說法不一，若加以歸納，五寨創建的時間，大致上有以下的幾種說法。首先是，太祖洪武二十年（1387）先設立烽火門、南日和浯嶼三寨，由江夏侯周德興主其事，代宗景泰三年（1452）增置小埕、銅山二寨由鎮守福建的刑部尚書薛希璉奏建而來。[39] 其次是，洪武初年便設烽火門、南日和浯嶼水寨，景泰年間又增置銅山、小埕二寨。[40] 又次，是五水寨係俱周德興所設，

---

[36] 水澳，位處泉州晉江縣東部海邊。元時改名為永寧，明初置永寧衛於此。

[37] 寶林寨的寨城，設在泉州城東邊。法石寨，其寨城則在泉州城南處。

[38] 懷蔭布，〈軍制・殿前左翼軍〉，《泉州府誌》，卷之24，頁27。

[39] 主張此一說法，例如杜臻，《粵閩巡視紀略》，卷4，頁1；徐景熹，《福州府志》（臺北市：成文出版社，清乾隆十九年刊本，1967年），卷13，頁6。

[40] 主張此一說法，例如羅青霄，《漳州府志》，卷之7，頁12；顧祖禹，《讀史方輿紀要》（臺北市：新興書局，1956年），卷99，頁4105。

[41] 或洪武二十一年（1388）由周德興創建而成。[42] 再次是，景泰三年（1452）由薛希璉奏建分立五水寨。[43] 再其次是，僅模糊略知五水寨創設於明代前期，「初惟烽火門、南日山、浯嶼三寨耳。景泰年間，增而為五」，[44] 或「寨之初設有三，烽火、南日、浯嶼，續增小埕、銅山為五寨」的說法。[45] 更其次，尚有「成祖永樂年間設烽火、南日、浯嶼三水寨，英宗正統年間又設小埕、銅山二寨」等不同的說法。[46]

　　除此之外，黃仲昭《八閩通志》第四十至四十三卷〈公署・武職公署〉內容中，亦曾對福建五水寨做一番的描述。這部在時間上較接近水寨創設年代的明代前期文獻，書中提及到五水寨的創建時間，亦僅有烽火門、南日二寨而已。其中，烽火門水寨「永樂十八

---

[41] 　主張此說法，如胡宗憲，〈福建事宜・浯嶼水寨〉，《籌海圖編》，卷4，頁23。

[42] 　主張此說法，如方鼎等，《晉江縣志》，卷之7，頁2。

[43] 　主張此一說法，例如張其昀編校，〈兵三・海防〉，《明史》，卷91，頁957；陳壽祺，《福建通志》，卷84，頁30。

[44] 　主張此種說法，例如譚綸，《譚襄敏奏議》（臺北市：臺灣商務印書館，1983年），卷1，頁13；鄭若曾，《籌海重編》（臺南縣：莊嚴文化事業有限公司，1997年），卷之4，頁138；顧亭林，〈興化府・水兵〉，《天下郡國利病書》（臺北市：臺灣商務印書館，1976年），原編第26冊，頁55。

[45] 　主張此說，如曹學佺，〈海防志〉，收錄在懷蔭布，〈海防・明・附載〉，《泉州府誌》，卷25，頁10。

[46] 　主張此說法，如卜大同，〈置制〉，《備倭記》，卷上，頁2。

年創設於三沙海面」，[47] 此「三沙海面」即在烽火島上，寨名為烽火門，水寨在成祖永樂十八年（1420）創立的；南日水寨，「洪武初，設于南日山」，[48]「南日山」舊名「南匿島」即南日島，洪武初年創水寨于此，其餘小埕、浯嶼、銅山三寨創設的時間語焉不詳，僅知在明代前期。

吾人若將上述各種說法詳加以比對之後，有關五水寨創建的時間，大致上，可以歸納得到以下的四個結論：

第一、福建五水寨的創建時間，陸陸續續地創設，遠較五寨同時創立「畢其功於一役」的可能性來得大些。此說，可由上述各種史料中可以得到印證。

第二、五水寨的設立，甚至更動變革的過程中，當和江夏侯周德興、刑部尚書薛希璉，有著相當程度的關聯。上述各種史料的說法中，有三種認為係由周德興創建水寨，另有兩種則認為是薛希璉所建的。不管周、薛二人是否如前述這些史料所記載，雖然這些說法彼此間亦有所差異，但確定的是，他們對明代福建海防的擘畫措置貢獻不少心力，尤其是周德興，此說可由明代海防的相關史籍得到印證。

第三、「五水寨創設於明代前期，起初僅設烽火門、南日、浯嶼三寨，景泰年間增小埕、銅山而為五」的說法，它的可能性最大。

---

47　同註 32。
48　同前註，頁 906。

其理由，主要有二：

(一)、明代曾親身參與海防禦倭戰事的人士主張此說，如世宗嘉靖年間擔任福建巡撫的譚綸和兵部尚書胡宗憲的幕府鄭若曾，[49] 譚、鄭二人因職務的關係，對海防水寨源由必須有某種程度的瞭解；且與其他史料作者的生活年代相比，譚、鄭距離水寨創設的時間亦非十分地久遠，故他們二人說法的可信性也較高。

(二)、此一說法，和明前期史料《八閩通志》對五水寨創建時間的說法上，兩者並無嚴重的衝突，雖《八》書稱南日寨創於洪武初年，但福建海防的擘造卻開始於洪武二十年的周德興，南日寨的成立應在此時之後似無問題，《八》書的說法值得商榷斟酌。

第四、福建五個水寨建立完成的時間，最晚當不超過代宗景泰

---

[49]　譚綸，江西宜黃人，嘉靖二十三年進士，四十二年任閩撫，《譚襄敏奏議》為其歷官疏草之結集。鄭若曾，江蘇崑山人，嘉靖初貢生，佐胡宗憲幕，平倭有功。鄭氏著作甚豐，除神宗萬曆二十年鄧鐘所重輯的《籌海重編》外，尚有《籌海圖編》、《鄭開陽雜著》……等書。其中，必須一提是《籌海圖編》的作者究竟是何人？前面註41曾提及，該書由胡宗憲所撰，但經學者施鳳笙的考証是，《籌》書實際作者是胡的幕府鄭若曾，且認胡、鄭二人對《籌》書的態度是「鄭未嘗願以著述是書之名讓於人，而胡當亦未必有攘為己有之意」。問題是出在胡的後人欲顯揚其先祖，於重刻《籌》書時將作者易鄭為胡，而後人不察一直沿襲至今，誤以胡為《籌》書的作者。請參見王庸，〈明代海防圖籍錄〉一文，收錄在孟森，《明代邊防》（臺北市：臺灣學生書局，1968年），頁206。至於，前文提及《籌海圖編》書中有「五水寨係俱周德興所設」的說法，不同於《籌海重編》，其原因究竟為何，則有待日後進一步地考證。

年間。而值得注意的是，五水寨的創設完成之時，亦標示著明政府福建海防體制－陸上的衛、所、（巡檢）司、（烽）堠和海中的水寨，此一陸、海雙層的防線業已構築完成，完整的福建海防架構最晚在景泰年間亦已出現。此一說法，亦可由刑部尚書薛希璉的奏疏內容獲得間接的證實。景泰三年（1452）正月，時鎮守在福建的薛希璉便奏稱：「今備倭軍船分為九澳，星散勢弱。看得烽火門、小埕澳、南日山、浯嶼、西門澳五處俱係要地，欲出海軍船分立五（水）寨，哨捕其腹里。……每寨委能幹指揮二員，歲一更代把總」。[50] 文中的「腹裡」，[51]指介於水寨所在地的近海島嶼，到衛、所、司、堠沿岸陸上中間的這片海域，亦即陸地和海中這兩層防線中間的近岸水域，請參見「明初福建海防『海中腹裡』示意圖」（附圖一之二，筆者製）。另外，亦可由嘉靖四十二年（1563）閩撫譚綸所題請的〈倭寇暫寧條陳善後事宜以圖治安疏〉，得到些許的證明。該奏疏中的「議復寨以扼外洋」條下，曾載稱道：

> 照得八閩之地，西北阻山，東南濱海，海中諸國，獨日本最

---

50 李國祥、楊昶主編，〈海禁海防〉，《明實錄類纂（福建臺灣卷）》（武漢市：武漢出版社，1993年），頁468。文中的「西門澳」，即銅山水寨的寨址所在地。銅山水寨，初設在井尾澳，景泰時移至銅山島的西門澳。見郝玉麟、謝道承，《福建通志》（臺北市：臺灣商務印書館，清乾隆二年刊本，1983年），卷74，頁22。

51 文中的「腹裡」，意指明初福建由水寨近海島嶼到沿海岸上的水域。關於「腹裡」的海防觀念，在下一章「明初福建海防的三大特質」一節中，會有較詳盡的說明。

為狡獪，藉我姦民乘間內侵，不但此時為然，蓋自洪武迄今，皆嘗受其患。查自福寧南下以達漳、泉，置衛凡十一，置所凡十四，置巡司凡四十有五，以控之於陸，又置水寨以防之於海，初惟烽火門、南日山、浯嶼三寨耳。景泰年間，增而為五。時則戰艦如雲、旌旗相望，且哨守皆衛、所之軍，有司無供億之費，外威內固，（其）有自來矣。[52]

上文中「時則戰艦如雲、旌旗相望」字句，主要是在描述景泰年間五水寨兵船建立後，兵船在海上軍容壯盛的景況；而且，此時的水寨官兵是由附近沿海各衛、所抽調充任的，文中的五寨「哨守皆衛、所之軍」便即此意，故明政府毋須額外再行籌費增兵，遂有「有司無供億之費」之優點。「外」有水寨防之於海，「內」有衛、所、巡司控之於陸，「海」、「陸」兩層防禦線架構成完整的福建海防，遂能「外威內固，（其）有自來矣」。至於，五水寨官兵由附近沿海各衛、所抽調的經過情形，在下面的章節中會做說明。

本節一開始，曾提及明代福建邊海共設置五座水寨，若依福建地理位置來看，由北而南依次是福寧地區的烽火門水寨、福州地區的小埕水寨、興化地區的南日水寨、泉州地區的浯嶼水寨，以及漳州地區的銅山水寨，至於它們地點詳細分布的情形，除浯寨係本文探究主題，前已述及外，其餘四寨的設置地點，大致如下：

---

[52] 譚綸，《譚襄敏奏議》，卷1，頁13。

## 明初福建海防「海中腹裡」示意圖

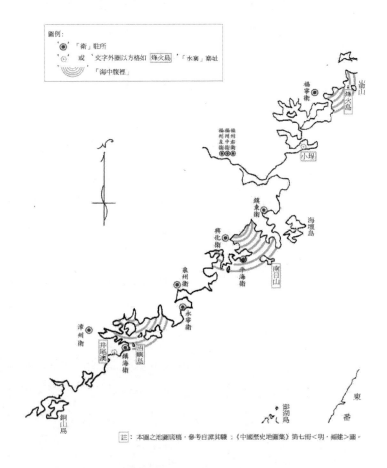

附圖一之二：明初福建海防「海中腹裡」示意圖，筆者製。

首先是，福寧的烽火門水寨。烽火門寨，前已提及，明初時創設於「三沙海面」，一作「三沙海中」，亦即在福寧三沙堡東面海

中的烽火島上。福寧，位處福建東北端，太祖洪武元年（1368）時置縣，隸福州府轄管，至憲宗成化九年（1473）遂脫離福州府，升格為州。「福寧州，北界浙省，東臨大洋，背倚叢山，上游之要樞也，故於烽火門置寨曰烽火寨，外以聯絡浙兵，而福寧衛、大金所協守於內」。[53]

　　其次是，福州的小埕水寨。該寨主要是以維護省會福州海防安全為主要的目標，軍事地位在福建五水寨中首屈一指。而最特別的是，小埕寨不似其它各寨的寨址都曾遷徙過，請參見「明代福建五水寨遷移方向地點示意圖」（附圖一之三，筆者製）。雖然，有極少數史料聲稱，[54] 小埕寨在憲宗成化末年曾遷移至它處，但綜觀整體的史料並加以研判，筆者以為，小埕寨一開始似應即創置在陸地岸邊，且找不到很強的証據可証明它確曾遷移過。[55] 但若從常理上

---

[53]　同註9，頁2。

[54]　徐景熹，〈海防〉，《福州府志》，卷13，頁7。此書引用《福州府志》萬曆年間刊本的說法，指稱「成化末，當事者以孤島無據奏移小埕、銅山于內港，內港山澳崎嶇，賊舟窄小，……」。

[55]　福建五水寨中，除小埕寨外，其餘諸寨皆有寨址遷移的相關記載，此屢見於史傳，如胡宗憲，〈福建事宜〉，《籌海圖編》，卷4，頁23；卜大同，〈置制〉，《備倭記》，卷上，頁2；黃仲昭，〈公署·武職公署〉，《八閩通志》，卷之41、43，頁872、906、909。

來推測，上述的說法似乎不能完全合乎於情理，[56] 此點亦是筆者最感疑惑之處，明初時是何種的力量或因素，讓捍衛省會福州的小埕水寨一反常例地設在陸地岸邊，值得吾人去深入去探究。

至於，小埕水寨是設在何處？小埕水寨，顧名思義，它的設置地點是在小埕，小埕澳位在福州府連江縣定海守禦千戶所北方不遠處的海岸邊。那為何要設置水寨在小埕？主要和它的地理位置有關，顧祖禹在《讀史方輿紀要》卷九十六〈福建二‧小埕寨〉便指稱：

> 小埕寨，（連江）縣東一百二十里海中，明初置。《籌海》
> [按：指《籌海圖編》一書]說：「小埕北連界於烽火，南接

---

[56] 依筆者目前所掌握的史料看來，小埕寨初始便設於定海守禦千戶所前的小埕澳。但是，若據常理來推斷，小埕寨在明初創時應以設在閩安鎮外的閩江口河海交會處水域中島嶼上的可能性亦不小，其原因在於福建的烽火、南日、浯嶼三寨初創皆設在近海的島嶼上，何況小埕寨又負有捍衛省會的重責大任，更加有必要與上述的三寨相同置寨近海島上，去構築（海）岸、（水）寨間的海防「腹裡」，並拉大倭盜侵犯陸地的預警時間和抵禦空間。但假若是如此，問題是小埕寨的初始地點又究竟在何處？關於此，有待就教方家以解迷惑。

## 明代福建五水寨遷移方向地點示意圖

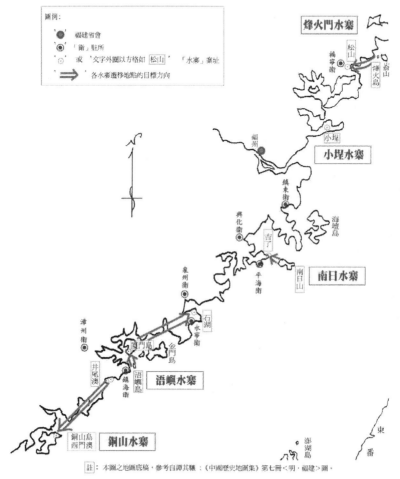

附圖一之三：明代福建五水寨遷移方向地點示意圖，筆者製。

於南日，連江為福郡之門戶，而小埕為連江之門戶」。[57]

由上可知，「連江是福州門戶，小埕又是連江門戶」。而設置水寨於小埕的主要目的便是爲保衛福建省城的福州。因，福州位居閩江下游，並以閩江河口的閩安鎮做爲其出入門戶，爲防止敵人由海上入侵，明政府便在閩江河口外緣的兩側佈置兵力，以捍衛省城。其中，在外緣的南側岸邊由隸屬於鎮東衛的梅花所來戍防；北側的部分，除有福寧衛的定海所駐守外，另又在其不遠處的小埕澳設置水寨佈署兵船，以攔截春、冬季節乘東北風勢南犯的倭寇。[58]和梅花、定海二所岸上的陸地武力來相比，小埕寨的兵、船因「其汛地，乃遠至東湧，拒賊於外海」，[59]而成爲防止倭盜入犯省城的主要海上武力，其重要性不言可喻。小埕一地，它直接牽動著福建全局的海防安危，此亦當是明政府設置水寨于此的主要原因。故，視小埕水寨爲明代福建海上禦倭的防衛樞紐，一點都不爲過。

又次是，興化的南日水寨。興化地處福建的中段，北有福寧、

---

57　顧祖禹，〈福建二・小埕寨〉，《讀史方輿紀要》，卷 96，頁 3995。文中「籌海說」以下一段文字，係引自胡宗憲，〈福建事宜・小埕水寨〉，《籌海圖編》，卷 4，頁 25。唯一差異處是在該段最末兩字，《籌》書原句用連江之「藩翰」，特此說明。另外，文中出現"[按：xxx]"者，係筆者所加按語，以下各章節內容中若再出現按語，則省略為"[xxx]"，特此說明。

58　同註 9，頁 2。

59　董應舉，〈浮海紀實〉，《崇相集選錄》（南投縣：臺灣省文獻委員會，1994 年），頁 56。

福州，南有泉、漳二府，就海防的戰略地位而言，「興化地處東南之隅曲，倭艐入寇獨當其衝，閩海之腰膂也」，[60] 明政府「故於莆田之東環嶼置南日寨，而平海衛及萬安、莆禧二所協守於內」。[61] 文中的「艐」字，係指船隻航駛時，編結成隊之意。另，「東環嶼」即南日山（島），「在（興化）府東百里大海中，與琉球相望，舊名南匿山，近福清縣海壇山，明初設寨於此」。[62] 明初置水寨於南日山的原因主要有二，一是該島地理位置重要，「北可遏南茭、湖井之衝，南可以阻湄洲、岱墜之阨，亦要區也」。[63] 二是南日山，「在海中，中湧淡水，島寇從南北來，必此汲（水）」，[64] 藉此阻斷入犯的倭盜，來此汲飲補給之機會。

最後是，漳州的銅山水寨。明末何喬遠的《閩書》卷之四十〈扞圉志·銅山寨〉曾載稱：「銅山寨，……水寨也，在詔安縣銅山（守禦千戶）所西門澳。舊建井尾澳，景泰間移今所。北自金石以接浯嶼，南自海嶺以達廣東，漳郡濱海重鎮」；[65]「而鎮海衛及六鼇、

---

60　同註 9，頁 3。

61　同前註。

62　顧祖禹，〈福建二·南日山〉，《讀史方輿紀要》，卷 96，頁 3995。

63　胡宗憲，〈福建事宜·南日水寨〉，《籌海圖編》，卷 4，頁 23。

64　何喬遠，〈扞圉志〉，《閩書》（福州市：福建人民出版社，1994 年），卷之 40，頁 988。

65　同前註。銅山一地原隸于漳浦縣，世宗嘉靖十三年始改屬詔安縣，請參見顧祖禹，〈福建五·守禦銅山千戶所〉，《讀史方輿紀要》，卷 99，頁 4141。

銅山、懸鐘三所協守於內」。[66] 井尾澳，地在鎮海衛城（請參見附圖一之四：明萬曆元年時的「鎮海衛城圖」，引自羅青霄的《漳州府志》）南方的濱海岸邊，明初時，便在此置有井尾巡檢司。銅山島，則位「在詔安縣東，其地舊名東山，爲民間牧藪」。[67] 關於前面《閩書》中提到，銅山寨址初創時在井尾澳，並在代宗景泰年間移向西南方的銅山島上西門澳的說法，[68] 吾人可分成兩部份來觀察：一是地點。「初在井尾澳，後遷西門澳」的部分，關於此，似乎爭議較少。二是時間。「舊建井尾澳，景泰間移今所」的句中，卻直指在景泰遷往西門澳之前，銅山寨先前已在井尾澳已存有若干的時日，而且，最特別的是，銅山寨和日後烽火門、南日、浯嶼三寨遷移的方向正好相反，是由陸岸邊的灣澳走向近海的島上，爲何會如此？而且，讀者或許會疑惑，在前小節中，筆者不是才提出五水寨「初僅設烽火門、南日、浯嶼三寨，景泰年間增小埕、銅山而爲五」可能性最大的見解，主張銅山寨的成立應在景泰時，但此是否又與上說「景泰間移今所」不太一致？其實，它們之間並沒有直接的矛盾衝突。至於，會造成上述情況，根據筆者的研判，應該是

---

66　同註9，頁3。

67　顧祖禹，〈福建五・守禦銅山千戶所〉，《讀史方輿紀要》，卷 99，頁 4141。

68　贊成此說尚有羅青霄，《漳州府志》，卷之 7，頁 12；胡宗憲，〈福建事宜・銅山水寨〉，《籌海圖編》，卷 4，頁 24；沈定均，〈兵紀一・銅山寨〉，《漳州府誌》，卷 22，頁 7。

以下的原因。亦即，起初設在井尾澳的銅山寨，可能僅具水寨的雛形而已，組織編制應當尚未完備，甚至可能只是臨時任務的性質而已。

　　至於，為什麼會挑選井尾澳，作為漳州地區臨時的水師基地，可能與該處剛好介於鎮海衛城和陸鰲千戶所城之間有所關聯，尤其是，鎮海衛城更是漳州邊海軍防指揮中心，水寨若設此，一方面方便鎮、陸二衛所的戍兵前往銅山寨輪值駐守，另一方面係因銅山寨為福建西南最偏遠的海軍基地，明初政府的勢力在此東南邊陲尚未完全穩固之時，水寨與其戍兵來源的衛、所之間有必要維持更緊密的聯繫，故選擇距離較近、地點較方便聯絡和支援的井尾澳，似乎亦是一時的權宜之計。但是，隨著時間的推移，明政府在漳州西南海隅統治勢力亦日漸穩固後，明政府遂將水寨由井尾澳移向近海更偏遠的銅山島上，並在該島的西門澳正式建立銅山水寨，[69] 時間當在上述的代宗景泰年間，而此刻亦是明政府完成五水寨的建設，構

---

[69]　銅山水寨，由井尾澳遷去銅山島西門澳，銅山一島在洪武二十年時便由周德興創設銅山千戶所於此，綜觀明代福建海防的歷史，類似於銅山將水寨寨址和千戶所城設在同處者，此並非是唯一的例子，其它尚有泉州的浯嶼水寨，該寨由浯嶼島遷入廈門，和該島上的中左千戶所的所城同處。另外，如福寧的烽火門水寨，由烽火島遷入陸岸邊的松山，該處在嘉靖年間，係松山巡檢司司城的所在地。然而，明政府為何要將沿海陸上防衛系統的千戶所城、巡檢司司城和海上防衛系統的水寨寨址放置在同一地方，此舉措究竟是一有趣的巧合？或係明政府特意的安排？其背後的動機和想法又究竟是如何？此一問題，確實值得吾人去做一番的探討。

築完成福建海防體制的時間。

附圖一之四：明代時的「鎮海衛城」圖，引自《漳州府志（明萬曆元年刊刻）》。

# 第二章

# 浯嶼水寨的設置目的

倭海上來，則海上備之爾。若量地遠近，置指揮衛、若
干千戶所，陸聚巡司弓兵，水具戰船，砦壘錯落，倭無
所得入海門，入亦無所得傅岸魚肉之矣。

——明・方鳴謙

本章要探討的主題是，明政府爲何會在福建沿海設置水寨？關
於此，吾人若綜合相關史料加以分析，可以發覺到，它主要有以下
的三個目的。首先是，明政府認爲，要完全憑藉衛、所、巡檢司等
陸岸上的防衛武力，不足以完全阻絕倭寇從海上對沿海地區的進
擊，故有必要在近岸的海中建立起一支常設的武力，並透過陸上和
海中兩方武力的結合，來阻絕海上入侵的敵人。換句話說，明嘗試
在衛、所、巡司所構築陸地防線的外緣，亦即在近海岸邊或島嶼，
由北而南設立了五座水寨，透過水寨兵船結隊出洋巡哨，禦敵於海
上；同時，並利用各寨與各寨間會哨制度，彼此互通聲息、而聯成
一氣，在「近岸水域」再增築一層海中的防線，「衛、所、巡司以
控賊於陸，水寨防之於海，則知巡司……而與水寨同時建設，所以

聯絡聲勢,保障居民」,[1]形成陸地和海中的兩層防線。[2]明初這種
海防的構思計畫,清人杜臻在《粵閩巡視紀略》一書中,有較具體
的描述,其文指道:

> 明高祖洪武二十年,命江夏侯周德興經略海上,置沿海五
> 衛、十二所。曰福寧衛,領大金、定海二所;曰鎮東衛領梅
> 花、萬安二所;曰平海衛,領莆禧所;曰永寧衛,領崇武、
> 福全、金門、中左、高浦五所;曰鎮海衛,領六鰲、銅山、
> 懸鐘三所。其隙地支地控馭所不及者,更置巡司以承其彌縫
> 焉。陸路之防既固,又作烽火(門)、南日、浯嶼三水寨,
> 擁戰艦,以備躡寇之用。景泰間,尚書薛希璉奉命巡閱,復
> 增小埕、銅山二寨,謂之五寨,互為首尾迭相呼應,而苞桑

---

1 懷蔭布,〈軍制・巡檢弓兵〉,《泉州府誌》(臺南市:登文印刷局,清
  同治補刊本,1964 年),卷之 24,頁 38。
2 關於筆者陸地和海中兩層防線的說法,可由方鼎等人撰修《晉江縣志》
  中得到些許印證,其文稱:「(洪武)二十一年,遣江夏侯周德興於沿
  海要害處各置巡檢司城,復於外海建水寨,以扼海門之險。凡所以明
  斥堠、嚴會哨,聲勢應援,計非不周。迨後水寨移入內地,而倭寇乘
  虛構禍無已,間有復舊之議,旋行旋罷」。方鼎等,《晉江縣志》(臺
  北市:成文出版社,清乾隆三十年刊本,1989 年),卷之 7,頁 2。

之籌益密。[3]

　　杜臻上文中對千戶所、水寨創建時間和千戶所數目的說法，雖和史實稍有些許出入，[4]卻無損於他個人對明初福建海防內涵和用意的認識。故，水寨及其軍兵戰船可視為是協助海岸防衛或支持沿海衛、所、巡司的一種有組織的水上武力。

　　其次是，明人對「倭寇不擅長海戰」認知的影響，有關於此一說法，屢見於史傳，例如「倭奴長技利於陸，我兵長技利於水，歷查連年用師，凡得捷俱在海戰，利害較然明矣」、[5]「我兵長於水戰短於陸戰，而倭奴則長於陸短於水，故禦之莫要於海中」……等海防見解，[6]在明季時得到許多人的贊同。除此，再加上「賊在海中，舟船、火器皆不能敵我也，又多飢乏，惟是上岸則不可禦矣」。[7]

---

[3]　杜臻，《粵閩巡視紀略》（臺北市：臺灣商務印書館，1983 年），卷 4，頁 1。上文中「躪」字，「踐踏」之意。附帶一提的是，《粵》書的由來，係清康熙二十二年夏、秋間，施琅攻取臺、澎入中國版圖，同年，「（杜）臻時任工部尚書，奉詔與內閣學士石柱往粵、閩撫視，畫定疆理，以十一月啟程，至二十三年五月竣事，因述其所經略大略為此」。見杜臻，〈提要〉，《粵閩巡視紀略》，頁 1。

[4]　有關此，請詳見本章底下第一節中「軍衛和守禦千戶所」的內容說明。

[5]　胡宗憲，〈經略二‧禦海洋〉，《籌海圖編》（臺北市：臺灣商務印書館，1983 年），卷 12，頁 5。

[6]　同前註，頁 7。

[7]　卜大同，〈禦倭議〉，《備倭記》（濟南市：齊魯書社，1995 年），卷下，頁 18。

由此可知，因倭寇「江海之戰本非其所長」，[8]且遠來疲憊飢渴，藉由水寨的軍兵戰船在海上中途截擊尚未登陸或即將登陸的倭寇，亦是明初福建「設水寨兵船，禦倭於海上」的原因之一。

最後是，明政府置水寨於近海岸邊或島嶼，兵船遊弋海上，此一措置，不僅可使它的國防線得向東邊大海沿伸出去；而且，若值倭盜海上突犯時，不僅可獲得在海中阻截的先機，並遲緩其登陸進犯的行動，使陸上衛、所、巡司應變的時間增長。換句話說，明初置水寨於閩海近岸島嶼，使得明政府軍事佈置的防線由原先的海岸線內（衛、所、司、堠），推進到近海的島嶼中，亦即閩海近岸的水域（即「近岸水域」或「近海」）中。此舉，它又透露出另一個重要的訊息，即「設水寨，守近海」的戰略思想在明初時，已在福建邊海被推展開來，做為水寨根據地的近海小島已成為明政府海防的前哨站，既可「瞻前」又可「顧後」。「瞻前」可前視由近海瞭望外海（即近洋，甚至於遠洋）的敵情動態，倭盜突犯時可拉大空間距離使後方預備因應的時間變長；「顧後」則可回視近海到岸上間的海域，與沿海陸上的衛、所、司、堠，構成一個海防巡邏防禦網，哨捕其「腹裡」，以鞏固海疆。

但是，不管是上述所提的「衛、所、巡司以控賊於陸，水寨防之於海」，構築陸地和海中的兩層防線；或是「設水寨兵船，禦倭

---

8　李言恭、郝杰，〈寇術〉，《日本考》（北京市：中華書局，2000 年），
　　卷之 1，頁 36。

於海上」；甚至，既能「瞻前」又「顧後」，防線推進海中的水寨……
對這些有關明初福建海防構思的陳述說明，或許有部分的人尚不能
完全去體會其中的意涵，其主要原因，可能是對五水寨背後的福建
海防架構及設計此架構的源由經過，並不十分地瞭解。因爲，明初
時福建的海防設施除水寨外，尚有爲數更龐大的軍衛、守禦千戶
所、巡檢司和烽堠；假若，再加上此時實施的「海禁」政策，整個
搭築而成的福建海防架構，則猶如是一座巨大的「冰山」，水寨僅
是這座「冰山」的一角而已。所以，吾人若要清楚地認識明水寨等
海防措置的內涵和精神，就必須先對福建海防架構設置的來龍去
脈，及其構思背後呈現出來的特質，有一定程度的瞭解。而以下的
各節，便是對明初時福建水寨以外海防措置的相關說明。

## 第一節、水寨以外的海防措置

　　一般而言，吾人若論及明初東南的海防時，有時可能會以簡
單、籠統的「海禁」、「消極」、「畏縮」等字眼，來涵蓋對它的
看法。其實，這樣的直接印象，可能過於含混，甚或以偏概全，以
本文研究的地域福建省而言，明政府在處理海防的問題上，它所表
現出來的某些特質就與上述的看法有所出入。早在明王朝剛建國

時，倭寇的侵擾，[9] 已是東南沿海各省共同的問題，「防禦倭寇」便成明政府海防政策的首要目標。「倭寇」的組成份子，包括有日本的海盜和中國的海賊。中國的海賊成員，主要是來自元末群雄張士誠和方國珍的餘黨，[10] 這些人常從海上來侵擾沿海地區，荼毒劫掠百姓。所以，防止倭寇的侵擾，亦是明代福建海防問題的核心所在。對此，明政府進而衍生出解決此一問題的兩個方法，一是「海禁」政策的實施，另一則是海防相關設施的建立，而海禁政策和海防設施這兩者是齊頭並進、相輔相成的，目標都是爲了「防倭」。亦即，「防倭」是明初政府海防的主要目的，「海禁」政策和海防設施則是爲達到「防倭」目的的兩個主要手段。

有明一代，倭寇侵擾中國沿海的時間十分地早，可追溯到元代。而此一問題，到元末時更趨複雜。因爲，群雄的爭逐天下，張士誠和方國珍二人先後爲朱元璋所擊敗，「先是元末瀕海盜起，張

---

9　倭寇，即日本的海盜，起源於九州及山陰、山陽二道，以壹岐、對馬爲根據地，侵掠亞洲大陸沿海地方，自元朝初年北條氏執政時代，寇掠三百餘年，沿海數千里備受荼毒，中國史家統稱爲倭寇。倭寇來源甚爲複雜，有亡命、有武人、有海賈、有游氓，亦有中國部分失業人民附從爲寇。見陳懋恒，《明代倭寇考略》（北京市：人民出版社，1957年），頁 2-3。

10　明初的中國海賊，許多是來自於元末群雄張士誠和方國珍的餘黨。張、方二人被明太祖朱元璋擊潰後，他們的徒眾多逃亡海上，繼續和明政府爲敵，甚至勾結、引導日本倭寇入犯沿海地區，剝掠百姓。見谷應泰，〈沿海倭亂〉，《明史紀事本末》（臺北市：三民書局，1956年），卷 55，頁 585、588。

士誠、方國珍餘黨導倭出沒海上，焚民居、掠貨財，北自遼海、山東，南抵閩、浙、東粵，濱海之區無歲不被其害」；[11]「高帝[即洪武帝]即位，方國珍、張士誠既誅服，諸豪亡命，往往糾島夷入寇山東傍海諸郡」。[12] 因張、方的餘黨徒眾多逃入海中，繼續和朱元璋對抗，進而勾結日本海盜並引導其入犯沿海地區，剽掠百姓財貨，故朱明王朝在一開始便為東部海疆的穩固安危而傷腦筋。中國亡命海賊勾結日本島夷海盜侵擾沿海一事，可以視為元末群雄爭霸餘怨的延伸結果，說來諷刺的是，它也是伴隨著朱明王朝的建國而一起存在的，此或許也是朱元璋角逐天下時所始料未及的。

　　至於，本文所研究探討的區域－福建，它遭受倭寇侵擾的情形又是如何？由明代史書中知悉，倭寇侵擾福建沿海地區時間十分地早，太祖洪武二年（1369）五月，因倭寇進犯浙江的永嘉等處，明政府便著手在福建沿海設立備倭官，以為因應。[13] 次年（1370）六月，倭寇先犯山東，轉掠浙江，再寇擾福建沿海郡縣，「福州衛出

---

[11]　同前註，頁 588。

[12]　何喬遠，〈島夷志〉，《閩書》（福州市：福建人民出版社，1994 年），卷之 146，頁 4354。文中「高帝」係指明太祖朱元璋，「島夷」在此指日本海盜，「島夷」一詞常出現在明代史籍中，雖然這是明人對鄰近周邊的日本、琉球、呂宋或東番（即今日臺灣）……諸國人民的一般稱謂，但它最常被用來稱呼入犯中國沿海的日本海盜，特此說明。

[13]　程子頤，〈守邊・備倭〉，《武備要略》（北京市：北京出版社，1998 年），卷之 13，頁 44。

軍捕之,獲倭船一十三艘,擒三百餘人」;[14] 值得留意的是,在同一年倭寇除了侵擾泉州府外,並停泊船隻在浯嶼島上,[15] 此島後來在洪武二十一年(1388)便設立了浯嶼水寨,以捍衛泉州海疆,而倭寇泊船浯嶼的舉動,或許也是引發明政府日後會在此設立海軍基地—「水寨」的可能原因之一。[16]

因為,明政府方值建國,倭寇便已騷擾遍及東南沿海地區,為此,洪武三年(1370)時,朱元璋便派遣使節逕赴日本曉諭,而隔年(1371)日本國王良懷雖亦遣使來華入貢,對明政府奉表稱臣,

---

[14] 李國祥、楊昶主編,〈海禁海防〉,《明實錄類纂(福建臺灣卷)》(武漢市:武漢出版社,1993年),頁464。上文中「福州衛出軍捕之」一段內容,疑為福建衛、所軍的泛稱,並非專指「福州衛」軍。因,明政府在洪武元年福建設置了泉州、建寧、汀州、漳州、邵武和興化等六衛;到洪武四年,才設立福建都指揮使司;洪武八年,才以福州都衛為福建都指揮使司,並置福州左、右二衛。

[15] 關於此,周凱,〈舊事志·紀兵〉,《廈門志》載稱:「倭乃日本種類,國有七十二島,即今東洋地。其寇泉州,自洪武三年始;泊浯嶼,是年始」,見周凱,《廈門志》(南投縣:臺灣省文獻委員會,1993年),卷16,頁662。周凱的《廈門志》稱上文引自何喬遠《名山藏》的「日本傳」,但翻查〈王享記·日本〉,《名山藏》(北京市:北京出版社,1998年)一節內容,並未有該段內容的記載,故筆者疑以為,《廈門志》可能引自他書或該書的它段文字。

[16] 倭人寇擾泉州並泊船浯嶼,從文句中加以推測,此時的倭人已經有盤據浯嶼為巢窟的可能。至於,日後不久明政府便設水寨於浯嶼以備倭犯,此是否又與上述一事有關?因史料闕缺不足,難以判斷這兩者之間究竟有何關聯。但可確定的是,自明政府置水寨於浯嶼之後,佈置水軍、兵船以巡戍閩南海域,浯嶼一帶海盜的活動似乎也已消聲匿跡。

[17] 但倭患問題卻並未因此而獲得解決,「但其爲寇掠自如」。[18] 例如洪武五年(1372)的六月,倭寇襲擾福州寧德縣;該年的八月,倭寇進犯福州福寧縣,前後殺掠該地居民三五〇餘人,焚燒廬舍千餘家,劫取官糧二五〇石。[19]

就在沿海倭患頻傳,百姓屢被荼毒的同時,洪武帝便鑑於倭寇進擾、官軍在逐捕時,常有缺乏舟船無法追擊的缺憾,遂下詔令福建、浙江二省建造海舟六百六十艘,以爲出海備倭攻戰之用,時間是在洪武五年(1372)八月十日,[20] 由該二省近海地區的九個「衛」軍主司其事,而福建負責造海舟的軍衛便是洪武元年(1368)就設立的泉州、漳州和興化等三個「衛」。[21] 次年(1373),洪武帝又聽從德慶侯廖永忠的建言,[22] 下詔沿海守軍增造多櫓快船以備倭

---

[17]　先是,洪武帝在三年三月派遣山東萊州知府趙秩爲使臣,持詔往赴倭國曉諭。洪武四年十月,日本國王良懷奉命,並遣其臣下僧侶前來奉表稱臣入貢。見李國祥、楊昶主編,〈日本〉,《明實錄類纂(涉外史料卷)》(武漢市:武漢出版社,1991年),頁419。

[18]　張燮,〈外紀考・日本〉,《東西洋考》(北京市:中華書局,2000年),卷6,頁111。

[19]　同註14。

[20]　同前註。

[21]　陳壽祺,〈明船政・明〉,《福建通志》(臺北市:華文書局,清同治十年重刊本,1968年),卷84,頁30。

[22]　《憲章類編》載稱:「廖永忠上言:『陛下定四海,臻太平,北虜遺孽亦遠遁萬里,獨倭夷鼠伏海島,時因風便,以肆侵掠,來如奔狼,去如驚鳥。請令沿海添造快船巡徼,倭來則大船薄之,快船逐之。彼欲爲寇,不可得也』」。引自同註18。

患，「無事則巡徼，遇寇以火船薄戰，快船逐之」；[23] 並且，命令靖海侯吳禎充任總兵官，「領廣洋、江陰、橫海、水軍四衛兵，京衛及沿海諸衛軍悉聽節制，每春以舟師出海，分路防倭，迄秋乃還」，[24] 另外又撥水軍五五一名分屯為四寨，以為備倭之用。[25] 洪武帝利用上述的遣使曉諭倭王勿犯邊海，大造海舟、快船備倭，調兵遣將出海捕倭……等一連串措置，希望藉此達到打擊倭寇的目的。根據洪武帝自己的說法，此舉是「為百姓去殘害，保父母妻子」；[26] 至於，會斥重資大造舟船，亦是因「倭寇所至，人民一空，較之造船之費何翅千百。若船成備禦有具，瀕海之民可以樂業，所謂因民之所利而利之」。[27]

# 一、海禁政策

## 1.「禁民不得私出海」

　　除上述的造舟備倭之外，洪武帝為根絕國人私通倭寇，維護海疆的寧謐，便在邊海地區推行了海禁的政策，亦即「禁民不得私出

---

23　張其昀編校，〈兵三‧海防〉，《明史》（臺北市：國防研究院，1963年），卷91，頁956。

24　同前註。

25　請參見陳壽祺，《福建通志》，卷86，頁34。

26　同註14。

27　同前註。

海」，[28] 意指禁止國人私自出海販貿或從事其他活動。其實，明初海禁政策形成的背後原因是十分複雜的，[29] 根絕通倭安靖海疆，只是其中之一的因素而已。那為何要嚴禁濱海之民不得私自出海？主要，也是因張士誠、方國珍二人餘黨勾引日本海盜入犯邊海所引起的，若從此一角度看來，海禁的實施也可視為元末群雄逐鹿的餘波。

明海禁實施的時間甚早，約起於洪武初年，時間最晚當不超過洪武四年（1371）。福建興化衛指揮李興等人違反禁令，私下派人販海通貨牟利，洪武帝聞知，遂於四年（1371）十二月諭令大都督府府臣曰：

> 朕以海道可通外邦，故嘗禁其往來。近聞福建興化衛指揮李
> 興、李春，私遣人出海行賈，則濱海軍衛豈無知彼所為者乎。
> 苟不禁戒，則人皆惑利，而陷于刑實矣。爾其遣人諭之，有
> 犯者論如律。[30]

---

28 懷蔭布，〈海防・明〉，《泉州府誌》，卷之 25，頁 4。

29 根絕通倭安靖海疆，只是實施海禁浮面的原因，若深入去探究海禁背後的動機因素，則當不止如此而已。明代實施海禁有其深刻的思想根源，一是傳統的重本抑末思想；一是朱元璋的小農意識，狹隘而不務遠略。朱在建立明王朝後所恢復和發展的自然經濟，卻因商品經濟水準不高，故缺乏進行海外貿易的強烈需求，加上張士誠、方國珍二人餘黨勾引日本海盜侵犯邊海的刺激，故為維護海疆寧謐，遂有海禁政策的產生。請參見晁中辰，〈朱元璋為什麼要實行海禁？〉，《歷史月刊》第 104 期（1996 年 5 月），頁 81、85。

30 同註 14，頁 511。

洪武帝以大海可通外邦,重申海禁之令;另外,也可由《明史紀事本末》所稱:「洪武四年十二月……,仍禁濱海民不得私出海,時方國珍餘黨多入海剽掠故也」,[31] 由上文中「嘗禁其往來」、「仍禁濱海民不得私出海」句中,可知道洪武四年(1371)時,海禁已實施有一段相當的時間了。洪武十三年(1378),丞相胡惟庸因謀反案發被處死,[32] 而日本曾暗中資助胡謀反事。[33] 事後聞知此,洪武帝甚怒,「於是名日本曰『倭』,下詔切責其君臣,暴其過惡」,[34] 並以日本國「雖朝實詐,暗通奸臣胡惟庸,謀爲不軌,故絕之」的理由,[35] 斷絕日本的通貢關係,並將此列入「祖訓」中,鄭重地告誡其日後繼位的子孫們,要他們奉行不渝。此時的前後,洪武帝又有一連串海禁的相關規定,如十四年(1381)十月,禁止瀕海地區民眾私通海外諸國。十七年(1384)正月,命令信國公湯和巡視浙江、福建沿海城池,「禁民人入海捕魚,以防倭故也」。[36] 到二十七年(1394)正月,洪武帝又以海外諸夷邦多詭詐,除琉球、真

---

[31] 同註 10,頁 585。

[32] 張其昀編校,〈胡惟庸〉,《明史》,卷 308,列傳第 196,頁 3483。

[33] 先前,因胡惟庸欲謀不軌,曾召前金吾衛指揮林賢,「且密書奉日本王借精銳人為用,王許之。賢還,王遣僧如瑤等率精銳四百餘人來詐獻巨燭,中藏火藥兵器。比至,惟庸已敗」。見何喬遠,〈王享記〉,《名山藏》,頁 18。

[34] 同前註,頁 20。

[35] 朱元璋,〈祖訓首章〉,《皇明祖訓》(臺南縣:莊嚴文化事業有限公司,1996 年),頁 6。

[36] 同註 14,頁 511。

臘、暹羅等國准許入貢外，其餘斷絕其往來，並以「緣海之人往往私下諸番，貿易香貨，因誘蠻夷為盜，命禮部嚴禁絕之，敢有私下諸番互市者，必置之重法。凡番香、番貨，皆不許販鬻，其見有者，限以三月銷盡。民間禱祀只用松柏、楓桃諸香，違者罪之」。[37]

洪武帝海禁政策的基本大方針，日後，又為他的繼任者所沿襲下去。成祖永樂二年（1404），當時福建瀕海地區的居民，嘗以海船私載貨物通販外國，盜寇肆虐地方，郡縣官員上報以聞，永樂帝遂下令禁止民間製造海船，原有的海船一律改為平頭船，所在地有司謹防其出入。[38] 宣宗宣德八年（1433），朝廷敕令漳州衛指揮同知石宣等人，命其嚴格通番之禁令。[39] 代宗景泰二年（1451），詔命刑部出榜禁約：「福建沿海居民毋得收販中國貨物，置造軍器，駕海交通琉球國，招引為寇」。[40] 雖然，明政府嚴格規定了海禁，

---

37　同前註。
38　同註 14，頁 512。
39　同前註。
40　同註 14，頁 513。

且漸將違禁的刑罰加以標準化和條文化，[41] 但因販海私貿利潤豐厚，瀕海之民違禁下海者仍舊存在，難以根絕。尤其是，隨著明政局昇平日久，人情輕忽怠玩，法令的廢弛不彰，違禁者「私造雙桅大船，擅用軍器火藥，違禁商販，因而寇劫」，[42] 甚至勾引日本倭人為盜，寇劫沿海地區，後來卻愈演愈烈，成為荼毒東南沿海數省之慘劇，此一景況，至世宗嘉靖後期時到達了顛峰。直至隆慶帝即位後，因福建巡撫塗澤民的「請開海禁，准販東、西二洋」，[43] 才使得海禁這個「閉關自守」嚴厲的政策，才得稍有弛緩之勢，但是，海禁頭號對象的日本並未被解除，仍在嚴禁通販接濟的名單之列。

---

[41] 由《明實錄》的記載中知，至世宗嘉靖年間違禁下海的處罰規定，已漸有標準化的趨勢，如「一切違禁大船，盡數毀之。自後，沿海軍民私與市賊，其鄰舍不舉者連坐」；「捕得其盜一人者賞銀三兩，二人以上遞加。所得賊物，盡以給賞；若番夷違禁之貨，則以其半給之。將士不得各賞，以沮士氣」。見同前註，頁 514、515。另，有關明代軍民違禁下海處罰的詳細規定，請參見陳仁錫，〈海政・私出外境及違禁下海〉，《皇明世法錄》（臺北市：臺灣學生書局，1965 年），卷 75，頁 41。

[42] 同註 14，頁 514。

[43] 張燮，〈餉稅考〉，《東西洋考》，卷七，頁 131。所謂的「東、西二洋」，係以航海針路劃分為東、西洋兩個航行的區域。明代時，以交阯、柬埔寨、暹羅以西，即今馬來半島、蘇門答臘、爪哇以至於印度、波斯、阿拉伯為西洋；今日本、菲律賓、加里曼丹、摩鹿加群島為東洋。參見向達校注，〈兩種海道針經序言〉，《兩種海道針經》（北京市：中華書局，2000 年），頁 7。

## 2.「墟地徙民」

　　明初，除實施海禁政策，規定國人不得違禁私出海外，洪武帝也在沿海島嶼實施「墟地徙民」的政策，斷絕島民勾通倭寇之機會，以安靖海域。因爲，元末群雄方、張的餘黨逃亡海上，這些中國的海賊往往窩藏在沿海島中，嘯聚倡亂爲盜，並以此做爲寇掠沿海地區，以及勾通日本海盜的基地巢窟，而海島上的居民又常與他們互通聲息、提供奧援協助，給明政府帶來不少的困擾。[44] 爲此，洪武帝一方面鑑於東部海岸線綿長，沿海島嶼林立，「倭寇猝難備禦」，[45] 另一方面又因海中島民「濱海多與寇通，難馭以法」，[46] 故欲徹底翦除此一殘餘的黨盜勢力，並斷絕其訊息奧援的力量，遂採取「堅壁清野」的策略，對海島及其居民實施「墟地徙民」的措施，來對抗倭寇這群不速之客。故「墟地徙民」的實施，亦可視爲是明初海禁政策的一部分，也是洪武帝爲達成海防政策的首要目標－「防倭」其中的一種方法。

　　所謂的「墟地徙民」，顧名思義便是將居住在該地的居民，強制遷移到它處，讓該地淨空以便有效掌控之意。實施主要的對象，是居住沿海島上的民眾。透過此一措施，強迫海島居民遷入沿海陸

---

[44]　同註 13，頁 47。

[45]　郝玉麟、謝道承，《福建通志》（臺北市：臺灣商務印書館，清乾隆二年刊本，1983 年），卷 3，頁 21。

[46]　陳學伊，〈記・諭西夷記〉，收入沈有容輯，《閩海贈言》（南投縣：臺灣省文獻委員會，1994 年），卷之 2，頁 34。

地上。淨空的島嶼，讓島民無法再如往昔般，給倭寇提供訊息和奧援，甚至是成為協助倭寇藏匿、逃竄的空間，並且，藉此來阻絕島民與之勾結進犯的機會。洪武帝藉「墟地徙民」此一手段，來打擊以海中島嶼作為主要活動場所的倭寇勢力。因為，海中的島嶼同時擁有三種重要的功能和角色，亦即「訊息奧援的提供處所、藏匿賊寇的巢窟和勾通日本海盜的基地」。故，「墟地徙民」的實施，對倭寇勢力的打擊十分地大，令入犯的倭寇因缺乏島民援引而頓失依靠，此舉對安靖東南邊海有著不少的助益。以浙江寧波等地諸海島為例，明人陳仁錫在《皇明世法錄》的〈海防・靖海島以絕釁端議〉一文中，便有以下的記載：

> 寧波之金塘、大榭，台州之玉環、高丕，溫州之南麂、東洛
> 等山，俱稱沃壤，外逼島夷，元末逋逃之徒，蕃聚其中，卒
> 之，方國珍乘之以據浙東。洪武間，湯信國經略其地，遷徙
> 其民，一洗而空之，勒石屬禁，迄二百餘年。莽無伏戎，島
> 無遺寇，則靖海之效也。[47]

明初，洪武帝因「國初愚民內向之意未堅，往往結倭以掠中國」，[48] 在東南邊海實施上述的「墟地徙民」政策。而此一政策，主要是由信國公湯和、江夏侯周德興二人主司其事，湯、周二人奉洪武帝

---

[47] 陳仁錫，〈海防・靖海島以絕釁端議〉，《皇明世法錄》，卷 75，頁 23。
[48] 同註 13，頁 47。

命南下視海防倭時，順便一道執行此一不恤民情、殘酷冷血的政策。[49]

　　根據史料的載稱，湯和巡視海上備禦倭寇共有兩次。一次是在洪武十七年（1384）正月，「正月壬戌，命信國公湯和巡視浙江、福建沿海城池，禁民人入海捕魚，以防倭故也」。[50] 但，懷疑湯和此時奉詔卻未成行，抑或去後不久即返回，無事可書？[51] 另一次是在洪武二十年（1387）的二月，「是月，湯和至浙，請于浙之東、西置衛、所防倭」，[52] 湯和執行「墟地徙民」的措施當在此時，另一位巡海防倭的江夏侯周德興也是在洪武二十年（1387）四月銜命往赴福建，[53] 他同樣也是奉有「墟地徙民」的任務，[54] 故筆者以為，

---

[49]　郝玉麟、謝道承，〈雜記・叢談二〉，《福建通志》，卷 66，頁 30。

[50]　同註 14，頁 511。

[51]　夏燮，〈紀八〉，《明通鑒》（長沙市：岳麓書社，1999 年），卷 8，頁308。因，湯和南下巡海設衛築城等一切措置處分，應當皆係洪武二十年的事。

[52]　同前註，頁 329。夏燮認為，此次湯和南下浙江巡海備倭，洪武帝並命指揮僉事方鳴謙從行，時間是在洪武十九年的冬天，關於此，方鳴謙在〈東甌碑〉中所載稱亦同，「他書有繫之明（即洪武二十）年正月者，蓋據其陛辭至浙，牽連併記耳，今繫之是（即洪武十九）年之末」，見同前書，頁 327。至於，湯和任務完成，返歸時間是在洪武二十年十一月。

[53]　李國祥、楊昶主編，〈海禁海防・洪武二十年四月戊子〉，《明實錄類纂（福建臺灣卷）》，頁 465。周德興此次赴閩備倭，前後共約三年多時間。

湯、周二人「墟地徙民」政策的實施，當在洪武二十年（1387）他們南抵後不久便展開來。湯、周二人北返後，[55] 此一政策似乎被沿續下去。例如福建、廣東二省交界的南澳島，「洪武二十六年，居民為海倭侵擾，詔令內徙，遂墟其地」，[56] 便是一個例子。

　　從史料中看來，此次「墟地徙民」行動似乎規模不小，浙江、福建、廣東各省都在規劃之內，不僅海上島中百姓被強迫放棄家園遷入內地岸上，甚至連部分瀕海地區「民嘗從倭為寇」者，[57] 也一併在「墟地徙民」之列。明初的「墟地徙民」工作，以本文所探討範圍的福建地區而言，根據民間的說法，如下：

---

[54] 洪武帝從左參議王鈍之請，二十年六月時曾下令，「徙福建海洋孤山斷嶼之民，居沿海新城，官給田耕種」，它的時間恰好是在周德興赴閩後的不久。此際，周南下巡閩備倭，同時並肩負墟地徙民的任務，當無疑問。見中央研究院歷史語言研究所校，〈太祖實錄〉，《明實錄》（臺北市：中央研究院歷史語言研究所，1962年），卷182，洪武二十年六月甲辰條，頁5。

[55] 湯和與周德興二人奉命至浙、閩巡海備倭和「墟地徙民」，時間停留並不算太長。湯在洪武二十年十一月返還；周停留則稍長些，約有三年多時間，離開的時間最晚當不超過洪武二十四年四月。

[56] 顧祖禹，〈廣東四〉，《讀史方輿紀要》（臺北市：新興書局，1956年），卷103，頁4280。

[57] 例如浙江的昌國縣，地處寧波府東南的邊陲海角，因先前該地民眾曾從倭寇為盜。為此，昌國縣被廢掉，空墟其地，民眾則被強制遷走並充為寧波衛卒，時間是在洪武二十年六月。事載於李國祥、楊昶主編，〈軍事・鎮壓和剿討・洪武二十年六月丁亥〉，《明實錄類纂（浙江上海卷）》（武漢市：武漢出版社，1995年），頁825。

明洪武中，遣江夏侯周德興視海防倭，……。洪武帝覽圖下旨，曰：「各省孤嶼人民不得他用，又被他作歹，可盡行調過連山附城居住，給官田與耕、宅舍與居」。於是，福建、廣東暨澎湖三十六嶼盡行調過，以三日為期限，民徙內後者死，民間倉卒不得舟，皆編門戶床簀為筏，覆溺無算。[58]

由上可知，此次被強制徙民的的島嶼，數目應當不少。以近海的島嶼為例，其中較為人知的，有福寧州的嵛山，[59] 福州府連江的上竿塘山和下竿塘山，[60] 福清的海壇島和雙嶼，[61] 興化府莆田的湄洲島，

---

58　同註49。

59　嵛山一作俞山，「在大海中，其地有三十六澳，其地肥饒，生齒繁盛。洪武中，江夏侯周德興徙其民于八都，以防倭寇」。見黃仲昭，〈地理・福寧州・本州〉，《八閩通志》（福州市：福建人民出版社，1989年），卷之12，頁224。另何喬遠的《閩書》亦稱嵛山「昔有居人，皇朝洪武中內徙」。見何喬遠，〈方域志・福寧州・山〉，《閩書》，卷之30，頁732。前文中「八都」的「都」字，係明代福建地方區劃之名稱，隸屬於地方各縣之下，例如晉江縣的祥芝，地在該縣的二十都，而同縣境內的圍頭、深滬則各在十四和十六都。特此說明。

60　上、下竿塘山在連江縣永福鄉境內，上竿塘山峰巒屈曲，有湖尾等六澳；下竿塘山則有白沙等七澳，「是山與上竿塘，並峙大海中。上並有民居，洪武二十年內徙」。見何喬遠，〈方域志・福州府・連江縣・山〉，《閩書》，卷之4，頁106。附帶一提的是，明代，常稱呼特起而高出海平面的海中島嶼為「山」，如竿塘山、海壇山、澎湖山……等，此「山」字也常和「嶼」、「島」互用。上、下竿塘山，地屬今日的馬祖列島。

[62] 泉州府同安的大、小嶝島和鼓浪嶼等地，[63] 主要是由江夏侯周德興來負責執行的。以福州府東南海隅的海壇島爲例，海壇一作海壇山，「茲山密邇鎮東，爲閩省藩籬」，[64] 清高宗乾隆二年（1737）刊刻的《福建通志》〈山川〉中，便載稱：「海壇山，在縣東南大海中，其山如壇，週七百里，爲海中諸山之冠，山多嵐氣，又名東

---

61　雙嶼即江陰嶼，在福清縣孝義鄉境內海中，「二山突起相對，故名。亦曰仙嶼。上有漁戶百家。……又有草嶼、堂嶼、東草嶼、鹽嶼，嶼上居民亦于洪武二十年徙連山」。見黃仲昭，〈地理・福州府・福清縣〉，《八閩通志》，卷之 5，頁 86。

62　何喬遠，〈扞圉志〉，《閩書》，卷之 40，頁 988。

63　大、小嶝島，嶝一作「登」字，地在同安縣翔風里境內海中。大嶝島，廣約十里；小嶝島，宋末時丘釣磯居其上。另外，鼓浪嶼一作古浪嶼，在同安縣嘉禾里境內，「在嘉禾海中，民居之。洪武二十年，與大嶝、小嶝俱內徙。成化間，復舊」。見何喬遠，〈方域志・泉州府・同安縣二・山〉，《閩書》，卷之 12，頁 272。據黃仲昭的《八閩通志》載稱，在洪武帝「墟地徙民」前，鼓浪嶼居民約有二千餘家，人數並不算少。見黃仲昭，〈地理・泉州府・同安縣〉，《八閩通志》，卷之 7，頁 132。

64　臺灣銀行經濟研究室編，〈萬曆二十三年四月丁卯〉，《明實錄閩海關係史料》（南投縣：臺灣省文獻委員會，1997 年），頁 88。文中的「鎮東」即鎮東衛，該衛軍駐地在福州府東南福清縣城的西邊瀕海處。

嵐山。……明洪武二十年，以倭寇猝難備禦，盡徙其民於縣」。[65]

　　此次，洪武帝「墟地徙民」應是全面性的，上述這些被明政府「墟地徙民」的近海島嶼，多屬面積稍大或是土地稍較肥饒，[66]或是人口較為繁盛者，而上述這些當僅是其中的一部分而已，相信尚有其他居住在近海島嶼的百姓，在這一波大規模的遷移中，一起被強制移入內地。然而，必須說明的是，明初「墟地徙民」實施的對象，不僅只有上述的瀕海地區和近海島嶼而已，甚至連遠處在大洋中的海島亦在規劃之內，孤懸泉州府海外的澎湖島便是一例。澎湖，早

---

[65] 郝玉麟、謝道承，〈山川〉，《福建通志》，卷3，頁21。關於，海壇島被「墟地徙民」的原因，顧亭林的〈福州府・海防〉，《天下郡國利病書》曾載稱：「海壇遊，在福清海壇山。（海壇）山，故唐牧馬地；宋置牧監，尋罷，聽漁民雜耕，增兵守之。洪武初，守備李彝要金於（海）壇眾，弗與，彝奏徙其民於內地，遂為盜種之區。隆慶初年，始建遊兵于此。」見顧亭林，〈福州府・海防〉，《天下郡國利病書》（臺北市：臺灣商務印書館，1976年），原編第26冊，頁40。引文指出係因不肖守備勒索不成，才怒而上奏將海壇島「墟地徙民」。此說，似乎過於牽強，無法完全說明此事的全部原因。筆者以為，「墟地徙民」是洪武帝既定政策，何況，海壇島地處福州府東南海邊，地近鎮東衛，位置重要，號為閩省藩籬，且土地面積又大，故其目標十分突出，不可能不在明政府「墟地徙民」規劃之內！

[66] 如上述的海壇山便是。它如南澳島，「其地在漳、潮之交，四面阻水，周圍可六、七百里，山高而隩，地險而腴，歷代居民率致殷富」。見沈定均，〈兵紀一・明〉，《漳州府誌》（臺南市：登文印刷局，清光緒四年增刊本，1965年），卷22，頁11。另外，陳仁錫的《皇明世法錄》亦指出，南澳島在大海之中，「有山田數千畝，乃國初起發居民遺棄地」。見陳仁錫，〈海防・嶺海〉，《皇明世法錄》，卷75，頁1。

在元時便設置了巡檢司，但該地島民的命運，卻也和近海的其他島嶼相同，被強制遷入內地。明人黃仲昭《八閩通志》卷之八十〈古迹‧泉州府晉江縣〉，便曾載道：

> 彭湖巡檢司。在（泉州）府城東南三十五都海中。元時建，國朝洪武二十年徙其民於近郭，巡檢司遂廢。[67]

整體而言，明初整個「墟地徙民」政策的實施，它確實有助於明政府斷絕瀕海島民私通倭寇的機會，對削弱倭寇侵擾邊海問題上，具有極正面的功效。但是，通倭的島民畢竟僅是部分而已，海中島民卻不分善惡，無論有否通倭，全數一律被強制搬遷入內地，此舉對所有的島民十分地不公平。因為，他們「生於斯，長於斯」的家園和財產被迫放棄，而傾毀於一夕之間。

綜觀上述的內容，明王朝方值建國，東部邊海便遭受倭寇的侵擾，防禦倭寇一開始便成為明初海防問題的重點所在。為此，洪武帝除曉諭倭王、造船禦倭和派兵出海捕倭外，並且透過海禁政策「不得違禁下海」的相關規定，來斷絕國人通倭之管道。其次，再運用「墟地徙民」的措置，透過強制遷徙海中島民的方式，來剷除元末殘餘黨盜勢力，並斷絕其聲息奧援的力量，並藉此達到徹底摧毀海中島嶼作為扮演私通倭寇的基地、藏匿海賊的窟穴，以及物質、訊

---

[67] 黃仲昭，〈古迹‧泉州府晉江縣〉，《八閩通志》，卷之 80，頁 893。澎湖，史書一作「彭湖」或「彭湖山」，隸屬於泉州晉江縣。黃仲昭撰修該書，始於明憲宗成化末，完成於孝宗弘治初年。

息的提供者等多重角色的目的。吾人平心而論,若站在海岸防禦的戰略角度來看,「墟地徙民」的政策是正確的,因為,此舉盡其可能地去斷絕入侵的倭寇中途休息、藏匿、補給和訊息取得的機會。而且,淨空的島嶼,遠比島上有民眾棲居來得容易掌握狀況。所以,明政府特意拿掉此一倭寇進攻內地的「跳板」,確實是有助於沿海禦倭工作的進行。武宗正德年間刊刻的《漳州府志》一書中,曾援引一段話,指稱:「海島居民多貨番,以故番有嚮導得入吾境,(明政府)乃盡遷海島居民處之內地。於是內有防守,外無引援,百餘年無倭患矣」,[68]它或許可做為上述內容的最佳註腳。

## 二、海防設施

除了,透過上述海禁的手段來打擊倭寇外,明政府亦在東南沿海展開一連串的海防建設,希望藉此來達到根絕倭患的目標。相較於洪武初年便開始的海禁,東南沿海大規模的海防建設起步較晚,約始於洪武十九年(1386)。這一年,不僅是明政府東南海防建設的關鍵源頭,同時亦是洪武帝決心專意對付倭寇的分界起點。因,該年「十一月辛酉,日人入貢,(洪武帝)卻之」,洪武帝「以倭數寇沿海郡縣,又通胡惟庸事發,乃決計絕之,而專意整飭海防」,

---

[68] 羅青霄,《漳州府志》(臺北市:臺灣學生書局,明萬曆元年刊刻本,1965 年),卷之 7,頁 13。

[69] 希望藉由海防專責單位的設立和完善措施的建構，來徹底地解決倭寇侵擾邊海的問題，前章所述的五水寨便是其一。

論及明初福建海防的相關設施之前，必須先談主導此次締造東南海防的關鍵人物—方鳴謙。鳴謙，係方國珍從子，嫻熟海事，他在明政府架構海防設施和構思海防觀念上，扮演相當關鍵性的角色。起初，因倭寇侵掠浙江東部沿海，洪武帝曾問策於時任指揮僉事的方鳴謙，方氏便提出海防的見解和對付倭寇的主張。此段內容係十分地珍貴，茲將洪武帝和方兩人此段的對話，完整地摘錄於下：

> 洪武十九年正月。是月征蠻將軍信國公湯和班師還朝，乞骸骨。上尋諭曰：「卿強健，為朕一行海上，為倭備」。初，倭寇浙東太倉衛。指揮僉事方鳴謙，故（方）谷珍從子，習海事。上問以海事，對曰：「倭海上來，則海上備之爾。若量地遠近，置指揮衛、若[疑脫漏「千」字]千戶所，陸聚巡司弓兵，水具戰船，砦壘錯落，倭無所得入海門，入亦無所得傅岸魚肉之矣」。上曰：「然于何籍軍」？對曰：「兵興以來，軍勁民脃，民無所不樂為軍，若四民籍一軍，皆樂為

---

　同註51，頁327。洪武帝決意徹底解決倭寇犯邊的決心，可由洪武十九年「十一月辛酉，日人入貢，卻之」，不願再與日本和稀泥的外交態度，得到些許的証明。

軍也」。[70]

方鳴謙上述的「倭自海上來，則在海上備禦之」；「量地遠近置衛、所，陸聚巡司弓兵，水具戰船，砦壘錯落，倭不得入海門，入亦不得傅岸」的海防觀念主張，洪武帝不僅深表贊同，[71] 並立即付諸實施，遂詔令信國公湯和與江夏侯周德興二人，根據此一原則往赴東南邊海推行之。而方氏上述的主張見解，被視為是明代海防措施的指導原則，「鳴謙數語，實發其端為海防要策也」。[72] 次年（1387）的二月，方奉命隨湯和南下浙江邊海，[73]「是月，湯和至浙，請于浙之東、西置衛、所防倭，上[指洪武帝]令悉以便宜行之，和乃度

---

[70] 談遷，《國榷附北游錄》（臺北市：鼎文書局，1978 年），卷 8，頁 661。文中的「谷珍」，即方國珍，部分史書做此名。至於，上述洪武帝和方鳴謙兩人對談的字句，各家史料的記載稍有出入。本文引用談遷《國榷》一書對話字句的原因，在於該書所引的內容可能是最原始、真實的史料。因明太祖實錄經歷三次的修改，原貌已失，而談遷《國榷》一書的撰寫根據未刪改的實錄版本，且取野史、文集及所聞見以訂其誤，故保存的內容可能較為接近當年的面貌！請參見辰伯，〈談遷和國榷〉，收錄在談遷，《國榷附北游錄》，序文，頁 3、7。

[71] 張其昀編校，〈湯和〉，《明史》，卷 126，列傳第 14，頁 1603；夏燮，〈紀八〉，《明通鑑》，卷 8，頁 327。

[72] 同註 25。

[73] 洪武帝詔令鳴謙跟從湯和南赴浙江，出發時間是在洪武十九年的冬天，另據方鳴謙的〈東甌碑〉載稱亦相同，「他書有繫之明（二十）年正月者，蓋據其陛辭至浙，牽連併記耳，今繫之是（十九）年之末」。見同註 51，頁 327。

浙東、西併海設衛、所城五十有九，選丁壯三萬五千人築之」。[74]
上述湯在浙江的海防措置，亦可視為是方個人海防觀念主張部分的
實現。

除了湯和南下浙江建構海防外，洪武帝另又詔命江夏侯周德興
南下視師海上，地點是浙江南鄰的福建，同樣亦是進行海防措施的
建構。行前，洪武帝曾告謂周德興曰：「福建功未竟，卿雖老，尚
勉為朕行」，[75] 此時的周才從駐鎮的楚地返鄉不久。洪武二十年
（1387），周在抵達福建後，除進行前文所提及的沿海島嶼「墟地
徙民」的措置外，並針對倭寇侵擾邊海的問題，著手大舉推動包括
有按籍抽兵、移置衛所、增設巡檢司和練兵築城……等一連串的海
防建設。關於此，《太祖實錄》載稱：

> 洪武二十年四月戊子，命江夏侯周德興往福建，以福、興、
> 漳、泉四府民戶三丁取一為緣海衛所戍兵，以防倭寇。其原
> 置軍衛非要害之所即移置之。德興至福建，按籍抽兵，相視
> 要害可為城守之處，具圖以進，凡選丁壯萬五千餘人，築城

---

74　同前註，頁 329。
75　張其昀編校，〈周德興〉，《明史》，卷 132，列傳第 20，頁 1675。周德
興鎮楚不到兩年，期間頗有建樹，據〈周德興〉傳載稱，「洪武十八
年，楚王楨討思州五開蠻，復以（周）德興為副將軍。德興在楚久，
所用皆楚卒，威震蠻中。定武昌等十五衛，歲練軍士四萬四千八百人；
決荊山嶽山壩以溉田，歲增官租四千三百石，楚人德之。還鄉，賜黃
金二百兩，白金二千兩，文綺白匹」。

一千[誤字，應為「十」字]六，增置巡檢司四十有五，分隸
諸衛以為防禦。[76]

周德興強制福建省濱海的福州、興化、漳州和泉州等四府的百姓民
戶，以每戶男丁三名取一為原則，共徵調得丁壯一五○○○餘人，
充為沿海諸衛、所軍的戍兵。周並且在相視沿海地理形勢後，除了
移置原有的衛、所至沿海要害處外，更在此些要害處上，築造了十
六座軍事城壘。另外，又在福建沿海地區增加巡檢司的設置，使其
總數到達有四十五處之多。並由上引文中知，周在相視地理形勢決
定築城的地點後，曾將這些築城的要害地點繪製在圖上，並進呈給
遠在京師的洪武帝御覽，此不僅可看出洪武帝對此次推動福建海防
措施的重視程度，亦可間接證明，他個人欲徹底解決倭寇侵擾邊海
的決心，而周本人駐留福建共計約三年餘，期間對福建海防構築厥
功甚偉，堪稱是「明代福建海防的擘造者」，《明史》卷一三二〈周
德興〉傳中，便載稱：「德興至閩，按籍僉練，得民兵十餘萬人，
相視要害築城一十六，置巡司四十有五，防海之策始備。逾三年，
歸第」，[77]即是一明証。周在閩地防倭建設功成後，返鄉歸其府第，
洪武帝「復令節制鳳陽留守司，并訓練屬衛軍士。諸勳臣存者，德

---

[76] 同註14，頁465。文中「築城一千六」中的「千」字，係誤，當為「十」
　　字。有關周德興在福建沿海要害處築城十六座的記載，屢見於史傳，
　　如談遷，《國榷附北游錄》，卷8，頁669；張其昀編校，〈兵三·海防〉，
　　《明史》，卷91，頁956。
[77] 同註75。

興年最高，歲時入朝，賜予不絕」。[78] 但不幸的是，洪武二十五年
（1392），周卻因其子亂法，慘遭連坐誅死，[79] 令人欷歔不已。

## 1.軍衛和守禦千戶所

　　有關江夏侯周德興此次福建海防措施的細節內容，因受限於本
文主題的研究範圍，以及文章內容篇幅的考量，無法對明初福建海
防措施做鉅細靡遺全面性的敘述，筆者僅能就探討主題—浯嶼水寨
所在地的泉州府，以及相鄰近的沿海地區，做較為詳細的討論陳
述。至於，福建內陸地區以及沿海的其餘各處，則僅就與本文相關
部分做一概要性的說明，俾使讀者對本文探討主題相關的背景情
形，有較深的認知。

　　首先是，福建沿海設置衛、所的經過。明代的衛、所軍制，即
洪武帝在底定天下後革新元代舊制，自京師達於郡縣皆立衛、所，
外統之於都指揮司，內則統於五軍都督府，征伐時則命將領充任總
兵官，並徵調衛、所軍兵領之。征畢凱歸，則將領交還中央所給佩
印，而官軍則各自回駐原衛、所，此制蓋得唐代府兵制度之遺意；
而衛、所軍兵多設在地方要害之處，「係一郡者設所，連郡者設衛」。

---

[78] 同前註。

[79] 史載，周德興之子周驥亂宮，德興因受株連而遭洪武帝誅殺，時間是
在洪武二十五年八月十日。見夏燮，〈紀十〉，《明通鑑》，卷 10，頁
363。

[80] 至於，衛、所軍兵的額數和編制又是如何。根據穆宗隆慶年間刊印《泉州府志》的說法，它的情形如下：

> 衛、所軍士俱有定數，大率以五千六百名為「衛」，（一）千一百二十名為「千戶所」，一百一十名為「百戶所」，每百戶內設總旗二名、小旗十名，大小相維，編成隊伍。[81]

早在洪武元年（1368）時，明政府便設置六個軍衛於福建地區，衛的名稱從其郡名，即泉州、建寧、汀州、漳州、邵武和興化等六衛，各衛之下並轄有若干的千、百戶所。四年（1371）置福州和建寧都衛指揮使司，並置延平衛。八年（1375），以福州都衛為福建都指揮使司，置福州左、右二衛。

　　洪武二十年（1387）時，周德興在抵閩地後不久，便奉洪武帝的旨意在沿岸建立了五個軍衛指揮使司，由北而南依次為福州地區的福寧衛和鎮東衛、[82] 興化的平海衛、泉州的永寧衛和漳州的鎮海衛，另外，並設置福州中衛。而上述的福建沿岸五個軍衛中，除鎮海衛日後因撥後千戶所軍兵守禦漳州龍巖，僅轄有左、右、中、前四個千戶所外，其餘四衛皆各自轄有左、右、中、前、後五個千戶

---

80　陳壽祺，《福建通志》，卷83，頁7。
81　懷蔭布，〈軍制・衛所軍兵〉，《泉州府誌》，卷之24，頁30。
82　福寧，地處福建北部，明初洪武元年（1368）時置有福寧縣，隸屬於福州府管轄，直至憲宗成化九年（1473）才脫離福州府升格為福寧州。見黃仲昭，〈地理・建置沿革・福寧州〉，《八閩通志》，卷之1，頁20。

所。除此之外，沿岸的五衛另又各自轄有若干不等的守禦千戶所。
這當中，根據黃仲昭《八閩通志》的說法，同是在洪武二十年（1387）
奉旨創設的便計有十個，[83] 即福寧衛的大金和定海千戶所，鎮東衛
的萬安千戶所，平海衛的莆禧千戶所，永寧衛的崇武、福全和金門
千戶所，以及鎮海衛的陸[一作六]鰲、銅山和玄[另作懸或元]鐘[另

附圖二之一：「文臺寶塔」像，筆者攝。

---

83 文中提及的，創建於洪武二十年福建沿海的五衛十所，請參見黃仲昭，
〈公署・武職公署〉，《八閩通志》，卷之41－43，內容中有關的記載。

作鍾]千戶所。[84] 例如其中之一的金門千戶所,在其所城城垣的南方,今日猶留有明初時古蹟「文臺寶塔」(見附圖二之一:「文臺寶塔」像,筆者攝),該塔相傳便是洪武二十年(1387)江夏侯周德興築城時,衡度水陸形勢時所建造的。[85]

　　除上述的五衛十所外,之後陸續設立的尚有洪武二十三年(1390)的高浦千戶所、二十七年(1394)的中左千戶所,二者皆隸轄於永寧衛。[86] 除上述外,若再加上,《八》書所遺漏二十一年(1388)前後創建的梅花千戶所,福建沿岸守禦千戶所此時當有十三個之多。雖然,有部分史書對上述周德興創建福建沿岸衛、所的

---

[84]　陸鰲千戶所的「陸」,一作「六」字。另外,玄鐘千戶所的「鐘」,部分史書亦有作「鍾」字。至於,「玄」字又作「懸」或「元」,疑係清康熙帝玄燁的避諱字,清代刊印的書籍多有此例,特此說明。

[85]　財團法人金門縣史蹟維護基金會,《金門人文丰采:金門國家人文史蹟調查》(金門縣:內政部營建署暨所屬單位員工消費合作社金門分社,2001 年),頁 35。

[86]　黃仲昭,〈公署‧武職公署〉,《八閩通志》,卷之 41,頁 871。

時間，以及千戶所的數目在說法上稍有些許出入，[87] 但這些都不影響周在洪武二十（1387）到二十三年（1390）間對福建海防建設的貢獻。而上述的福建沿岸福寧衛等五個軍衛，亦在洪武二十四年（1391）時，和前述的福州中衛、福州左衛、福州右衛、興化衛、泉州衛和漳州衛等六個衛，一起劃歸福建都指揮使司統轄，以上的

---

[87] 首先是，福建沿海衛、所創建的時間問題，例如明末何喬遠〈扞圉志‧都司衛所〉，《閩書》中便稱，洪武二十一年設置福建沿海五衛（福寧、鎮東、平海、永寧和鎮海衛）十二所（大金、定海、梅花、萬安、莆禧、崇武、福全、金門、高浦、陸鰲、銅山和玄鍾千戶所），見何喬遠，〈扞圉志‧都司衛所〉，《閩書》，卷之40，頁982。其他，如清初時杜臻《粵閩巡視紀略》則指出，上述的五衛十二所是在洪武二十年設立的，見杜臻，《粵閩巡視紀略》，卷4，頁1。甚至，尚有部分地方志書，如陳壽祺《福建通志》者，更誤指五衛十二所為信國公湯和在洪武二十一年視師閩、粵時所設立的，見陳壽祺，《福建通志》，卷83，頁7。其次，關於守禦千戶所的問題部分，較有爭議有三：一是周德興在創建千戶所的數目，前文中《八閩通志》十所的主張，和《閩書》、《粵閩巡視紀略》十二所的說法不同；二是高浦千戶所設立時間究竟係洪武二十三或二十一年？三是梅花千戶所，《八閩通志》一書並未提及在當時有該所的存在，但《閩書》、《粵閩巡視紀略》……等史料卻認為，該千戶所亦是周德興所創建的，時間在洪武二十一或二十年設立。關於上述的這些問題，究竟孰是孰非？有待日後進一步加以考證。但上述的不管是洪武二十或二十一年，都在周德興蒞閩巡海的時間範圍之內。

十一衛便是史書常提及的「福建沿海十一衛」。[88] 有關明代福建沿海地區軍衛、守禦千戶所和水寨分佈的大略情形，請參見「明代福建沿海衛所水寨分佈示意圖」（附圖二之二，筆者製）。

其次是，本論文所探討的地域重心－泉州地區，此地區究竟設有那些的軍衛和守禦千戶所，它詳細的情形又是如何。泉州地區的軍衛主要有二，除了地處稍近內陸、洪武元年（1368）由湯和設立的泉州衛之外，[89] 便是濱臨大海的永寧衛。永寧衛，轄下除有左、右、中、前、後五個千戶所外，另又轄有崇武、福全、金門、高浦和中左等五個守禦千戶所。永寧衛及崇武等守禦千戶所，它的駐所地點與地名同處，多為沿海兵防要衝之地，例如永寧，位在泉州府晉江縣城東南五十里處，「東濱大海，北界祥芝、石湖，南連深滬、

---

88　卜大同，〈奏復沿海逃亡軍士餘剩糧疏〉，《備倭記》，卷下，頁 8。但有部分史書將「福建沿海」的定義給予縮小，如《籌海圖編》一書中的沿海軍衛，包括沿岸的五個軍衛再加上「福州左衛」共六個軍衛而已。見胡宗憲，〈福建兵防官考・沿海衛所〉，《籌海圖編》，卷 4，頁 7。

89　福建的泉州衛，置有指揮使一員，領有左、右、中、前、後五千戶所，隸福建都指揮使司所管轄。洪武元年，總兵官湯和擒獲陳有定，泉州盪平，改元代的泉州路總管府為泉州衛，駐地在泉州府城。明初時，泉州衛有見操、出海、屯種（糧、田）和屯旗軍，兵額共計六一四七人，數目比一般的軍衛員額五六〇〇人略多出五〇〇人左右，後來因衛、所軍兵逃亡情形嚴重，至神宗萬曆年間僅存剩見操、出海和屯旗軍兵丁共一二三六人、屯種軍三四〇人而已，合計不到一六〇〇人。見同註81。

## 明代福建沿海衛所水寨分佈示意圖

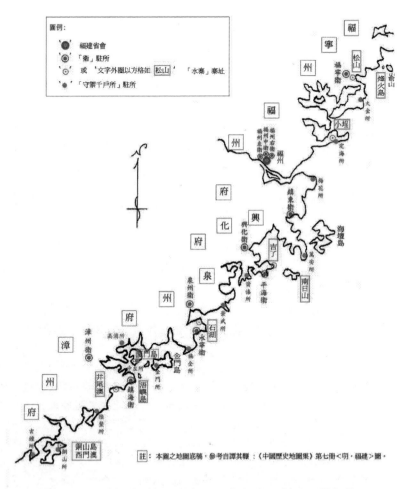

附圖二之二：明代福建沿海衛所水寨分佈示意圖，筆者製。

福全，爲泉州襟裾」，[90] 明政府沿襲宋、元設兵寨之前例，[91] 置軍衛於此，以總覽泉州沿海之邊防。其它，如高浦爲同安縣西部的屏障，崇武則地在惠安縣之極東處，皆分置守禦千戶所以扼守之。關於泉州沿岸地區各衛、所分佈的情形，請詳見〈附表一：明初洪武年間福建泉州濱海地區衛、所分佈表〉的「沿革、由來和地理形勢」項中的內容，筆者不在此作贅述。

◎附表一：明初洪武年間福建泉州濱海地區衛、所分佈表

| 衛、所名稱 | 項目內容 | 創建時間 | 公署地點 | 沿革、由來和地理形勢 |
|---|---|---|---|---|
| 泉州地區 | 永寧衛（下轄有左、右、中、前、後千戶所。） | 洪武二十年（《閩書》稱：洪武二十一年） | 在晉江縣東南二十都 | 宋時為永澳寨，元改為永寧寨。江夏侯周德興改創為永寧衛。永寧衛東濱大海，北界祥芝、石湖，南連深滬、福全，為泉州之襟裾。 |
| | 永寧衛　崇武（守禦）千戶所 | 洪武二十年（《閩書》稱：洪武二十一年） | 在惠安縣東二十七都 | 江夏侯周德興以小兜巡檢司舊址創建。崇武在惠安之極東，北接湄州界於興化，南連石湖，東面距海，南崎祥芝，係泉州之上游。 |

---

90　何喬遠，〈扞圉志・都司衛所〉，《閩書》，卷之40，頁985。上文中的「石湖」，原書係書寫「浯嶼寨」，係因浯嶼水寨初設於浯嶼島，後遷廈門島的中左所，至萬曆三十年時再由廈門遷到石湖，崇禎初刊印的《閩書》，故以遷入石湖的浯嶼「寨名」來代稱「地名」。因，為恐讀者混淆，不知其是指設在何處時的浯嶼寨，筆者遂自作主張，還原其地名。特此說明。

91　永寧一地，早自宋代起，便是泉州的海防要地，南宋置水澳寨於此，元代時則改為永寧寨。見同註86，頁870。

| | | 福全（守禦）千戶所 | 洪武二十年（《閩書》稱：洪武二十一年） | 在晉江縣東南十五都 | 江夏侯周德興創建。福全在晉江南方，三面跨海，西面陸附，所有大留、圳上二澳，要衝之地。 |
|---|---|---|---|---|---|
| | | 金門（守禦）千戶所 | 洪武二十年（《閩書》稱：洪武二十一年） | 在同安縣東南十九都 | 江夏侯周德興創建。金門即同安之浯州嶼，西連烈嶼、廈門，南達擔嶼、鎮海，料羅盡其東，官澳極其北，用七更可至澎湖，同屬盡處。 |
| | | 高浦（守禦）千戶所 | 洪武二十三年（《閩書》稱：洪武二十一年） | 在同安縣西南十四都 | 移永寧衛中、右千戶所官軍創建。高浦為同安西部的屏障。 |
| | | 中左（守禦）千戶所 | 洪武二十七年 | 在同安縣西南二十三都 | 都指揮謝柱徙建寧衛中、左千戶所創建。中左即廈門，在同安之嘉禾嶼，峙立海中，東抵烈嶼、金門，南至大海一百里和擔嶼相會，西界漳州月港，北至同安內港與高浦相望。 |

資料來源：黃仲昭，〈公署‧武職公署〉，《八閩通志》，卷之41、42，頁870、881；何喬遠，〈扞圉志‧都司衛所〉，《閩書》，卷之40，頁983。上述的中左千戶所的官軍來源，除移自建寧衛中、左千戶所的說法外，另有移永寧衛的中、左千戶所官軍，築城守寨的說法，見周凱，《廈門志》，卷3，頁82。此二者說法何者正確，有待日後考證之。

## 2.巡檢司

　　江夏侯周德興在經略福建邊海時，除建構五個軍衛以及若干的守禦千戶所之外，並增置了為數不少的巡檢司（見附圖二之三：「明福建金、廈沿海巡檢司和烽墩分佈圖」，引自《籌海圖編》）。明開國時即承襲元制，設有巡檢司。巡檢司，長官謂之「巡檢」，隸

屬於各地的府、州、縣所管轄。巡檢司的兵丁亦不同於一般衛、所軍兵，稱爲「弓兵」，「哨探盤詰、治安捕盜」是其主要之任務工作，沈定均《漳州府誌》卷二十二〈兵紀一・明〉中，亦曾載道：

> 弓兵，始於明初，周德興倣宋、元巡檢之設郡縣要害地，各置巡檢司一員，簡民間壯丁為弓兵，應役者復其家。[92]

至於，弓兵的員額編制，視各個巡檢司的情況而人數多寡不等，以金門爲例，該島隸屬於泉州府同安縣，明初時便設有四個巡檢司－即官澳、田浦、峰上和陳坑，[93] 皆置有弓兵一百名。[94] 另外，沿海的各巡檢司，和軍衛、守禦千戶所相類似，除附近置有預警的烽堠墩臺外，並築設有環以牆垣的城堡，來抵禦入犯的盜寇。至於，巡檢司司城的規模有多大，以金門的官澳巡檢司司城爲例，「官澳寨

---

[92]　沈定均，〈兵紀一・明〉，《漳州府誌》，卷 22，頁 13。

[93]　官澳，位在金門島的東北角。田浦今作田埔，地處在島上東邊的海隅。峰上，位在東邊偏南的海濱。陳坑，位在料羅灣中段的岸邊，今地名爲「成功」，據當地民眾的說法是，「成功」係政府在早年時金門駐軍所改稱的，以喻其意。

[94]　同註 1，頁 37。明初金門的官澳、田浦、峰上和陳坑等四個巡檢司，到熹宗天啓六年（1626），田浦和陳坑巡檢司已被廢掉，僅剩存峰上、官澳二巡司。其中，官澳雖未廢除，但弓兵已裁撤，且巡檢本人已改邊住在同安縣城中。爲此，金門瓊林人的蔡獻臣曾建議福建當局利用田浦、陳坑和官澳等廢棄的巡檢司城寨的石材，改在東南邊料羅的媽宮前面建造新的城寨，以備禦盜寇。見蔡獻臣，〈浯洲建料羅城及二銃城議（丙寅）〉，《清白堂稿》（金門縣：金門縣政府，1999 年），卷 3，頁 136。

在（同安縣）十七都，明周德興造爲巡檢司城，周一百四十八丈，基廣六尺五寸，高一丈七尺，窩舖四，南北門二」。[95] 若拿此一數據來和附近的衛、所城做一比較，得悉同是周德興所構築的金門守禦千戶所城，它約有「周六百三十丈，基廣一丈，高連女墻二丈五尺，窩舖三十六。外環以濠，深、廣丈餘。東西南北四門，各建樓其上」。[96] 至於，轄管金門等守禦千戶所的永寧衛，該衛城「周八百七十五丈，基廣一丈五尺，高連二丈一尺，窩舖三十有二。爲門五，南曰金鰲、北曰玉泉、東曰海寧曰東瀛、西曰永清，各建樓其上。外濠廣一丈六尺，閒礙大石深淺不同」。[97] 由可上知，巡檢司城的規模形制，遠較守禦千戶所城窄小了許多，它的周長僅有金門所城的四分之一不到，永寧衛城的六分之一而已。

除此之外，各巡檢司尚擁有若干數額的兵船，以爲攻逐敵盜、戰備之用。關於此，洪武帝在二十三年（1390）四月，詔令「濱海衛、所，每百戶置船二艘，巡邏海上盜賊。巡檢司亦如之」，[98] 若以「兵丁一百一十名爲百戶所，每百戶則置船兩艘」爲原則加以估算，則每處轄有左、右、中、前、後五個千戶所的軍衛當擁有兵船一百艘，而各地的守禦千戶所亦當擁兵船約二十艘。若以金門爲

---

95　林焜熿，〈規制志・城寨〉，《金門志》（南投縣：臺灣省文獻委員會，1993 年），卷 4，頁 50。

96　同前註，頁 49。

97　懷蔭布，〈城池〉，《泉州府誌》，卷之 11，頁 18。

98　同註 14，頁 519。

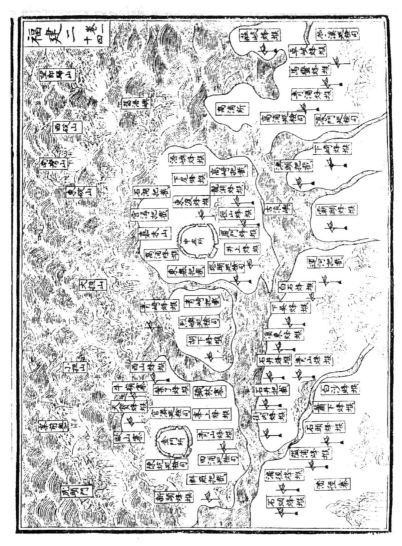

附圖二之三：明福建金、廈沿海巡檢司和烽堠分佈圖，引自《籌海圖編》。

例，則該島上的官澳等四巡檢司，各置有弓兵百名來做推斷的話，當各有兩艘巡海備盜的兵船。當然，上述的推估是和事實有些差距的，兵船的真正數目應較推估來得少一些，因為，《大明會典》中曾載稱：「沿海地方，每一衛五所共船五十隻，每船旗軍一百名，春、夏出哨，秋、冬回守，計福建沿海十一衛，有船五百餘隻，用旗軍五萬餘人」。[99]

至於，江夏侯周德興為何要在福建沿海大舉地增設巡檢司？其實，他的主要的目是在做海防「補強」的工作，前已提及，福建沿海雖設有十一軍衛，底下並轄有數十個千戶所和十餘個守禦千戶所，表面上看似很多，但吾人若將其擺放在偌大的閩海沿岸土地上，它僅不過是一些「點」的分佈而已，點和點之間尚有許許多多的空隙，而明開國沿襲元時所置巡檢司的數量又有限，不足以用來填補這些的空隙。所以，周德興在沿岸地區不僅大舉增設巡檢司，而且還將原先部分巡司的位置做了挪動，[100]以方便扼險禦敵。上述這些措置的目的，都是在補強衛、所防禦無法處處周遍的缺失和不足，它的情況如同清初杜臻在《粵閩巡視紀略》一書中所指稱的，周德興經略沿海的衛、所，「其隙地、支地控馭所不及者，更置巡

---

[99] 卜大同，〈奏復沿海逃亡軍士餘剩糧疏〉，《備倭記》，卷下，頁8。

[100] 周德興增設的巡檢司，如金門島上的官澳、田浦、峰上和陳坑四個巡檢司，創始時間都在洪武二十年。另外，明初即已設置，周德興時更動位置者亦不少，例如泉州的祥芝巡檢司，舊在石湖，洪武二十年時移至祥芝。請參見同註86，頁864、866。

（檢）司，以承其彌縫焉」。[101] 另外，如顧亭林亦曾舉興化府的例子，對巡檢司的角色和組織做過說明，指稱：

> 本朝，周江夏[指周德興]經營炎[誤字，應「沿」]海，於吾郡[指興化府]東南建平（海）、莆（禧）衛所，又念南日、湄州至迎仙，環海二百餘里，疏節闊目，非一衛一所能遙制之，乃於隙地設六巡司。（巡檢司）各有寨城、有官、有射手百（名），間雜以房帳、墩臺，斥堠相望，壯哉！昔人之紆策也。[102]

上述扮演各衛、所間防禦縫隙補強角色的巡檢司，根據周德興的構想是，巡檢司和附近的衛、所唇齒相依，平日弓兵職司哨探巡邏，和衛、所互通聲息；若遇寇警時，敵寡則巡司弓兵各自為戰，敵眾則和附近的衛、所、巡司合力勦捕。不僅如此，巡檢司城因多築在邊海要衝處，附近村落民眾「去郡城迢遠，有警各攜老稚，挾衣糧，馳入寨城[即巡檢司城]避鋒鏑，此又堅壁清野意也」。[103] 最後是，有關明代各階段福建沿海巡檢司分佈地點的變遷情形，請詳見下列〈附表二：明代福建沿海巡檢司分佈表〉的說明，筆者不再贅述。

---

[101]　同註 3，頁 1。
[102]　顧亭林，〈興化府‧巡司〉，《天下郡國利病書》，原編第 26 冊，頁 54。
[103]　同前註。

## 附表二：明代福建沿海巡檢司分佈表

| 時間地點 | 太祖洪武年間（洪武二十年以後） | 世宗嘉靖年間（嘉靖中、晚時期） | 神宗萬曆年間（萬曆九年以後） |
|---|---|---|---|
| 福寧州 | 大筼簹、清灣、高羅、延廷（亭？）、白石、東洋麻嶺 | 延廷、松山、青灣、大筼簹、水澳、蘆門 | 大筼簹、青灣、蘆門、高羅、延亭、柘洋 |
| 福州府 | 北茭、五虎門（即五虎門官母嶼）、閩安鎮、石梁焦山、小祉、松下、澤郎（朗？一名澤朗山）、牛頭門（一名牛頭山）、壁頭（一名壁頭山） | 壁頭、牛頭（即牛頭門）、澤朗、松下、小祉、石梁（即石梁焦山）、閩安鎮、官母嶼、北茭 | 五虎門官母嶼、閩安鎮、松下、石梁蕉山、小祉、北茭、壁頭山、牛頭門、澤朗山 |
| 興化府 | 迎仙（一名迎仙寨）、沖沁（一名沖沁寨）、青山（一名青山寨）、嵌頭（一名嵌頭寨）、吉了（一名吉了寨） | 小嶼、吉了、嵌頭、青山、沖心（沁？）、迎仙 | 迎仙寨、沖沁寨、嵌頭寨、青山寨、吉了寨、嶺寨（即小嶼） |
| 泉州府 | 峰尾、黃崎、小岞、獺窟、祥芝、深滬、烏潯、圍頭、官澳、田浦、峰上、陳坑、烈嶼、塔頭、高浦 | 芧溪、高浦、塔頭、烈嶼、官澳、峰上、田浦、陳坑、圍頭、烏潯、深滬、祥芝、獺窟、黃崎、小岞 | 祥芝、深滬、烏潯、圍頭、石井、峰尾、小岞、黃崎、獺窟、官澳、峰上、烈嶼、白礁 |
| 漳州府 | 濠門、海門（一名海門社）、島尾、井尾、青山、後葛、古雷、金石、洪淡 | 洪淡、後葛、金石、古雷、盤陀（一名盤陀嶺）、九龍、青山、漳浦、小景、井尾、島尾、海門、柳營（一名柳營江）、濠門 | 青山、井尾、古雷、後葛、盤陀嶺、洪淡、漳潮分界、金石、柳營江、濠門、島尾、海門社 |
| 總數 | 44 | 50 | 46 |
| 備註： | 明初，福建沿海地方共置巡檢司四十四處，時在洪武二十年。見卜大同，〈置 | 胡宗憲《籌海圖編》一書，主要記載明嘉靖中後期海防、倭患等問題，內容時間約 | 何喬遠的《閩書》，初稿完成於明萬曆四十四年（見該書，〈校點前言〉，頁5），所 |

| | | |
|---|---|---|
| 制〉，《備倭記》，卷上，頁 2。另《太祖實錄》卷 181〈洪武二十年四月戊子〉條，卻稱巡檢司有四十五處，此有待日後考證。 | 載至嘉靖四十年左右，文中所列巡檢司五十處，當為該時期情形。見胡宗憲，〈福建兵防官考‧沿海巡檢司〉，《籌海圖編》，卷 4，頁 9。 | 載沿海巡檢司共約四十六處（見該書，〈扞圉志〉，卷之 40，頁 991），其中如泉州府萬曆九年併司裁格的高浦、塔頭、田浦、陳坑等巡檢司，在此已不載見。故研判，此處所載當為萬曆九年以後的情形。 |

資料來源：卜大同，〈置制〉，《備倭記》，卷上，頁 2；李國祥、楊昶主編，〈海禁海防〉，《明實錄類纂（福建臺灣卷）》，頁 465；胡宗憲，〈福建兵防官考‧沿海巡檢司〉，《籌海圖編》，卷4，頁 9；何喬遠，〈扞圉志〉，《閩書》，卷之 40，頁 990。

## 3.烽堠

　　烽堠（見附圖二之四：「明代沿海烽堠圖」，引自《紀效新書（十四卷本）》），又作烽燧、烟墩或墩臺。萬曆元年（1573）刊刻的《漳州府志》卷之七〈兵防志‧險扼‧墩臺〉中，曾載稱：「墩臺，即古之斥堠也。……自國初沿海地方相度地里遠近，各置墩臺，賊至，舉烽火為號」。[104] 烽堠，即相度地方距離之遠近，[105] 設烽火

---

[104]　羅青霄，〈兵防志‧險扼‧墩臺〉，《漳州府志》，卷之 7，頁 15。文中的「斥堠」亦作斥候。

[105]　烽堠與烽堠之間距離多寡不一，因地理情況的不同而有所差異。根據戚繼光的說法是，以沿海地區為例，原則上大約以十里之內設立烽堠一座，難以瞭探敵情的地方則三或五里便設一座，至於容易瞭探者十里以上設一座即可。見戚繼光，〈守哨篇第十三‧烽堠解〉，《紀效新書（十四卷本）》（北京市：中華書局，2001 年），卷之 13，頁 326。

以偵候敵人蹤跡之處所，具有偵察報警之功能。「墩」者，意指瞭探敵人的處所，而伺察敵情的人則稱做「斥墩」，亦即看守烽墩、執行勤務的兵士。明政府為防止敵盜從海上入犯，曾在邊海地區設置烽墩來偵搜沿海的動態，以為通報預警之用。至於，沿海烽墩的形貌以及斥墩執行勤務的情形，究竟又是如何？戚繼光在《紀效新書》卷之十七〈守哨篇〉中，曾有以下的描述：

> 墩軍於近海去處，照依漁戶搭蓋橧架一般，上則用草苫為一廠，各置守瞭器具。每墩每日輪軍三名，遇有賊船出沒，晝則車白大旗一面，夜則放砲起火。在墩軍餘，接警傳報。[106]

墩墩製

附圖二之四：明代沿海烽墩圖，引自《紀效新書（十四卷本）》。

---

[106] 戚繼光，〈守哨篇〉，《紀效新書》（北京市：中華書局，1996 年），卷之17，頁212。上文中的「橧」，是指用柴木堆居室之意，「上則用草苫為一廠」，即指用草蓆搭建有棚頂而無牆壁的建築物。

其實，有明一代在福建沿海設置烽堠、偵防敵情，它的時間起源甚早，嘉靖時福建總兵俞大猷在〈條議山海事宜揭〉中，便曾指出：

> 國初，倭奴為害，故於沿海去處各置水寨守備，仍於沿海高阜設立墩臺，以為瞭望之所，保民除害之規，一何詳且盡哉。[107]

由上可知，為防止海上入侵的倭寇，早在明初時在福建邊海山丘高地，[108] 或於方便瞭遠處置有為數不少的烽堠，根據筆者推測，它們築造的時間應該開始於洪武帝經略東南海防之時，亦即江夏侯周德興在經略福建海防之時或其後不久時，且有極大可能是周氏當年所架構福建海防的周邊計畫之一，烽堠主要的工作是負責偵搜邊海地區的敵蹤訊息，扮演福建沿海各衛、所、巡司和水寨的「耳目」角色。烽堠，它是明政府沿海偵搜敵情的主要觸角，烽堠能否發揮其「預警」的功能，不僅關係到禦倭戰事的成敗，亦直接影響到福建海防的安危至鉅，此亦是為何嘉靖時曾任福建總兵的戚繼光，會主

---

107　懷蔭布，〈海防・明〉，《泉州府誌》，卷之 25，頁 6。

108　有關明代沿海的烽堠設於山巔以便瞭遠的記載，如：「竊惟斥候瞭望，兵政所先。衛、所軍城，設濱海際，而夷情譎詐，覆轍可徵。……且各處烽堠，有置在山巔，止堪瞭遠，而海洋廣遠，勢湧縈迴，目力未能徧悉，不無意外之虞」。見戚繼光，〈重訂批點類輯練兵諸書卷三・定伏路條約〉，《戚少保奏議》（北京市：中華書局，2001 年），頁 68。文中「夷情」，係指倭寇犯境一事。

張「衛、所烽堠，爲邊防第一要務」。[109]

前已提及，早在洪武年間，福建沿海前線適合瞭探或要衝之處如高丘者，多設有烽堠，而這些烽堠通常都交由該處附近的衛、所派軍兵來負責看守，因日後又陸續有所增築，所以在數量上並不算少，至孝宗弘治初年時，根據《八閩通志》的記載，當時福建沿海烽隧的總數已高達一百五十二座以上，請參見底下的〈附表三：《八閩通志》載錄明代前期福建沿岸各衛、所烽燧分佈表〉。[110]

◎附表三：《八閩通志》載錄明代前期福建沿海各衛、所烽燧分佈表

| 衛、所名稱 | 烽燧數目 | 分佈地點 |
|---|---|---|
| 福寧衛 | 21 | 沙松、臺澳、后崎、賴離、大清畫、小清畫、東壁、離智、烽火、梅花、三山、大峰、南金、金家、黃崎、白岩、南嶺、白露、水澳、水澳、右縣—以上地點，俱在福寧州城東邊。 |
| 大金守禦千戶所 | 17 | 長門、積石、閩峽、南山、羅浮、赤崎、小南、北山頂、塔尾、下許、青山、界石、劉金、下箄、車安、石湖、關崎—以上地點，俱在福寧州南邊。 |
| 定海守禦千戶所 | 8 | 官塢、官海、黃崎、裏頭、長崎、大埕、小澳、東岸澳—以上地點，俱在福州連江，皆洪武年間設。 |
| 鎮東衛 | 7 | 松下、峰前、大丘、後營、白鶴、大壩、壠下—以上地點，俱在福州福清。 |
| 萬安守禦千戶所 | 未載及 | 未載及 |

---

[109] 同註106。

[110] 請參見黃仲昭，〈公署・武職公署〉，《八閩通志》，卷之40-43，內容中有關福建沿海各衛、所烽隧部分的記載。黃氏撰修該書，始於明憲宗成化二十一年，完成在孝宗弘治二年，次年刊行於世。見同上書，〈前言〉部分，頁1。

| | | |
|---|---|---|
| 平海衛 | 32 | 浦口、哆頭山、蔡墩山、岩沁山、余埔山、東蔡山、埕口山、雙髻山、后峬山、三江口、珠浪、寧海、塔山、谷城山、嵌頭山、石井山、上歐山、小澳山、赤岐山、石獅山、大倉山、章厝山、鯽魚山、林邊山、壕山、湖邊上、岐頭山、棋山、石城山、澄港山、蔡山、東林山—以上地點，俱在興化莆田，皆洪武年間創設。 |
| 莆禧守禦千戶所 | 14 | 吉了山、塔林山、庵前山、文甲山、山西山、東山柄、尖頭山、埋頭山、后埔山、度邊山、西山、大洪山、昊山、蠣山—以上地點，俱在興化莆田東南，皆洪武年間創設。 |
| 永寧衛 | 2 | 龍坡、古雲—以上地點，俱在泉州晉江南邊。 |
| 崇武守禦千戶所 | 22 | 海頭、下頭、后黃、峰尾、大山、高山、蕭山、爐頭、下朱、后任、白沙、白崎、柯山、獺窟、大岞、古雷、赤山、程埭、小岞、尖山、青山、馬頭—以上地點，俱在泉州惠安。 |
| 福全守禦千戶所 | 10 | 安平、坑山、東門外、洋下、陳坑、石悃、潘徑、隘埔、石頭、蕭下—以上地點，俱在泉州晉江。 |
| 金門守禦千戶所 | 6 | 石井、溪東、街內、下吳、白石頭、葉了—以上地點，前四者在泉州南安，後二者在泉州同安。 |
| 中左守禦千戶所 | 8 | 廈門、高浦、徑山、東渡、下尾、流礁、井上、龍淵—以上地點，俱在泉州同安西南。 |
| 高蒲守禦千戶所 | 5 | 下崎、東關潯、亭泥、劉山、西盧—以上地點，俱在泉州同安。 |
| 鎮海衛 | 未載及 | 未載及。 |
| 陸鼇守禦千戶所 | 數目不明 | 地點不詳。 |
| 銅山守禦千戶所 | 數目不明 | 地點不詳。 |
| 玄鍾守禦千戶所 | 未載及 | 未載及。 |

資料來源：黃仲昭，〈公署・武職公署〉，《八閩通志》，卷之 40－43，內容中有關福建沿海各衛、所烽隧部分的記載。

　　以上述表中平海衛的莆禧千戶所為例，該所位處興化府莆田縣的東南沿海，它的附近便有十四處的烽堠，皆創設於洪武年間，這些烽堠便多是置於山丘上。[111] 烽堠，係負責偵瞭大海的動態，對海防第一線上的水寨兵、船，關係特別地重大。因為，陸上的敵盜縱馬奔馳入侵，行蹤雖快但有其速限，但倭寇犯境因海中風帆瞬息千里，倏忽而至猝難及防，相較之下，沿海有警烽堠能回報的時間更為短促，偵控掌握敵蹤動靜的難度更高。所以，對沿海敵蹤軍情的掌握，明政府倚賴烽堠的程度，絕不下於北境的陸地邊防，它的情況，如同戚繼光在《紀效新書》一書中，所說：

> 風汛正臨，海洋賊船叵測，內地安危，居民趨避，兵機預備，城池警守，均當責在一堠之司。一堠失報，則地方貽害萬萬矣。[112]

而在福建沿岸衛所、巡檢司、水寨等三種防衛武力中，因水寨地處在最外圍，是接敵迎戰的第一線，烽堠能否「適時」且「正確」提供海上的敵情動態，是直接關係到水寨制度能否發揮、禦倭戰事能否勝利、甚至是海防成敗興亡的重要關鍵，其重要性不言可喻。

　　亦因上述的這些烽堠，關係水寨的功能發揮至鉅，讀者或許會想知道福建各水寨轄境內負責提供訊息的烽堠到底數目有多少？

---

111　同前註，卷之 43，頁 905。有關福建沿海各衛、所的烽隧記載，見同上書，卷之 40－43，〈公署・武職公署〉內容部分。

112　同註 106。

它又分佈在那些地方？針對此，吾人若從水寨海防轄區的角度對沿岸的烽堠加以劃分，則福建五寨各約有十餘處到數十處不等的烽堠，但是，這些烽堠在那一水寨的轄境內，常會隨著各寨海防轄區範圍的更動而改變。[113] 再加上，相關史料搜集的不易，筆者在此僅能舉嘉靖三十年（1551）前後的情況做為例子，將當時各水寨轄區境內烽堠的數目和分佈地點，逐一地詳列，以供讀者做為參考。[114]
其情形如下：

一、烽火門水寨。

　　烽燧二十四處，分佈地點在黃崎、水澳、後崎、大清、浩東璧、黎智、白露、南鎮、沙埕、梅花、金家降、南金、小箕簹、大箕簹、古縣、青山、塔尾、閭峽、羅浮、長門、石湖、車安、關崎、赤崎。[115]

二、小埕水寨。

　　烽燧五十三處，分佈地點在雁塔、埕寨、裏頭、崎達、黃崎、格上、安海、官塢、給沙、小澳、東岸、石鼓、六石、浪頭、碁山、魁洞、湖井、聖娘、牛山、不嶼、蕉山、鱢鮓、斗湖、

---

113　以本文探討主題的浯嶼水寨為例，其海防轄區至少更動過三次，它的時間分別在嘉靖四十二年、萬曆二十四年，以及萬曆三十年以後。

114　請參見卜大同，〈烽堠〉，《備倭記》，卷上，頁6。

115　同前註。但文中地名的「古縣」，《八閩通志》作「右縣」；「黎智」，《八》書則作「離智」，請參見〈附表三：《八閩通志》載錄明代前期福建沿岸各衛、所烽燧分佈表〉。

黃崎、大亮、可門、大邱、小址、峰前、白鶴、江田、流水、
澤朗、西松、崎山、後崙、石濃、西坑、大朗、後營、茶林、
汶溜、桃嶼、仙巖、前晏、塔山、馬頭、倘頭、石馬、陳塘、
蒲頭、雙嶼、峰頭。[116]

三、南日水寨。

烽燧二十一處，分佈地點在蠣前、石獅、小澳、石井、蔡山、
石城、崎頭、澄港、湖邊、埵口、新浦、三江、山柄、山西、
文甲、大頭、東湖、大岞、青山、古雷、赤山。[117]

四、浯嶼水寨。

烽燧四十處，分佈地點在沙堤、古雲、東店、龍婆、深爐、東
捕、浯沙、總臺、五通、井上、龍淵、東澳、徑山、東渡、廈
門、流焦、牛頭、洪山、天寶、歐山、西山、葉亨、穢林、東
門、坑山、洋下、陳坑、安平、石頭、石菌、肖下、益捕、潘

---

[116] 同註114。文中地名的「安海」，《八閩通志》作「官海」，請參見〈附
表三：《八閩通志》載錄明代前期福建沿岸各衛、所烽燧分佈表〉。

[117] 同前註。文中地名的「崎頭」，《八閩通志》作「岐頭（山）」；「埵口」，
《八》書則作「埕口（山）」，請參見〈附表三：《八閩通志》載錄明代
前期福建沿岸各衛、所烽燧分佈表〉。因，興化沿海的烽堠多置於山
丘上，如南日水寨界內的石井山、山西山和文甲山，而《備倭記》一
書皆僅列其地名，僅稱石井、山西或文甲。特此說明。

徑、瞭臺、西爐、亨泥、劉山、馬鑾、大員堂、歐舍。[118]

五、銅山水寨。

　　烽燧十七處，分佈地點在莆頭、灣角、燈火山、白塘、江口、
　　流會、小澳、卓岐、大逕、瞭望臺、陸鰲、峰山、安集、洪邱、
　　古樓、陳平、泊浦。

以上是嘉靖中期五水寨各寨轄境內烽堠的分佈情形，它分佈在福建
沿岸的一百五十五處地方，可謂是星羅棋佈。其中，又以防衛福州
省城海上門戶的小埕水寨烽堠的數目最多，其他則依序為浯嶼、烽
火門、南日和銅山等水寨。

## 第二節、明初福建海防的三大特質

　　綜合前面各章節的內容，得知明政府早在成立時，便因元末群
雄的餘黨勾結倭人騷擾東部沿海而頭疼不已，如何去防止倭寇的侵
擾，便成了明初海防的問題核心。亦因，此一問題無法徹底地解決，
雄略的洪武帝一方面便實施海禁政策，除規定沿海居民不得違禁私
出海外，並透過「墟地徙民」的手段，以斷絕其國人潛通倭盜，藉
以安靖邊海。另一方面，則採取方鳴謙「倭自海上來，則在海上備
禦之」和「量地遠近置衛、所，陸聚巡司弓兵，水具戰船，砦壘錯

---

[118] 同註114。上文中的地名「龍婆」、「流焦」、「葉亨」、「石菌」、「肖下」
　　和「益捕」，《八閩通志》各作「龍坡」、「流礁」、「葉了」、「石悃」、「蕭
　　下」，以及「隘埔」，請參見〈附表三：《八閩通志》載錄明代前期福
　　建沿岸各衛、所烽燧分佈表〉。

落，倭不得入海門，入亦不得傅岸」的海防主張，派遣周德興、湯和南下閩、浙邊海，展開一波史上空前的海防大建設。其中，福建的沿岸便有五個軍衛、五座水寨、十三個守禦千戶所、四十餘處巡檢司，以及百餘處以上的烽堠，先後被陸續地設立。

其中，最引人注目的，便是水寨，它係受方氏「水具戰船，禦倭海上」主張的影響，建構做為海上禦倭兵船的基地大本營。不僅如此，這些設在近海的岸邊或島嶼的水寨，並和它附近陸岸上的衛、所、巡司和烽堠等海防措施「互為表裏」，衛、所、巡司等軍負責「控禦於內」，水寨兵船則「哨守於外」，彼此協同援應，構築成一幅完整的防衛系統，這在福建海防史上是一個嶄新的創舉。吾人若將前述的內容加以統合並深入地探索，可以發覺到，明初福建海防的措置，大致上可以歸納出三個特質，亦即以「防倭」是海防問題核心、「以守代攻」的守勢戰略，以及消極卻具創意的海防佈署。有關這些特質的說明，請參見以下的內容。

## 一、「防倭」是海防問題核心

明政府為對抗倭寇侵擾沿海，除了實施海禁政策，規定沿海居民不得違禁私出海外，並採取「墟地徙民」的手段，強迫島民放棄家園，以斷絕其勾通倭寇之可能機會，藉以安靖邊海。另外，並在福建沿海推動一連串的海防措施，諸如沿岸衛、所、巡司、烽堠和水寨的設置，甚至於調撥衛、所軍兵戍守水寨，相鄰水寨彼此間的「會哨」，兵船春、秋出汛外海備倭……等等，以上這些不管是「軟

體」的海禁政策或是「硬體」的海防措施，都是明初洪武帝對付倭寇侵擾福建地區的重要手段和工具。這些措置的目標只有一個，便是徹底地「根絕倭患，寧謐海疆」。誠如明晚期時，曹學佺在〈海防志〉一文中，[119] 所指稱的：

> 閩有海防，以禦倭也。國初設衛、所，沿海地方自福寧至清、漳，南北浙、粵之界爲衛凡五，爲所凡十有四。仍于要害之處，立墩臺、斥堠守以軍，餘督以弁職傳報警息，凡以防倭于陸，又于外洋設立寨、遊。……凡以防倭于海，時值春、秋二汛，駕樓船備島警，總鎮大帥亦視師海上，按期駐節，經制周矣。[120]

曹在上文中，便先開宗明義地指出「閩有海防，以禦倭也」，不僅「防倭于陸」且「防倭于海」，確實是「經制周矣」。不但只有福建，其它如鄰近的浙江，甚至於南直隸，在明代時的海防措置同是以防禦倭寇爲主要目標。「防倭」，它不僅是明初政府決定海防相

---

[119]　曹學佺，字能始，福州侯官人，明萬曆二十三年進士，官至四川按察使。天啟六年秋，以著野史記略被劾，削籍。崇禎初，起爲廣西按察副使，不就。後南明唐王立於閩中，起授太常卿，進禮部尚書，唐王事敗後，遂自殺殉節，事載張其昀編校，〈列傳・文苑四〉，《明史》，頁3240。

[120]　懷蔭布，〈海防・明・附載〉，《泉州府誌》，卷25，頁10。文中「總鎮大帥」指明代福建的總兵，除此，總兵尚有「大將軍」、「大將」、「總鎮」和「都督」等不同的稱呼。

關措施的考慮核心，也是後人在探討明代海防相關問題時不可忽略的重點，所以，「防倭」，是明初海防問題的核心，及其相關措置由來的一切根源，此爲明初福建海防的第一個特質

## 二、「以守代攻」的守勢戰略

前已提及，明政府的海禁政策或海防措施，都是以「防倭」爲出發點，並以此作爲問題核心來謀議對策的。但，問題是，明政府用什麼樣的戰爭計謀或規劃來對付入犯的敵人？在軍事術語中，有「戰略」和「戰術」兩個不同的名詞，「戰略」即戰爭的計謀規劃，「戰術」則指敵我交戰的方法。上段文句所說的便是指前者而言，亦即明政府在面對倭寇時係採何種的「戰略」以爲因應？筆者以爲，明政府在面對這個問題時的態度，以及解決這個問題時的手法上，主要是採取「守」的思維模式，運用「防衛」或「守禦」的戰略觀念，來面對「主動」由海上進攻或侵犯的倭寇敵人，亦即採取「以守代攻」的守勢戰略。而，明初此一「以守代攻」的戰略思惟模式，它產生的背景主要來自於兩方面：

首先是，它和洪武帝朱元璋個人與周邊鄰邦相處的態度主張，有著一定程度的關聯。洪武帝曾對中國四鄰交往的態度，提出他個人的見解，並形諸文字來告誡日後繼帝位的子孫，要他們遵循不渝。在《皇明祖訓》〈祖訓首章・四方諸夷〉的一開頭，洪武帝便如此說道：

四方諸夷，皆限山隔海僻在一隅，得其地不足以供給，得其民不足以使令。若其自不揣量來撓我邊，則彼為不祥；彼既不為中國患而我興兵輕伐，亦不祥也。吾恐後世子孫，倚中國富強，貪一時戰功，無故興兵，致傷人命，切記不可。[121]

他認為中國邊境的四夷，「得其地不足以供給，得其民不足以使令」，假若他們並未主動來侵擾吾境，吾等卻無故主動興師去攻擊他們，導致人命傷亡，此舉是為不祥之兆，要其子孫們牢記在心，不得如此。這種無意攘奪鄰邦的土地和統馭他國人民的態度，且不願「無故興兵，致傷人命」的和平相處、不生事端的見解，成為洪武帝處理與四鄰互動關係的行動標準。若根據此，依筆者推測是，明初一開始時假若倭寇不侵擾邊海，日本不資助胡惟庸謀反事，中國沿海若寧謐安堵的話，以洪武帝「保境安民，多一事不如少一事」的想法，[122] 似應不會如此大費周章地分遣信國公湯和以及江夏侯周德興二人南下巡海禦倭，大張旗鼓地去推動海防建設。

　　其次是，海洋環境險惡難測，軍事上不易採攻勢戰略，主動去

---

[121]　朱元璋，〈祖訓首章〉，《皇明祖訓》（臺南縣：莊嚴文化事業有限公司，1996 年），頁 5。

[122]　大陸學者吳晗曾指出，洪武帝朱元璋接受了元代用兵海外失敗的經驗，打定主意，不向海洋發展，要子孫遵循大陸政策。因為，中國是農業國，工商業不發達，不需要海外市場；版圖大，用不著殖民地；人口多，更不缺少勞動力。見吳晗，〈大皇帝的統治術〉，《朱元璋傳》（臺北市：里仁書局，1997 年），第 4 章，頁 185。

跨海遠征。大海浩瀚無際，各水域島礁潮汐差異不同，且氣象變化多端難以掌握，「海中無風之時絕少，一有風色天氣即昏，面對不相見矣，須十分晴明方能瞭遠」。[123] 況且，風向亦影響海上軍事行動，逆風時無法追緝或攻擊敵人，順風時舟師兵船速度快，但敵船亦快難以追及，故海中作戰尤其是跨海遠征的難度，遠較陸地作戰來得高些。為此，清初時，顧祖禹便曾對海中作戰不易一事，慨言道：「昔人以擊賊於海中為上，策禦賊於海港為中策，雖然，水戰豈易易哉？凡風潮之大小順逆，收放之淺深利害，（吾人）所當究心者也」。[124] 不僅如此，嘉靖年間的〈禦海策〉一文，亦曾指出：

> 備倭之術不過守、禦二者而已，未聞泛舟大海遠征島夷。雖以元世祖之威，伯顏宇木兒之勇，艨衝千里，旌旗蔽空，一遇颶作，萬人皆為魚鱉，此其明驗也。而況沙石起伏，洲渚驅阻，風候向背，潮汐高下，波濤洶湧，至到淺深，彼皆素所諳練，以我之迷而蹈彼之危，能為必勝哉？[125]

上文引元世祖忽必烈跨海遠征日本慘敗的歷史經驗，並力主「備倭

---

[123] 胡宗憲，〈經略二・禦海洋・禦海策〉，《籌海圖編》，卷12，頁9。

[124] 顧祖禹，〈海夷圖第十九・防倭要略〉，《讀史方輿紀要》，卷4，頁5695。顧祖禹，字景范，號宛溪，江蘇無錫人，年少遭明亡國之變，隨父隱居常熟虞山，後竭二十年之力，完成《讀史方輿紀要》一書，被視為是吾國規模最大亦最有系統的國防地理名著。見張其昀，〈重印讀史方輿紀要序〉，收入同前書，頁1。

[125] 同註123，頁9。

之術不過守、禦二者而已」。海上作戰的困難處,相信征戰四方掃蕩群雄的洪武帝多少當有所知悉,亦因此,他在《皇明祖訓》中雖明指日本「雖朝實詐,暗通奸臣胡惟庸,謀爲不軌」,[126]殊爲痛惡之,但除了斷絕其進貢外,亦僅能透過海禁政策和海防措施來備禦入犯的倭寇,並不見有大整舟師遠勦倭巢日本的軍事行動。

　　而上文中值得留意的是,〈禦〉文中的「備倭之術,不過守、禦二者而已」這句話,它甚能反映明初福建海防第二個特質—「以守代攻」的守勢戰略。所謂的「守」和「禦」,便是指裝備、充實自我力量以待不時入境侵犯之敵人,而不主動出境或積極去搜尋敵人加以撲殺,亦即有「來者禦之,去者毋追」或「毋恃敵之不來,恃吾有以待之」的取向意涵。但是,此一「守勢戰略」有利亦有弊,因相較於攻擊的一方,防禦的有利點在於以逸待勞,可獲得充分的佈署。但防禦的缺點是,假若無法判斷出敵人進攻何處,便不能集中兵力在一個地帶,因要分散兵力到若干地點以從事防禦,如此的防禦便容易陷入劣勢。[127]美國海軍戰略學家馬漢(A. T. Mahan)在《海軍戰略論( *Naval Strategy, Compared and Contrasted with the Principles and Practice of Military Operations on Land* )》第十章〈基礎與原則:一般作戰〉中,便曾指出守勢戰略的缺失,說道:

---

[126] 同註 121,頁 6。

[127] 請參見馬漢(A. T. Mahan)撰、楊鎮甲譯,〈基礎與原則—一般作戰〉,《海軍戰略論》(臺北市:軍事譯粹社,1979 年),第 10 章,頁 173。

> 攻擊具有主動的便利，但也會冒著主動的危險；主動可獲得
> 集中（兵力）的價值，針對決定之目標。但守勢則不能判明
> 敵之企圖，而感覺處處均有受敵之可能。此外，守勢有分散
> 兵力的趨勢，而攻擊則為集中兵力。[128]

因明代海防政策是守勢的，便有「守勢有分散兵力趨勢」的問題，此可由福建沿海陸岸上十一個衛、數十個千戶所和守禦千戶所、四十餘處巡檢司以及百餘處以上的烽堠，星羅棋佈，兵力四散當中得到証明。因，無法確知敵人即將會進攻或登陸何處，因每一處都有可能，所以每處都要佈置兵力加以防守，亦因兵力的分散，容易成為劣勢的一方。

至於，福建五水寨及其兵、船，它的本質又是如何？其實，它和上述衛、所、巡司的情形很接近，同是採取守勢的戰略。表面上看來，明初政府建立水寨兵船的海上武力，雖將其勢力向東延伸跨入海中，但其內在的精神上，卻是秉持洪武帝「不生事端」、「守」的觀念，精神上對大海依舊「裹足不前」，明政府之所以設兵船水寨，主要是因沿海陸岸上的防禦兵力不足以制敵，才被迫有如此地作為。故，水寨的兵船「迎敵於海上」、「禦倭於大洋中」的舉動，看似主動攻擊來犯的海上敵人，以為它是採攻勢的戰略。其實，它的精神是「守」的、「被動」的，亦即五水寨兵船不遠涉大洋主動

---

[128] 同前註，頁 177。

去尋覓、捕殺敵人，而是遇值倭盜闖入近海時才予以攻擊的，有「守株待兔」意涵的存在。說得明白些，從本質上來看，五寨兵船所扮演的角色，和衛、所、巡司差別並不大，都是明政府欲實現有效「海岸防禦」目標的手段，執行以守代攻「守勢戰略」的一種工具，其間的差別是五寨兵船從海上，而衛、所、巡司則在岸上，如此而已。

綜合上述的內容，可知面對入犯的倭寇，明政府採取「防衛」或「守禦」的戰略觀念，主要是受到洪武帝「保境安民，不生事端」主張所影響，此外，大海險惡難測的現實問題，軍事上不易採攻勢，亦是原因之一。由此可知，前述洪武帝詔令湯、周二人在，東南邊海防倭相關措置包括海禁政策或海防措施，不管它們的規模有多大，動員層面有多廣，它的本質依舊還是以「守」為出發點，精神上仍然脫離不了洪武帝「守」、「被動」或「不生事端」的基本觀念。而海上的五水寨兵船和陸岸上的衛、所、巡司等，都僅不過是海岸防禦的一種手段，執行守勢戰略的工具；「備倭之術，不過守、禦二者而已」，它最能反映「以守代攻」守勢戰略的精神內涵。但是，守勢戰略有利亦有弊，優點在於以逸待勞，可獲得充分的佈署，缺點則是兵力四散，容易陷入劣勢。

## 三、消極卻具創意的海防佈署

明政府採「守」和「禦」的戰略思惟來對付由海上入侵的敵人，此一以「消極防衛」為導向的海防政策，並非是無所作為的「苟安」心態，以明初福建為例，吾人若深入探究海禁和海防等相關的措

置,可以發覺到,明政府的做法是務實的、周延的,它自身有一定的章法和一套可行的措施,不可因它是屬「消極防衛」而一概抹煞其價值!因為,它的章法和措施具體表現在兩方面,一是沿海「三層四道」守勢防禦線的建立,透過這幾條由北而南防禦線的出現,架設層層的關卡來阻撓或遲滯海上進犯的敵人。二是數個極具創意的海防佈置,包括有前節曾概略提及的「海中腹裡」、「箭在弦上」和「島民進內陸、寨軍出近海」等架構,來增添上面守勢防禦線的強度。但必須強調的是,上述的「三層四道」防禦線或如「海中腹裡」等有創意的海防佈置,係筆者是根據史料提出的見解,而「防禦線」、「箭在弦上」……等則屬於「虛擬」的想像,一種觀念的詮釋或比喻而已,並非是真實存在的物像,特此說明。

首先是,明初「三層四道」守勢防禦線的建立,請參見「明初福建海防三道防禦線想像圖」(附圖二之五,筆者製)。所謂的「三層」,是指由福建沿海陸地到近岸水域為止的這片廣大土地,由東向西包括有「內防區」、「中防區」和「外防區」這三個層次的防禦區域。其中,內、外防區各有一道防禦線,內防區即「陸上內防線」,外防區為「海上水寨線」,而中防區有「陸上外防線」和「陸上預警線」等兩道的防禦線。以上的內、中、外三個防區,便構成了四道守勢的防禦線,由內而外,依序則為「陸上內防線」、「陸上外防線」、「陸上預警線」和「海上水寨線」。至於,它們的詳細情形,請見以下的說明:

第一、「陸上內防線」。地處沿海較內陸,在內防區,是沿海

陸地上的第三道防禦線，主要由一州四府轄下的巡檢司，加上沿海七個軍衛及其轄下的千戶所構成的。由北而南，一州四府依序爲憲宗成化年間升格的福寧州，福州、興化、泉州和漳州四個府，七衛依序爲福寧、福州右、福州中、福州左、興化、泉州和漳州七個軍衛。

　　第二、「陸上外防線」。地在沿岸地區，是沿海陸地上的第二道防禦線，在明佈署海防重兵所在的中防區內，此防線是打擊海上入侵敵人的主要武力。主要由一州四府轄下的巡檢司，加上沿岸五個軍衛及其轄下千戶所、守禦千戶所構成的。一州四府和上述者相同，至於五衛，由北而南，則依序爲福寧、鎮東、平海、永寧和鎮海五個軍衛。

　　第三、「陸上預警線」。陸上預警線，在中防區外緣的岸、海交會處一帶，因它是由福建沿岸的烽堠所構築而成的，故又稱沿岸烽堠線。這些烽堠，多設在離岸不遠的山丘高處上，瞭望敵情、通報預警是其主要功能，故可視爲是沿海陸地上的第一道防禦線，是明政府沿岸「向外」偵搜海上敵情的主要觸角和「向內」傳輸前線最新敵情的主要管道，更重要的是，它提供的訊息直接影響到陸上內、外兩條防線應變的決策方向，它直接牽動了陸上內、外兩條防線的功能是否能完全地發揮。

　　第四、「海上水寨線」。明初，福建水寨多設在海岸外緣的水域之中，海上水寨線主要是由近海島上的烽火門、南日和浯嶼，以及沿海岸邊的小埕、銅山五座水寨所構成的。防線上的水寨，由各

附近衛、所調撥定額軍兵前來駐戍,透過平日相鄰各水寨間兵船的「會哨制度」,聲勢聯絡互相應援,構築成一道海上的防線。這道位處外防區的海上水寨線,在整個福建海防體系中位在最外圍的海上,是接敵禦寇的最前線,如果說它直接關係福建海防的成敗安危,那是一點都不誇張的。

其次是,包括「海中腹裡」、「箭在弦上」和「島民進內陸、寨軍出近海」等數個極具創意的海防佈置,它的設立目的,主要是用以增強上述四道守勢防禦線的禦倭抗敵能力,其詳細情形如下:

第一、「海中腹裡」。前已提及,「腹裡」是指由水寨根據地的近海島嶼到衛、所、司、堠沿岸陸上的這片海域,因它是介於陸地和海中這兩層防線中間的近岸水域,故又稱「海中腹裡」,請參見「明初福建海防『海中腹裡』示意圖」(附圖一之二,筆者製)。入侵的敵寇倘若進入此區,近海島中的水寨兵船由外向內、陸地岸上的沿海衛所由內向外,形成內外夾攻,殲敵於此。海中腹裡不僅是殲滅外敵的絕佳處所外,此區亦提供明政府岸上海防的「禦敵縱深」,當外敵突臨奔襲、猝不及防時,可換取陸上防禦線應變緩衝所需的時間和空間。

第二、「箭在弦上」。「箭在弦上」是指福建沿海衛所、五水寨和海岸線三者的關係在海防架構中,呈現出某種特質的比喻或想像。此一比喻,靈感係源自於崇禎時人周之夔的「五寨在海中,如

# 明初福建海防三道防禦線示意圖

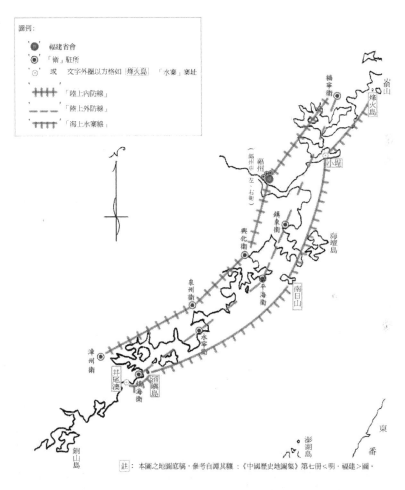

附圖二之五：明初福建海防三道防禦線想像圖，筆者製。

處弓弦之上」一語。[129] 筆者將此種態勢比擬爲，福建的海岸線由東北向西南延伸是狀似弧形的「彎弓」，而駐援水寨的沿海各衛、所是「弦線」，至於五水寨則是搭在海岸線這隻彎弓上的「箭矢」，並透過駐援水寨的衛、所軍力這條「弦線」的張力，將五水寨這五支箭矢射向大海中，射向海上入侵的敵人，請參見「明初福建海防『箭在弦上』想像圖」（附圖二之六，筆者製）。

第三、「島民進內陸、寨軍出近海」。前面曾提及，明初實施海禁政策，規定國人不得違禁私出海外，並實施「墟地徙民」的措施，對象包括有近海的島嶼以及部分「民嘗從倭爲寇」的瀕海地區，甚至連遠在大洋中的孤島澎湖亦在其中。此次空前大規模強制島民遷回陸地的舉動，目的在淨空海上的島嶼，杜絕島民潛通倭盜之機

---

[129] 周之夔，〈海寇策（福建武錄）〉，《棄草集》（揚州市：江蘇廣陵古籍刻印社，1997 年），文集卷之 3，頁 53。周之夔，明福州閩縣人，崇禎時進士。周原文如下：「二曰扼要害以壯形勢。舊制，烽火寨北界浙江，南界西洋；小埕寨北界西洋，南界南茭；南日寨北界南茭，南界平海；浯嶼寨北界平海，南界擔嶼；銅山寨北界擔嶼，南界柘林。五寨在海中，如處弓弦之上。每寨兵船分二艍，屯劄外洋，會哨交界，聲勢聯絡，互相應援。自移寨內港而形勢縮，判寨爲遊而兵力分，寇所以侮而動也。誠復外洋之信地，考會哨之故規，不惟使內寇灰心，且使外夷破膽，此太公望之所以廓四履也」。上文中「舊制」的海防轄區，係指世宗嘉靖四十二年間情形，並非是明初，周的說法有誤，且此時福建的水寨早已避入內港多時，亦非如其所形容的「五寨在海中，如處弓弦之上」。有關浯嶼水寨海防轄區的變遷情形，請參見底下章節的說明。特別要聲明的是，筆者在此，僅是借用其比喻來形容明初福建海防巧妙的構思，對其前述內容並不完全地贊同。

附圖二之六：明初福建海防「箭在弦上」想像圖，筆者製。

會，以安靖海域。另外，因明政府意識到，沿海陸岸上防禦體系不
足以完全抵禦海上入犯敵人，才在近海島嶼或岸邊設立水寨，嘗試
在衛、所、司、堠外再增築一層海中的防線。上述的「墟地徙民」
和「外建水寨」看似不相涉的兩件事，但吾人若將此兩者放在一起，
並從福建海防的角度去思考它，可發覺到它們之間具有某種程度的
關聯性。因為，「墟地徙民」讓沿海島民由海上回到內陸岸上，「外
建水寨」讓駐戍寨軍由陸岸上的衛所來到海上，島民和寨軍一「進」
一「出」，讓這些邊海嶼島的「住民」做一次大換手，水寨軍兵取
代漁戶島民成為該區的新「住民」。雖然，這些寨軍新住民，無論
是在人口總數上、分佈的廣闊程度，甚或駐留地點與內陸間的距離

遠度，都難以和昔時「墟地徙民」前的舊住民來做相比。但，無疑
的是，明政府「島民進內陸、寨軍出近海」的巧妙安排，透過此一
交替作用，確實有助於明初海防禦倭工作的進行，因一方面淨空邊
海的島嶼，明政府較易掌握沿海動態，減少昔日敵盜潛通島民入犯
的情事；二方面是水寨軍兵讓明軍事佈置的防線向東邊大海延伸出
去，不僅，擴大禦敵的時空縱深，而且，衛所駐援水寨的兵丁在取
代島民百姓成爲福建海域第一線的住民後，對昔時入犯的海上敵寇
或潛通敵寇者而言，這些配備兵船的武裝人員，確能發揮一定程度
的嚇阻作用。

　　由前述「三層四道」守勢防禦線，以及「海中腹裡」、「箭在
弦上」和「島民進內陸、寨軍出近海」等海防佈署的說明，可清楚
地看出，明初政府對福建海防經營的用心，雖然它採取了「防衛」、
「守禦」的態度來對付敵人，但它是有章法、有層次的；透過沿海
地區「陸上內防線」、「陸上外防線」、「陸上預警線」和「海上
水寨線」這四道防禦線的建立來抵禦外侮；並藉由「海中腹裡」、
「箭在弦上」和「島民進內陸、寨軍出近海」這三個海防的佈置，
來補強四道防線禦敵的能力。這些海防的措置，設計目的不在主動
積極去搜尋敵人，在態度上雖有些消極，但不能否認的是，它的做
法上卻不失周延和務實，亦可達到有效地遏阻海上敵人入侵的目
標。

　　綜合本章以上各節的內容，得知浯嶼水寨創建時的福建海防架
構，主要如下。首先是，因倭寇的侵擾東南沿海，早在明政府建立

時便已存在，「防倭」遂成海防的首要目標。爲根本地解決此一問題，洪武帝遂一方面實施「海禁政策」，以安靖邊海；另方面則建立「海防設施」，以備禦倭犯。若以人的身體來做比喻，「防倭」有如主導人之大腦，「海禁政策」和「海防設施」則如一雙手，大腦指揮雙手，雙手執行大腦的命令。「防倭」，是明初海防問題的核心和相關海防措置的由來根源，此爲明初福建海防措置的特質之一。而上述的「防倭、海禁、海防設施」這一套海防的目標和內容，並非是「主動」去「尋覓」或「攻擊」敵人，而是「消極」地在「等待」敵人，有「守株待兔」的意味，縱使如跨入海中的水寨，它的內在精神上亦是「防守」的、「備禦」的，只是因沿海陸岸上的衛、所、巡司不足以完全制敵，明政府才被迫有如此地作爲。故，「以守代攻」的守勢戰略，可說是明初福建海防的另一個特質。雖然，明政府採消極的守勢戰略，來備禦來犯的敵人，但它的海防佈署，卻是透過精心規劃、構築而成的，例如沿海「三層四道」守勢防禦線的建立，以及數個極具創意的海防佈置，諸如「海中腹裡」、「箭在弦上」和「島民進內陸、寨軍出近海」等，這些有章法、多層次的海防佈署，不僅充分地說明著，明初政府對福建海防經營的用心和決心，絕非是粗率、隨意的，更重要的是，它的內容實際且可行性高，確實能有效阻擊來犯的敵人。故稱，「消極卻具創意的海防佈署」，是明初福建海防的第三個特質。

　　其次是，作爲海上禦倭兵船基地的水寨，在明初福建的海防中卻扮演著靈魂關鍵的角色，它是方鳴謙「水具戰船，禦倭海上」海

防主張下的產物，並且，透過水寨兵船「哨守於外」和陸岸上「控禦於內」的衛、所、巡司，兩者互為表裡，以構成完整的福建海防架構。這些設在島上或岸澳邊的水寨，不僅使得明政府軍事佈置的防線由原先的海岸線內，推進到近海的島嶼中，水寨是福建海防的第一道防線，亦是禦敵來犯的最前線，它的型態如同箭矢般地射向大海中，讓明軍事佈置的防線向東面大海延伸拉拔出去，不僅可拉大岸上衛、所、巡司禦敵的時、空間縱深，並在水寨和陸岸間的水域構築成「海中腹裡」，以便內外夾攻殲滅來敵。然而，這些精心規劃且極具創意的海防構思，經過不到數十年的時間，卻因烽火門、南日、浯嶼三寨相繼地內遷，而遭到嚴重的破壞，昔日的功能難以發揮，令人扼歎不已。關於此，後面章節會做詳盡的說明，不在此贅述。

最後，吾人若綜合上述的內容，並稍加點想像力，洪武帝派遣江夏侯周德興視察閩海，為防止倭寇侵擾而擘築的福建海防架構圖像，它已具體浮現了出來，若以從大海往福建陸地方向前進的角度來看，大致的景況應該如下：

因為，實施海禁人民不可私自出海，加上「墟地徙民」的關係，吾人在海中的島嶼和部分的瀕海地區，已很難見到百姓的蹤跡，一片寂靜。若繼續地由大海往陸地的方向移動，首先映入眼簾的，便是設在近海島嶼（烽火、南日、浯嶼）或岸邊灣澳（小埕、銅山）水寨的寨城，這些築建在水岸邊的軍事基地，碼頭上停泊著巡弋、戰鬥用的水師兵船，寨城內有著為數不少，由附近衛、所調來駐戍

的官兵，他們的兵船以水寨做爲母港基地，在自己轄區汛地進行哨巡勤務，主要的目標則是以保護海岸線免遭敵人突破、登陸爲主要目標，遇有盜警時，便整戈揚帆出迎，在海中堵截入犯的敵人，以捍衛海疆。吾人若登上陸地，岸上的不遠處便可見到監視海上動態的烽堠墩臺，它通常多設置在高處或山丘上，這些數量龐大、擔任「耳目」角色的崗哨，通常由衛、所士兵來看守，他們負責提供給附近的衛、所、水寨或巡檢司最新的敵情狀況。若再由岸邊往陸地走，除了田野村舍外，便會見到武裝軍兵駐守的城堡（即衛城、千戶所城和巡檢司城），這些是分佈在沿岸各要區的五個軍衛、十三個守禦千戶所和四十餘個巡檢司的指揮部，它們指揮其轄下的兵士守衛各自的轄區，是陸上第一道防衛武力，亦是打擊已登陸倭盜的主要軍事力量。吾人若再繼續往裡面走，便是福寧州和福、興、漳、泉四府的沿海地區的七個軍衛，以及其轄下的千戶所構成的海防陸上第二道防線，……層層的關卡，周延而務實地，來阻滯、截擊由海上進犯的敵人。

# 第三章

# 浯嶼水寨的組織勤務

夫衛、所、司、寨之設，所以固邊防而安心腹也。……
浯嶼之地，特設水寨，選指揮之勇略者一員，以為把總，
仍令各衛指揮一員，及千百戶輪領其軍，往聽節制。其
在永寧併福泉、金門等所，撥二千四百四十二名，合漳
州衛之軍，共二千八百九十八人，輪班接替。又設戰艦
若干號，時常教演戰法，南日以下，銅山以上，悉以委
之。其大者為備倭，而寇賊奸宄莫不責以剿滅，其責任
可謂專且重矣。

—明‧洪受

　　明初時，為了防止倭寇的侵擾，洪武帝除了推動海禁政策外，
包括衛、所、巡檢司、烽堠和水寨等一連串的海防設施，在閩海被
如火如荼地推動開來，而本文探討主題的浯嶼水寨，亦在洪武二十
一年（1388）前後在浯嶼島上成立，負責泉州海防勤務。至於，浯
寨的水師官兵是如何來執行勤務，它的組織編制又是如何，其他諸
如兵員的由來、數量、待遇和值戍方式，寨軍的出汛、會哨和海防
轄區，兵船的由來及其人員、武器的配置情形……等，這些相關的
內容，將會在本章底下的各節中，做詳細的敘述和探討。

## 第一節、五水寨組織勤務概說

　　前已提及，福建五水寨是一體的，浯寨僅是其中之一而已，因該寨變遷過程起伏變化大，豐富的樣貌讓筆者選擇它，透過它來探討明代福建海防措置的利弊得失。雖然，五座水寨散佈在閩海各個不同的角落，但它們在福建海防中所扮演的角色卻相似，故在組織和勤務的安排上，在制度上，有許多的規定五水寨是共同一致的，因此，在詳細說明浯寨的組織勤務情形之前，有必要先對五寨相同的部分做一番介紹。

　　首先是，五水寨和沿海衛、所間的關係。前已提及，太祖洪武二十四年（1391）時，福建沿海的十一個軍衛包括沿岸的福寧、鎮東、平海、永寧和鎮海五衛，以及稍近內陸的福州中、福州左、福州右、興化、泉州和漳州六衛，皆歸由福建都指揮使司所統轄。因為，明代前期，福建各水寨自身皆無額設之兵，成員主要都來自於附近的衛、所，亦即上述的沿海十一個衛之中。吾人由史料加以推測，[1] 在明前期時福建水寨和沿海衛、所彼此間並無上下的隸屬關係，但是，各衛、所卻有調撥固定數額的軍兵分班輪戍附近水寨的義務。

---

[1]　請參見沈定均，〈建置〉，《漳州府誌》（臺南市：登文印刷局，清光緒四年增刊本，1965 年），卷 1，頁 3；懷蔭布，〈軍制‧衛所軍兵〉，《泉州府誌》（臺南市：登文印刷局，清同治補刊本，1964 年），卷之 24，頁 30。

其次是，五水寨的主要工作任務，究竟是爲何？因，五寨各有其海防轄區，「無事則會哨分防，有事則合綜協勦」，[2] 水寨官兵平日需負責該轄區境內的防務，除派遣兵船前往防區水域哨巡，並在轄區邊界處和隔鄰水寨的兵船進行會哨工作，另外在春、冬季節時，兵船必須出汛以備乘風入犯的倭盜。所謂的「出汛」，係指每年固定的時間中，水師的兵船（包括水寨，以及日後增設的遊兵）須航駛至某些險要之處，即所謂的「備禦要地」去泊駐屯戍，再由此至附近洋面遊弋哨巡，以防備可能由此入犯的敵盜。而此一「固定時間」，通常係指每年海上吹東北風的季節，它主要又可分成「春汛」和「冬汛」兩個時段，防禦對象主要是來自福建東北方海上的「島夷」－日本倭人。鄭若曾的《鄭開陽雜著》卷四〈日本紀略〉中，便曾載稱道：

> 大抵，倭舶之來恒在清明之後，前乎此風候不常，屆期方有東北風，多日而不變也。過五月風自南來，倭不利於行矣。重陽後，風亦有東北者。過十月風自西北來，亦非倭所利矣。故，防春者以三、四、五月為大汛，九、十月為小汛。其[指倭寇]停橈之處、焚劫之權，若倭得而主之，而其帆檣所向一

2　臺灣銀行經濟研究室編，〈萬曆三十年三月癸酉〉，《明實錄閩海關係史料》（南投縣：臺灣省文獻委員會，1997 年），頁 93。

視乎風，實有天意存乎其間，倭不得而主之也。[3]

春汛即大汛，「凡汛春以清明前十日出，三個月收」；[4]冬汛又名秋汛，[5]亦即小汛或小陽汛，「冬以霜降前十日出，二個月收」。[6]因，每年三月的第一個節氣「清明」和九月初重陽節後的不久，倭盜的風帆便開始藉乘著東北風勢，南下入犯我境，荼毒沿海，掠奪人貨，故「每值春汛，戰船出海。初哨以三月，二哨以四月，三哨以五月，小陽汛亦慎防之」。[7]亦即每年春、冬二季東北風起時，明政府都會嚴加戒備，並派遣水師兵船出汛，屯戍要地，遊弋海上以備倭犯。

又次是，五寨的兵源由來、勤務換班及糧餉待遇。前已提及，明代前期，五寨兵源主要來自於附近的各衛、所，它主要又可分為兵丁和將領兩個部分。兵丁的部分，由明政府從各水寨附近的衛、所兵丁中抽調而來，分成上、中、下三班加以輪值、駐戍水寨，亦即值戍「上班」，時間從今年二月起開始值戍到明年二月，二月再由「下班」接替，一直到後年二月；至於，「中班」則由今年八月

---

3　鄭若曾，〈日本紀略〉，《鄭開陽雜著》（臺北市：臺灣商務印書館，1983年），卷4，頁11。

4　懷蔭布，〈軍制‧水寨軍兵‧水寨戰船〉，《泉州府誌》，卷24，頁35。

5　上文中，水師的「冬汛」在重陽節後不久展開，因此時亦值秋末，故又稱「秋汛」。

6　同註4。文中的「霜降」，係傳統二十四個節氣之一，是農曆九月的中氣，時值深秋，露結為霜，謂之。

7　胡宗憲，〈經略二‧勤會哨〉，《籌海圖編》（臺北市：臺灣商務印書館，1983年），卷12，頁22。

值成到明年八月,再由已放班休息半年的「上班」接替之;另外,「下班」值成到後年二月,便由已休息半年的「中班」再行接替之,上、中、下三班如此不斷地輪成下去。[8] 上述的沿海衛所分三班輪成水寨的構想,據稱是由憲宗成化時巡撫張瑄所制定的,主要的目的,在使輪成水寨的衛所軍兵能有休息的機會。[9] 將領的部分,由支援的各衛選撥指揮一員總管所部之軍兵,謂之「衛總」;另外,又從支援的各衛中選拔「指揮才能出眾者,由把總行事視都指揮」,[10] 亦即充任水寨指揮官「把總」一職,督率寨軍、執行任務,前來支援的衛總亦聽其節制指揮。水寨衛總和把總的任期,因「不欲數易以廢寨事」,故「衛總一年一換,把總五年一代」,[11] 衛總的更替工作在每年八月寨兵換班時實施。[12]

至於,糧餉待遇方面,因輪成水寨的兵丁,係屬明代衛、所兵

---

[8]  請參見顧亭林,〈興化府‧水兵〉,《天下郡國利病書》(臺北市,臺灣商務印書館,1976 年),原編第 26 冊,頁 55。

[9]  請參見同前註。張瑄,字廷璽,江浦舉人,成化八年時以右副都御史巡撫福建,前後約計三年。

[10]  同註 8。

[11]  同前註。

[12]  懷蔭布,〈軍制‧水寨軍兵〉,《泉州府誌》,卷 24,頁 34。

中「出則守寨、按季踐更」的「出海軍」，[13] 戍寨兵丁除基本糧餉每人每月（即「月糧」）米八斗或銀四錢外，另再加給「行糧」米二斗或銀一錢。[14] 亦因，水寨哨守之軍皆由衛、所官兵充任，糧餉經費亦由各衛、所自行支應，故福建布政司不必再另行撥給經費，對減輕明政府的財政負擔有很大的幫助，而此正也是明初時水寨「哨守皆衛所之軍，有司無供億之費」說法的由來。[15]

必須要提的是，水寨指揮官的「把總」。把總，是明代中低階的軍官，它又有「名色」和「欽依」之等級區別，「用武科會舉及世勳高等題請陞授，以都指揮體統行事，謂之欽依」，而「由撫院差委或指揮及聽用材官，謂之名色」。[16] 欽依把總的地位遠高於名色把總，「按明制，欽依把總與守備同體，事權頗重，非各營哨名色把總之比」。[17]明代前期，福建的水寨指揮官應是「名色把總」，

---

13　請參見何喬遠，〈扞圉志〉，《閩書》（福州市：福建人民出版社，1994年），卷之 40，頁 997。明代的衛兵（即衛所兵制）主要有三，即「征操軍」、「屯旗軍」和「屯種軍」。其中，征操軍入則守城、以時訓練，謂之「見操軍」；出則守寨、按季踐更，謂之「出海軍」。輪戍五水寨的衛、所官兵，即屬出海軍。

14　衛所兵丁的糧餉待遇，「凡軍衛軍，月給米（即月糧）八斗；如（給）銀，則月四錢。外衛所軍有出海（即駐戍水寨）及守煙墩（即邊境烽堠）者，月給米一石，銀則月五錢」。見同前註，頁 998。

15　同註 12。

16　懷蔭布，〈海防・附載〉，《泉州府誌》，卷 25，頁 10。

17　沈定均，〈兵紀一〉，《漳州府誌》，卷 22，頁 20。

[18] 後來才改升格為「欽依把總」，時間約在世宗嘉靖晚年。嘉靖四十二年（1563），時任閩撫的譚綸題准，福建五寨比照浙江省定海等關把總皆奉「欽依」之例，用都指揮體統行事，[19] 以重其事權，遂隨之改為欽依把總。清時，周凱《廈門志》卷十〈職官表・明職官〉：「浯嶼水寨把總，景泰間，號名色把總；嘉靖中，為欽依把總」的說法，[20] 便是一明證。

更次是，明前期五水寨究竟由沿海的那些衛、所兵丁來輪戍，以及五水寨各擁有多少數額的衛、所戍兵，其詳細情形又是如何。因為，徵調沿海那一軍衛或守禦千戶所到附近水寨去駐戍，決定之

---

[18]　部分的史料，如清初時杜臻，卻有不同的見解，他認為：「明初有水寨在浯嶼，設欽總一員」，見杜臻，《粵閩巡視紀略》（臺北市：臺灣商務印書館，1983 年），卷 4，頁 40。他直指浯嶼水寨長官的職銜，一開始便為欽依把總，而非名色把總，但綜合其他史料看來，筆者以為，杜氏的說法甚有問題。

[19]　譚綸，〈倭寇暫寧條陳善後事宜以圖治安疏〉，《譚襄敏奏議》（臺北市：臺灣商務印書館，1983 年），卷 1，頁 15。另外，顧亭林，〈泉州府・水寨官〉，《天下郡國利病書》，原編第 26 冊，頁 77，亦有相類似之記載。

[20]　周凱，〈職官表・明職官〉，《廈門志》（南投縣：臺灣省文獻委員會，1993 年），卷 10，頁 365。

權操在福建「鎮守」或「巡撫」手中，[21] 如屆期輪班換防時，鎮、撫可決定該次出戍水寨係由那些衛、所擔任。然而，吾人由史料中得知，同一水寨前來駐戍係屬何衛、所軍兵，以及該寨戍兵的總人數上，有時雖會稍做更動，但整體來看，它的變動情形並不十分地大。以省會福州門戶的小埕水寨為例，該寨在創建的前期戍兵總數皆維持在四四○○人上下，前來戍守的衛所主要是由福州右衛，鎮東衛的萬安、梅花千戶所，以及福寧衛的定海千戶所這一衛三所的官兵。[22] 但如漳州的銅山寨就有不同，其前來戍守的有時是鎮海衛，以及陸鰲、銅山所一衛二所的官兵，[23] 但有時卻是鎮海、漳州和永

21　曹剛等，〈武備〉，《連江縣志》（臺北市：成文出版社，1967 年），卷16，頁 2。福建未設巡撫之前，調遣那些衛、所到水寨值戍的權力當在「鎮守」的手中，如正統年間的焦宏以戶部右侍郎鎮守福建兼領浙江蘇、松境，景泰時的薛希璉則以刑部右侍郎入福建擔任「鎮守」一職。文中「鎮守」一職，係當時福建地方最高的統治者。陳壽祺的《福建通志》卷九十六〈職官・明・鎮守〉便曾載稱：「凡天下統兵，鎮戍一方曰『鎮守』。舊制，用文武大臣，永樂初或命內臣，景泰以來始專命焉」。見陳壽祺，《福建通志》（臺北市，華文書局，清同治十年重刊本，1968 年），卷 96，頁 1。至於，有明一代，「設提督軍務兼巡撫福建地方都察院都御史（即福建巡撫），駐福州，統轄全省，遂為定員」一事，時間在嘉靖三十六年時，其變遷經過請詳見何喬遠，〈文蒞志〉，《閩書》，卷之 45，頁 1123。

22　黃仲昭，〈公署・武職公署〉，《八閩通志》（福州市：福建人民出版社，1989 年），卷之 40，頁 853。

23　同前註，卷之 42，頁 881。

寧三衛，再加上玄鍾、銅山二所這三衛二所的官兵。[24]

　　最後是，五水寨究竟是由那些衛、所來駐戍，以及各寨戍兵的總人數約有多少？關於此一問題，因同一水寨在不同時間中相信多少會有些差異，一者因史料難以完全搜齊逐一羅列，一者若將各寨逐條羅列又失之繁複，恰值黃仲昭的《八閩通志》，曾將明代前期福建五水寨各寨兵丁源自於沿海那些衛、所，以及支援的各寨人數，做過一番的統計。鑑此，筆者爲使讀者能清楚地瞭解各寨的情況，並對其做一相互比較，除依《八》書的內容繪製成「《八閩通志》載明前期福建沿海衛所官兵駐戍五水寨情形圖」（請參見附圖三之一）之外，並且，運用此一珍貴史料，編纂成〈明代前期福建五寨水師兵源人數表〉（見附表四），以爲輔助說明之用，提供讀者做爲參考，如下：

◎附表四：明代前期福建五寨水師兵源人數表

| 寨名＼內容 | 協守水寨的衛、所名稱 | 協守水寨的各衛官、兵人數 | 協守水寨的各所官、兵人數 | 協守水寨衛所官、兵總人數 |
|---|---|---|---|---|
| 烽火門水寨 | 福州左衛、福州中衛、福寧衛、大金千戶所。 | 福州左衛官 11 員，旗軍 1389 名；福州中衛官 11 員，旗軍 1389 名；福寧衛官 11 員，旗軍 990 名。 | 大金千戶所官 4 員，旗軍 300 名。 | 官 37 員兵（旗軍）4068 名總數 4105 人 |

---

24　顧亭林，〈漳州府・兵防考〉，《天下郡國利病書》，原編第 26 冊，頁 107。

| | | | | |
|---|---|---|---|---|
| 小 埕 水 寨 | 福州右衛、鎮東衛萬安千戶所、鎮東衛梅花千戶所、福寧衛鎮（定？）海千戶所。 | 福州右衛官 11 員，旗軍 1389 名。 | 萬安和梅花二千戶所官 17 員，旗軍 2542 名；鎮（定？）海千戶所官 4 員，旗軍 400 名。 | 官 32 員<br>兵（旗軍）4331 名<br>總數 4363 人 |
| 南 日 水 寨 | 興化衛、平海衛、泉州衛。 | 興化衛官 9 員，旗軍 1150 名；平海衛官 15 員，旗軍 1760 名；泉州衛官 12 員，旗軍 1150 名。 | | 官 36 員<br>兵（旗軍）4060 名<br>總數 4096 人 |
| 浯 嶼 水 寨 | 永寧衛、漳州衛。 | 永寧衛官 26 員，旗軍 2242 名；漳州衛官 12 員，旗軍 656 名。 | | 官 38 員<br>兵（旗軍）2898 名<br>總數 2936 人 |
| 銅 山 水 寨 | 鎮海衛、陸鰲千戶所、銅山千戶所。 | 鎮海衛官 18 員，旗軍 937 名。 | 陸鰲千戶所官 2 員，旗軍 251 名；銅山千戶所官 5 員，旗軍 328 名。 | 官 25 員<br>兵（旗軍）1516 名<br>總數 1541 人 |
| 備註： | 上述內容，係根據弘治初年黃仲昭《八閩通志》一書編纂而來。福建五水寨中，較特別是銅山水寨。它在漳州漳浦縣良峰山，另尚有屯田營一所，共有田地十二頃二十三畝，有旗軍四十二名在此屯耕，特此說明。其次，關於各水寨戰船一事，烽火門等五水寨造船廠此時已設立，地點在福州府城東南的河口，負責修造各水寨備倭舟船。至於，此時各水寨戰船的數目，書中並未提及，此有待日後進一步查詢。 | | | |

資料來源：黃仲昭，《八閩通志》，卷之 40－43，各卷〈公署‧武職公署〉部分，頁 844、853、872、881、906、909。

　　吾人可由上文〈附表四〉各水寨的兵力佈署情形中，清楚地看

出，明初福建的海防構思是以防衛福建軍、政核心－省會「福州府城」為出發點，先向外，再擴及兩側，離福州愈遠，海防軍力佈置愈弱，此由明前期五水寨兵數便可見其端倪，捍衛福州府海上門戶的小埕寨官兵四三六三人，其北邊福寧州的烽火門寨有四一○五人，其南邊興化府的南日寨四○九六人，而更南邊泉州府浯嶼寨二九三六人，最南邊的邊陲漳州府銅山寨卻僅一五四一人而已。另外，必須要提的是，上述五寨值戍的兵數，尚還不包括春、冬汛期前來各寨擔任戰船駕駛的該衛、所軍兵，它的人數亦因各寨值戍兵力大小、戰船多寡而有所差異，如浯嶼寨便有五○○人之多、銅山寨則有三一○名左右。[25] 而上述「離福州愈遠，海防軍力佈置愈弱」的現象，筆者的推測是，此多少又與中國政治中心在北方有所關聯，另就地理位置來看，明代的福建相對於南直隸、浙江而言確實更為偏遠，而捍衛東南邊陲的福建，自然會以保護軍政重心的福州為考量的重點，這是十分合理的！

　　最後，附帶一提的是，明中期以後，因軍政的廢弛，衛、所軍戶逃亡嚴重，直接衝擊到水寨的正常運作，嘉靖四十三年（1564）時，福建當局遂改弦易轍，另行召募新兵，以充為五寨水軍，[26] 而原有的衛、所兵丁不需再如以往般地分為上、中、下三班輪戍五寨，

---

[25]　因為，浯嶼水寨原額官軍為三四四一名，銅山寨原額官軍則有一八五三名，以此數額加以換算得之。見朱紈，〈查理邊儲事〉，《甓餘雜集》（濟南市：齊魯書社，1997年），卷8，頁11。

[26]　同註12。

## 《八閩通志》載明前期福建沿海衛所官兵駐戍五水寨情形圖

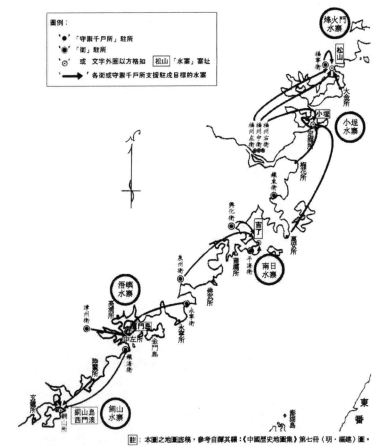

註：本圖之地圖底稿，參考自譚其驤：《中國歷史地圖集》第七冊〈明‧福建〉圖。

附圖三之一：《八閩通志》載明前期福建沿海衛所官兵駐戍五水
寨圖，筆者製。

各水寨改由新募軍兵常川駐守，而原來駐戍各寨的衛、所，亦僅於春、冬汛期時，派出支援駕駛兵船的「貼駕征操軍」，協助各水寨出海哨巡而已。

## 第二節、寨體設施、人員組成、值戍方式和待遇情形

　　前節已將五寨組織勤務運作上共通的部分，做過介紹。接下來，要探討的是，本文主題浯寨在組織勤務的細節情形，亦即屬於各水寨個別的部分，第一個要探討的是，浯寨的寨體設施、人員組成、值戍方式和待遇情形。

　　首先是，寨體設施方面。前已提及，構成水寨的三大部分，除了水寨官兵外，便是岸上相關硬體建設的「寨城」，以及官兵執行海上勤務的兵船。在討論浯寨的人員及其執勤時所使用的兵船之前，有必要先對該寨的外表樣貌，做一介紹。浯寨，它主體的外表樣貌究竟是如何？因，相關史料記載不多，目前僅知浯寨設在浯島時，曾建有東、西二座砲臺，[27] 至於浯寨的硬體設施，它可能和福建其餘四寨相似，當係設在水岸邊，外部環邊築有城牆和砲臺等防禦工事的「寨城」，它的內部除有專供船艦泊靠的水上碼頭外，在

---

[27]　清初陳元麟〈海防記〉一文中，曾指出：「浯嶼者，海中地也，控於漳，為澄門戶。浯嶼亦水寨，皆江夏侯建，乃海澄、同安門戶，後遷于廈門，而故地遂為賊船巢窟。去海澄八十里，原築水寨及東、西二砲臺，今廢」。引自沈定均，〈藝文六〉，《漳州府誌》，卷46，頁13。

陸上可能有船塢、軍火庫、教練場、辦公衙署、食宿營舍和官兵信仰中心的祠廟等相關的設備。

其次是，人員組成方面，主要是包括人員的由來和數量。由前面〈附表四〉中得知，浯寨當時係由附近的漳州、永寧二衛負責派兵值戍備倭，但前亦提及，同一水寨由那幾個衛、所來駐戍在不同時間會有些差異，浯寨即是如此。嘉靖年間，金門人洪受在《滄海紀遺》〈議水寨不宜移入廈門〉一文中，曾對浯寨做過輪廓性的說明，指稱：

> 夫衛、所、（巡檢）司、（水）寨之設，所以固邊防而安心腹也。其勢則相聯絡，其職則相統攝，其事機之重大，則有專責焉，故泉之沿邊，既有永寧衛、金門諸所矣！又於浯嶼之地，特設水寨，選指揮之勇略者一員，以為把總，仍令各衛指揮一員，及千百戶輪領其軍，往聽節制。其在永寧（衛）併福泉[誤字，應「全」]、金門等所，撥二千四百四十二名，合漳州衛之軍，共二千八百九十八人，輪班接替。又設戰艦若干號，時常教演戰法，南日以下，銅山以上，悉以委之。其大者為備倭，而寇賊奸宄莫不責以剿滅，其責任可謂專且重矣。[28]

---

28　洪受，〈建置之紀第二‧議水寨不宜移入廈門〉，《滄海紀遺》（金門縣：金門縣文獻委員會，1970 年），頁 7。

可知，該時浯寨人員主要是來自於附近的漳州衛、永寧衛及其轄下的福全、金門這二衛二守禦千戶所。除了上述這兩種的情況外，部分史料亦指出，永寧衛轄下的崇武所有時亦會派兵參與輪戍浯寨，以分攤福全、金門二所的工作。[29] 至於，上引言中洪受所稱的二八九八人值戍浯寨一事，此當指兵丁的部分，另外，應當尚有負責督導這些衛、所兵丁，並隨同前來駐戍浯寨的軍官，它的額數，根據筆者的推估約在三十八人上下，[30] 明政府並從其中選拔一位才能出眾者，擔任浯寨指揮官「把總」一職，督率衛所戍寨官兵、執行海防勤務。除此之外，還尚有在春、冬二汛期時，由原衛、所再增派有航駛兵船專長，前來浯寨支援執行海上哨巡勤務的「貼駕征操軍」，它的數目約在五○○人左右，[31] 不在上述的數額中，故廣義地說，值戍浯寨的漳州和永寧二衛的官兵總人數，應在三四四○人

---

29　請參見卜大同，〈士卒〉，《備倭記》（濟南市：齊魯書社，1995 年），卷上，頁 5。

30　前已提及，《八閩通志》所載，當時浯寨駐戍官兵亦僅永寧和漳州二衛而已，兵丁人數依舊是二八九八人，除此，另有軍官三十八人，其中包括永寧衛二十六人和漳州衛十二人。依常理來判斷，相同數目的駐戍兵丁，當有相近數額的領導軍官，故推估明前期浯寨應在三十八人上下，原因在此。見同註 22，卷之 41，頁 872。

31　因為，浯嶼水寨原額官軍為三四四一名（見同註 25），即協守浯寨的衛、所官兵計有兵丁二八九八人和軍官三八人，合計二九三六人，其餘約五○五人的數額，當是汛期時往赴浯寨負責駕駛戰船的衛、所軍丁。

上下。[32] 上述的貼駕征操軍又稱「貼駕征軍」或「貼駕軍」，亦即「每汛[即春、冬二汛]舟師出洋，以額兵[即駐戍寨兵]不足駕用，故於沿海各衛、所軍丁選其慣海者助之，謂之『貼駕征軍』」。[33] 依照慣例，汛期時水寨兵船出海扼險備敵時，船上人員的配置上，「大約一舟之中，兵[即駐戍寨兵]居其十，軍[即貼駕征軍]居其五」。[34]

最後是，值戍方式和糧餉待遇方面，浯寨和福建其餘四寨並無不同，前節已做說明，亦即由上述的漳州、永寧二衛，各自選拔軍官一人為「衛總」，各率領該衛官兵前往浯寨駐戍（例如永寧衛衛總督率永寧、福全或金門、崇武等衛、所兵），而衛總二人須聽浯寨把總的節制指揮，駐寨戍兵分成上、中、下三班輪值更替，「上班，今年二月上，明年二月下，下班替之；中班，今年八月上，明年八月下，上班替之；下班，明年二月上，後年二月下，中班替之」。[35] 待遇方面，浯寨駐戍的二衛、所兵丁，值戍水寨時每人每月糧餉（含月糧和行糧）米一石或銀五錢，且值戍滿一年便有半年休息的時間，交班下來休息的兵丁雖不再給行糧，但每月改給辦料銀一錢，作為下來整修先前戍寨時兵船的報酬。

---

32　關於浯寨的官兵額數，亦可參見同前註。

33　黃承玄，〈條議海防事宜疏〉，收入臺灣銀行經濟研究室編，《明經世文編選錄》（臺北市：臺灣銀行經濟研究室，1971 年），頁 210。

34　同前註。

35　同註 12。

## 第三節、海防轄區、會哨制度和汛防勤務

　　前章已提及，明代海防措施與防倭密不可分。因備禦倭盜入犯之需要，福建五水寨各有海防轄區，並在轄區內的近海水域中執行海防勤務，浯寨自亦不例外，亦有其汛地範圍。明代，防兵駐紮的地點，謂之「汛」，[36] 而水寨依沿海水域劃分界限、各自防守之地區，亦即各水寨分防之地，稱之「汛地」，而此一水寨的海防汛地，又名為「信地」。[37] 為何水寨甚或日後增設的遊兵，需要劃分各自的汛地範圍，其目的又是什麼？關於此，胡建偉在《澎湖紀略》卷之六〈武備紀・汛防〉中，說得很清楚：

> 劃汛而守，固無失伍之虞；按季而防，又有及瓜之代。凡以專責成而均勞逸者，制甚周也。身厥任者，自當嚴卒伍、勤巡警，務使四境安寧，家無夜吠之犬；重洋清晏，海無鼓浪之鯨。[38]

由上可知，「專責成、均勞逸」是各水寨規定汛地，劃分汛防範圍的主要目的。

---

36　在明代，「汛」和「塘」皆是明代基層的軍事組織，「汛」以下設「塘」，每塘約有五到十個兵士。見尹韻公，《中國明代新聞傳播史》（重慶市：重慶出版社，1990 年），頁 145。

37　卜大同，〈方畫〉，《備倭記》，卷上，頁 3。

38　胡建偉，〈武備紀・汛防〉，《澎湖紀略》（南投縣：臺灣省文獻委員會，1993 年），卷之 6，頁 126。

　　至於，明初期時浯寨所轄的汛地範圍，究竟是如何，關於此，懷蔭布《泉州府誌》卷二十四〈軍制‧水寨軍兵‧水寨所轄汛地〉，曾載道：

> （浯嶼）水寨所轄汛地：隆慶《（泉州）府志》載，舊，岱嶼以北，接于興化，南日水寨轄之；岱嶼以南，接于漳州，浯嶼水寨轄之。[39]

由上面所引穆宗隆慶二年（1568）纂修的《泉州府志》，得知浯寨汛地的北端，係以泉州灣中的岱嶼為界。岱嶼（參見附圖三之二：「明代泉州灣中的岱嶼」圖，引自《石洞集》），地屬泉州惠安縣的二十四都，「在（泉州）府東南六十里，突起海中，介石湖、北鎮兩山之間」，[40]亦因介於石、北二地間故又稱岱隊門，[41]該地「水深三十托，商船入泉州港者必由此」，[42]故何喬遠嘗稱，岱嶼一地

---

[39]　懷蔭布，〈軍制‧水寨軍兵‧水寨所轄汛地〉，《泉州府誌》，卷24，頁35。

[40]　顧祖禹，《讀史方輿紀要》（臺北市：新興書局，1956年），卷99，頁4095。

[41]　岱嶼，又稱「岱隊門」，即「岱隊」，「隊」一作「墜」字。至於，岱嶼稱作岱隊，根據筆者的猜測，可能和岱嶼附近的大隊、小隊島有直接的關聯，請參見懷蔭布，〈晉江縣疆域圖〉，《泉州府誌》，卷首，圖3。至於，岱嶼是目前的何處，因晉江、惠安一帶水系複雜，泉州灣近河口處變化不小，今日已不易辯知，而前面的大隊（墜）島，目前則稱作大墜島。

[42]　同註18，頁53。

爲「（泉州）郡水口山」。[43]另外，隆慶時曾任惠安知縣的葉春及，在《石洞集》卷六〈惠安政書七‧二十四都〉亦曾指出：

> 二十四都：東抵海無際，岱嶼扼其口，舟檝必經之。異日，
> 漳之浯嶼、福之南匭[即南日]水軍必會此而分麾，凡賊皆避
> 其要擊焉。故，是都雖亦陋阨，實泉郡之保障云。[44]

因爲，岱嶼係泉州府城海舟的出入必經之地，屬「泉郡之保障」之要地，往昔浯嶼、南日二寨水軍海上巡汛嘗會師於此。至於，浯寨南面的汛地抵達何處，因上述的《泉》書僅概略述及「岱嶼以南，接于漳州，浯嶼水寨轄之」，似乎無法去判斷它的汛地範圍究竟是到何處？根據相關史料的分析，浯寨汛地南端應該是到漳州的井尾澳。關於此，則留待下面章節中，再做進一步的說明。而必須提的是，上文中浯、南二寨水師海上會師岱嶼一事，此係指上述二寨的巡邏兵船在此「會哨」一事。所謂的「會哨」制度，亦即福建當局將近海水域劃分成若干五大區，作爲五水寨的汛地範圍，由各寨負責佈防哨巡，並在寨與寨汛防交界處選擇某處地點，規定相鄰兩寨

---

43 何喬遠，〈方域志〉，《閩書》，卷之7，頁178。

44 葉春及，〈惠安政書七‧二十四都〉，《石洞集》（臺北市：臺灣商務印書館，1983年），卷6，頁8。葉春及，歸善人，嘉靖壬子舉人，官至戶部郎中；文中所引的〈惠安政書〉，係其隆慶時任泉州惠安知縣時所作。請參見陳壽祺，《福建通志》，卷137，頁31。另，文中提及「福之南匭水軍」一語的「福（州）」字並非正確，南日水寨軍兵應屬興化，福州係小埕水寨才是。

必須派出巡海兵船定期來此相會，以避免寨軍偷安怠巡缺失的產生。這些地點，通常多係沿海防守要衝處，如上述的岱嶼。至於，相鄰的兩寨多久會哨一次，因相關史料不易覓得，目前難以正確地斷定。

除和相鄰的南日、銅山二寨進行會哨外，浯寨兵船平時必須執行轄區內海上的汛防勤務。前曾提及，倭寇主要是利用海上吹東北風時乘勢入犯，所以，浯寨和福建其餘四水寨相似，「設防者，亦

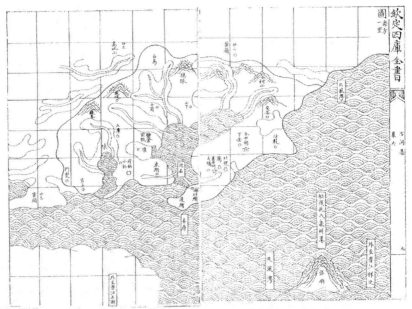

附圖三之二：明代泉州灣中的「岱嶼」，引自《石洞集》。

以風爲準」，[45] 亦即汛防勤務主要是依風勢吹向來劃分的，將一年分爲「春、冬汛期」和「非汛時月」兩個時段來進行的，吹東北風的春、冬二汛合計約有五個月，其餘的非汛時月則有七個月。其中，值遇春、冬汛期時，浯寨的戍兵必須出汛，亦即在前來支援的貼駕征軍協助下，兵船先會編結成大型的巡海艦隊，航駛前往轄區中的「備禦要地」屯守，並由此出航至附近洋面遊弋，來備禦由此入犯的倭人，「凡汛春以清明前十日出，三個月收；冬以霜降前十日出，二個月收」。[46] 非汛時月，則指汛期結束，「收汛畢日，軍士放班，其看船兵撥汛地小防」一事，[47] 此時浯寨和其餘諸寨相同，兵船返航寨澳團泊港內，但亦會派遣兵船輪番出海哨巡，以防非汛時節出沒的盜犯，[48] 只是，此時的規模已遠不及春、冬汛期時了，但不管是汛期或非汛時月，浯寨兵船必須「按期而往，遊巡往來」，於其海防轄區內從事汛防勤務。

　　另外，必須提的是，春、冬二汛期時，浯寨兵船出屯的「備禦要地」，究竟總共有幾處。因爲，倭寇入犯福建，通常有固定的路線，其情形大致如下；北風吹起時，倭人船隊由浙江沿海南下，先在溫州海上的南麂山取汲並在此分綜後，進犯閩境。此時，假若是

---

45　同註 4。

46　同前註。

47　同註 4。

48　顧亭林，〈漳州府‧銅山寨〉，《天下郡國利病書》，原編第 26 冊，頁 113。

吹東北風，則直接進擾福寧州，並順沿海岸南下，劫掠閩海各地；
若是西北風，則先往臺灣的雞籠，再看風勢伺機而動，它大致上有
三條路線，亦即往西北經臺、礵二山進犯福寧，往西越過東湧直驅
五虎山擾犯福州，或是往西南到澎湖再行伺機進犯漳、泉二地。[49]
所謂的「備禦要地」，係指各寨轄境水域內有位居險要或交通樞紐
的灣澳島嶼，敵盜易於巢據窩藏或進犯內地時必經的路徑者，例如
泉州金門的料羅、興化莆田的湄州島和閩粵交界的南澳島……等皆
屬之，這些地方亦是水寨兵船哨巡時留意的重點，尤其是，在春、
冬汛期時，水寨兵船會先行結聚成艦隊後，再行前往該地泊駐屯
守，以為事先防備因應。浯寨在明初期，備禦要地共有兩處：一為
金門東南的料羅，[50]「料羅處金門的極東地，船隻往來必經之所，
為泉門戶」；[51] 一為漳浦的井尾澳，[52] 銅山水寨曾建寨城於此，後
才移至銅山島的西門澳，該地亦屬衝要之區。

## 第四節、兵船重要性及其由來、製造和數量

　　前面兩節的內容，已將浯寨人員的組織勤務部分，做過詳細的
說明，然而，上述的這些官兵，平日工作生活除需依仗岸邊的設施

---

[49]　請參見黃承玄，〈題琉球咨報倭情疏〉，收入臺灣銀行經濟研究室編，
　　《明經世文編選錄》，頁 202。

[50]　請參見洪受，〈詞翰之紀第九・撫院訴詞〉，《滄海紀遺》，頁 74。

[51]　懷蔭布，〈海防・同安縣・料羅〉，《泉州府誌》，卷 25，頁 24。

[52]　同註 50。

「寨城」之外，對於用來執行海防勤務的兵船，仰賴的程度更深。
這些航駛海上的兵船，「有警用於戰鬥，無事時則以哨巡」，對水
寨官兵而言，它的重要性，遠大於岸邊的寨城，此可由本章第二節
中提及的，浯寨值戍下來休息的放班兵丁，要維修先前執勤防務時
使用過兵船一事中，便可窺知一二。

　　為何福建當局如此地重視水寨兵船的整修維護呢？因為，海中
風濤難測、瞬息萬變，加上島嶼港澳分歧，潮流漲退遲速難準，在
風帆船時代中，寨軍與敵寇在海上交戰，主要在「鬥船之力」。嘉
靖時，福建總兵戚繼光嘗言：「海舟比江中不同，戰賊時惟用風力
帆檣之功，但有舟利帆速者，隨便勁上，以鬥船之力耳。海中風濤
潮汐，非內地江湖搖櫓整次之比也」。[53] 另外，萬曆時人董應舉亦
指出：「船者，將與兵之所託命也。船堅則足當風濤，乃敢出洋捕
賊」。[54] 由此可知，兵船品質之良窳，亦直接關係到海戰的勝負成
敗和船上水兵的性命安危，〈理臺末議〉一文中便曾詳細地說道：

> 陸師重馬力，水師重舟力。戰陣之時，（兵船）務爭上風。
> 而運轉不靈，不能占上風；壓持不重，或反退居下風。此雖
> 人力，全在良舟。然匠人為舟，固守繩尺，及駕至中流而快

---

[53]　戚繼光，〈治水兵篇〉，《紀效新書》（北京市：中華書局，1996 年），
　　　卷之 18，頁 242。
[54]　陳壽祺，《福建通志》，卷 84，頁 34。董應舉，福州閩縣人，萬曆二
　　　十六年進士，曾任工部侍郎，著有《崇相集》一書。

利遲鈍之用乃見。同時發棹，而前後入港之日頓殊者何也？
蓋木之本質不類（如鹽木為舵，遇波濤乃不搖動；餘則否），
輕重亦異（木老則堅而重；否則輕）；必得良材，輕重配合，
如人一身筋骨相配，然後善於運動也。故水師必講於造舟
者，此其一也。[55]

其實，訓練水師的重點在「師之用在舟，舟之用在水，水之用在風；
舟與師相習、風與水相遭，其在於變而通之以盡利。至於神而明之，
則又存乎其人」。[56] 所以，對肩負海防重任的水寨官兵而言，除講
究兵船的品質外，培養水兵「明於灣泊」、「詳於入港」……等航
駛兵船的技能和經驗，[57] 更是軍事配備以外不可或缺的訓練，它的
情形即如清初時，浙江定海總兵林君陞所說：「苟非教之有素，（官
兵本身）自顧不暇，所望其捍禦者安在哉」？[58]

---

[55] 胡建偉，〈武備紀・哨船〉，《澎湖紀略》，卷之 6，頁 125。

[56] 同前註。

[57] 上引文的〈理臺末議〉，亦曾指出：「水師之灣泊，猶陸師之安營。凡
水師不能於外洋覓戰，皆於近港交鋒；所以灣泊之處，即是戰爭之場。
我舟先至，利在居要以爭上風；然風信難憑，透發之後，往往轉變，
先要泊穩；倘一澳中有南風澳、北風澳不同，則寧泊南風以待。此又
老將之持重，不可執一而論也。故水師必明於灣泊者，此其一也。水
師之入港，猶陸師之克城。凡港門為賊所守而險隘尤為賊所持，兵法
有揀制其險、而攻其虛之說。以險處多虛，故險可制而虛可攻耳。故
水師必詳於入港者，此其一也」。見同註 55。

[58] 林君陞，〈教習弁言〉，《舟師繩墨》（上海市：上海古籍出版社，1995
年），頁 1。林君陞，泉州同安人，清雍正四年曾任浙江定海總兵一職。

　　至於，明初時浯寨值戍官兵所使用的兵船，係由何處所製造？
由何者單位所提供？兵船的數目為何？首先是，浯寨的兵船由何處
來負責製造。關於此，黃仲昭《八閩通志》卷之四十〈公署・武職
公署〉，曾有載稱：

> 烽火門等五水寨造船廠，在（福州）府城東南河口。舊，福
> 州三衛各置一廠，左衛廠在廟前，中衛廠在象橋，右衛廠即
> 今所是也。景泰間，鎮守監丞戴細保議悉併于此，每歲選委
> 清幹指揮一員，提督修造各水寨備倭舟船。[59]

由上可知，福建當局早在水寨設立的初期，便已在福州府城一帶設
有五水寨的造船廠，專為值戍水寨的各衛、所製造兵船，以為出海
備倭之用。另外，顧亭林亦指出：「防海之舟，曰官船、曰快船、
曰哨船，委指揮一員造之。三衛舊各有廠，景泰間始併為一廠，在
（福州府城）河口。隆慶元年，改設於橘園洲，（福州）郡寨、遊
外，更烽火（門）、南日、浯嶼、銅山四寨不隸福州衛，亦造舟於
此」，[60] 得悉此一設在福州的五寨造船廠，起初有三個船廠，先在
代宗景泰年間合併為一個，至明中葉穆宗隆慶元年（1567）時，由
福州府城的河口再移至橘園洲，它不僅為其福州轄境的小埕水寨、

---

59　同註22，頁844。
60　顧亭林，〈福州府・戎器〉，《天下郡國利病書》，原編第26冊，頁40。

海壇遊兵和五虎遊兵而已，[61] 同時亦為烽火門以外的其餘四寨官兵
建造兵船。

　　其次是，浯寨兵船由何者提供的問題。因「嘉靖以前，水寨戰
艦皆出之衛所」，[62] 浯島時期的浯寨自身並未擁有任何的兵船，該
寨使用的兵船主要係由前來駐戍的漳州、永寧二衛和福全、金門、
崇武三所提供的，此情況一直到嘉靖中後期時都是如此。但前已提
及，水寨無額設之兵、哨守皆衛、所之軍，且嘉靖以前水寨兵船皆
由前來值戍的衛、所負責提供的，故筆者以為，上述五寨造船廠所
造水寨兵船的所有權，當歸屬支援值戍的各衛、所共同擁有，而戍
寨的各衛、所，似乎不能將其挪作其他的用途。

　　最後是，浯寨值戍兵船的數目問題。在前一章亦提過，卜大同
曾指出，沿海地方每一衛五所有兵船五十隻，福建沿海十一衛共有
兵船五百餘隻。若依此加以估算，便可推知漳州、永寧二衛和福全、
金門、崇武三所當有百隻以上的兵船，而這當中有一部分是隨值戍
浯寨的官兵，一起被送到該寨來執行海上防務的。至於，值戍浯寨
的兵船有多少？嘉靖中葉時，副都御史朱紈（見附圖三之三：朱紈
畫像，引自《甓餘雜集》）在其〈查理邊儲事〉疏中「水寨額設戰、

---

61　海壇遊兵，駐所在海壇山，隆慶初年時成立。五虎遊兵，駐所在五虎
　　（門）島，萬曆三十年時成立。海、五二遊和小埕寨，皆福州轄境內
　　的海防武力。
62　此句出於穆宗隆慶二年纂修的《泉州府志》，係引自同註4。

哨等船」條下，便載稱：「浯嶼寨，原額四十二隻」，[63] 意指浯寨
額設有戰、哨等兵船共四十二隻，因前已提及，此期擔任兵船駕駛
的衛、所貼駕軍則約有五〇五人左右。而此處值得注意的是，浯寨
有駐戍官兵二九〇〇人，配有值戍兵船四十二隻，而沿海軍衛（例
如泉州衛兵額有六一四七人），卻僅有兵船五十隻而已，兩者相較
的結果，海軍基地的浯寨擁有的兵船數目遠比沿岸的軍衛高出甚
多，其原因主要是，水寨地處海防第一線，是接敵禦寇的最前線，
戰略地位十分重要，前往值戍的各衛、所兵船數目比較多，應屬正
常的現象！

附圖三之三：朱紈畫像，引自《甓餘雜集》。

---

63　同註 25，頁 13。嘉靖二十六年七月起，巡撫南贛汀漳提督軍務的右
　　副都御史朱紈改任浙江巡撫一職，並兼管福建福州、興化、建寧、漳
　　州和泉州等處海道督理海防相關的事務。此一奏疏，係朱上任不久後
　　呈報給中央朝廷的，時間在嘉靖二十六年十一月十七日。

# 第五節、兵船的種類及其人員、器械的配置

上一節提及，兵船，是浯寨官兵執勤時最重要的軍事配備。萬曆時，閩撫黃承玄亦言：「夫海上之戰，先鬥船、次鬥器與人。無船，則人與器皆無所用之矣」。[64] 誠然，水師在海上作戰，沒有好的兵船，縱使有再好的軍器裝備和訓練精良的水兵，亦是無濟於事的。至於，浯寨兵船的種類及其人員、器械的配置，它的情形又是如何？浯寨創建於洪武時，明初福建兵船相關的史料，因其年代久遠，目前不易覓得，但至嘉靖中期東南倭亂的蔓延，因軍事用兵需要，福建兵船的相關記載增多，才得窺其樣貌，但此時浯寨亦已由浯島搬入廈門多時，筆者茲引此時有關的記載來對浯寨兵船加以說明，至於，浯寨初期時兵船的種類和人、器配置是否也一定如此，目前尚無法完全確定，特此說明。有關浯寨兵船的種類，以及船上人數、職務和器械配備，它的詳細情形，請參見底下內容的說明。

第一項是，浯寨的兵船種類。

浯寨的兵船種類，主要可分為福船、哨船、冬（仔）船和鳥船等四種。[65] 其實，概括地說來，福、哨、冬和鳥船都屬於福船的其中一種，因福船即「福建船」之意，它的特點是「耐風濤且禦火」，

---

64 同註 33，頁 206。
65 同註 4，頁 34。

<sup>66</sup> 關於此，曾任守備一職的莊渭揚便指出：「廣船不如福船者，廣船下狹上闊不耐巨浪，又其上編竹為蓋，遇火器則易燃，不如福船上有戰棚，禦敵尤便也」。<sup>67</sup>明代福（建）船型式共有六種，「《欽定續文獻通考》引王鶴鳴〈水戰〉議云：『福船有六，一號、二號俱名福船，三號哨船又名草[即草撇]船，四號冬[即冬仔]船又名海蒼[一作海滄]船，五號為鳥船亦名開浪船，六號快船』。《籌海圖編》有草撇船式云，即福船之小者是，又以草船為草撇也」。<sup>68</sup>至於，作為浯寨執行海防勤務的福、哨、冬和鳥船等四種型式的兵船，它們的特徵和功能，分別如下：

第一、福船（參見附圖三之四：明代「大福船式」圖，引自《籌海重編》）。此係指一、二號福船，船型屬「大福船式」，是福建兵船中體型最大者，因一號喫水甚深、起止遲重，不利於航速，水寨使用的應為二號福船。大福船，它的結構特徵是該船底部尖銳，

---

66　張其昀編校，〈兵四・車船〉，《明史》（臺北市：國防研究院，1963 年），卷 92，志第 68，頁 967。

67　鄭若曾，〈經略四・開浪船圖說〉，《籌海重編》（臺南縣：莊嚴文化事業有限公司，1997 年），卷之 12，頁 93。

68　陳壽祺，〈明船政・福船名制〉，《福建通志》，卷 84，頁 30。文中的王鶴鳴，明萬曆時人，武進士出身，曾輯集兵家言論而成《登壇必究》一書，《欽定續文獻通考》所引為該書第二十五卷〈水戰〉中的內容。見王鶴鳴，〈登壇必究序〉，《登壇必究》（北京市：北京出版社，1998 年），頁序 1。

附圖三之四：明代「大福船式」圖，引自《籌海重編》。

附圖三之五：明代「草撇船式」圖，引自《籌海重編》。

上體寬闊，船身分為四層，[69] 高大如樓房，並可棲容兵士百人。該船在戰鬥上的優點是，可由船身最上層俯瞰敵情並發矢石以攻敵人，「敵舟小者相遇則犁沈之，而敵又難于仰攻，誠海戰之利器也」。

---

69　鄭若曾，《籌海重編》卷之十二〈經略四・大福船圖說〉載稱：「福船高大如樓可容百人，其底尖，其上闊，其首昂而口張，其尾高聳、設樓三重于上，其傍皆設板楯、以茅竹豎立如垣，其帆椗二道。中為四層，最下一層不可居，惟實土石以防輕飄之患；第二層，乃兵士寢息之所，地板隱之，須從上躡梯而下；第三層左右各設水門中置水櫃，乃揚帆、炊爨之處也，其前後各設木椗繫以棕纜，下椗、起椗皆于此層用力；最上一層如露臺，須從第三層穴梯而上，兩傍板翼如欄，人倚之以攻敵，矢石火炮皆俯瞰而發，敵舟小者相遇則犁沈之，而敵又難于仰攻，誠海戰之利器也」。見鄭若曾，〈經略四・大福船圖說〉，《籌海重編》，卷之12，頁90。

但，大福船的缺點亦不少，該船「高大如城，非人力可驅，全仗風勢」，僅能行于順風、順潮，回翔調轉亦不方便，且不能逼岸泊靠，必須借由哨船來完成接渡的工作；而且，福船「喫水一丈一、二尺，惟利大洋，不然多膠於淺，無風不可使，是以賊舟一入裡海，沿淺而行，福舟為無用矣」。[70]

　　第二、哨船（參見附圖三之五：明代「草撇船式」圖，引自《籌海重編》）。哨船即三號福船，船型屬「草撇船式」，亦即福船的稍小者，相關史料記載較少，若從船身外型看來，以它和大福船相比，除船身體積較小、兩旁不釘竹簰，[71] 以及次帆桅上方少了「望斗」的瞭望塔外，其餘的差異性並不大。

　　第三、冬船（參見附圖三之六：明代「海滄船式」圖，引自《籌海重編》）。冬船即四號福船，又稱冬仔船，船型屬「海滄船式」，《明史》海滄一作海蒼，[72] 船體亦屬高大巍峨。關於它的特點，戚繼光曾指出：「海滄稍小福船耳，喫水七、八尺，風小亦可動，但其功力皆非福船比。設賊舟大而相竝，我方非人力十分膽勇死鬥，不可勝之。二項船皆只可犂沈賊舟，而不能撈取首級」，[73] 可知冬船

---

[70]　同前註，頁 91。

[71]　鄭若曾，〈經略四・海滄船圖說〉，《籌海重編》，卷之 12，頁 92。除哨船外，冬（仔）船船體的兩旁亦不釘竹簰，特此說明。

[72]　同註 66。

[73]　同註 71。文中的「二項船」，係指福船中福、哨二船，再加上海滄船，共二項三型的兵船。

雖亦有福船（包括福、哨二船）在海戰中「乘風下壓、如車碾螳螂」，[74] 撞沈敵船的優勢，但因其船體稍小些，若遇較大型的敵船時，此一優勢便會喪失，到時候卻僅能靠兵丁拼命力鬥，否則無法取勝。至於，冬、福二船的共同缺點則是，它不僅在短兵近戰時無法如其他小型兵船來得迅捷，且因其船身高聳亦不方便敵屍首級的擄撈。

第四、鳥船（參見附圖三之七：明代「開浪船式」圖，引自《籌海重編》）。鳥船即五號福船，船型屬「開浪船式」，船身體積又較冬船來得小些。開浪船，其船頭尖似鳥嘴般，故又稱「鳥船」。該船頭小肚澎，身長體直，吃水三、四尺，置有四槳一櫓，有風時揚帆、無風時則搖槳櫓，方向轉折輕便，可容兵士三、五十人，亦因能去浪、不拘風潮順逆，遂有「開浪船」之名。[75] 後來，鳥船在外形上有做過修改，不再裝置四槳，[76] 而改和上述的福、哨、冬船相同，成「有櫓無槳」的福建兵船。

---

[74] 同註69。

[75] 請參見陳壽祺，〈明船政・福船名制〉，《福建通志》，卷84，頁30。

[76] 鄭若曾，〈經略四・開浪船圖說〉，《籌海重編》，卷之12，頁93。

附圖三之六：明代「海滄船式」圖，引自《籌海重編》。

附圖三之七：明代「開浪船式」圖，引自《籌海重編》。

　　浯寨除擁有上述福、哨、冬、鳥四種型式的兵船外，筆者疑以為，在其某一段時間中，浯寨應當還擁有若干數目的蒼山船和快船。蒼山船又名蒼船，[77] 舊為浙江臺州太平縣地方捕魚之船，該船體積小於福、哨、冬諸船，行動較為便捷，曾出現在戚繼光的水寨兵船操演隊形中，[78] 嘉靖中後期倭禍熾烈時，福建水寨應擁有此型

---

[77]　蒼山船，浙船一種，吃水六、七尺，首尾皆闊，帆櫓兼用，櫓設船旁，近後兩旁各有櫓五隻，船身三層，下層實土石，中層寢處，上層則為戰場，浙江溫州人稱之為「蒼山鐵」。見陳壽祺，〈明船政・海船通用〉，《福建通志》，卷84，頁31。

[78]　戚繼光，〈治水兵篇・常時水寨操習〉，《紀效新書》，卷之18，頁244。

的兵船，以補福、哨、冬船之短處。另外，是快船的部分。快船即六號福船，其外型接近鳥船，亦是明代福船中體積最小者，因其船身不大，十分適合內港淺灣的航行，且因行速輕快方便哨探敵情和襲擊敵船，故從常理上來推斷，福建水寨不太可能沒有此一型式兵船的配置。

上述的內容，已將福、哨、冬、鳥、快等各型兵船的特徵功能做過了說明，這些大小不同、配備相異的各型福船，適用於不同深淺的水域灣澳，執行不同型態的軍事防務。嘉靖時，曾任兵部尚書胡宗憲幕府的鄭若曾，便認爲上述各型兵船在福建已經發展到相當完備的地步，但，重點是在如何運用這些兵船達到最佳的戰鬥效果，對此，鄭主張各型福船必須「大小兼用、俱不可廢」，[79] 亦即要善用「福船勢力雄大，便於衝犁。哨船、冬船便於攻戰追擊。鳥船、快船能狎風濤，便於哨探或撈首級」的專長特點，[80] 才能達到鞏固海疆的目標。有關此，陽思謙的《萬曆重修泉州府誌》卷十一〈武衛志上‧兵船〉，它說明得更具體、解釋得更詳細：

> 福船勢力雄大，最便衝犁，所以扼賊船於外洋。事久備懈，皆放賊船入港，始議迎擊港中，山澳崎嶇，賊船窄小，反易趨避，而大船轉動多礙，皆為無用之器，故寨中有福船，又有次號哨船、冬船，以便窄港攻戰。小號鳥船、快船，以便

---

79　同註 69，頁 91。
80　同前註。

哨探或助力襲擊。如福船出洋犁賊，賊船勢將內逼，哨、冬船與鳥、快船急搶上風，又出賊船之內，向外逐打，務逼使出洋，內外夾擊收功。[81]

確實，如何善用各型福船於不同的水域和任務中，不僅是福建各水寨執行勤務時的重要工作原則，同時，它亦直接關係到福建海防的安危成敗。

第二項是，浯嶼水寨兵船上的人數、職務和器械配備。

因為，上述浯寨福、哨、冬、鳥船配備的有關記載，目前不易尋得，筆者僅以戚繼光《紀效新書》一書中對福、海滄（即冬）二型兵船的人員職司角色、人數多寡，以及器械種類、數目的內容記載，拿來作為說明浯寨福、冬二兵船的可能情況，雖然《紀》書所載或許和浯寨的真實情況有落差，但，畢竟它們都是屬同一型式的兵船，相信兩者間的差異當不至於太大。有關《紀》書福船和海滄船的記載，在該書卷之十八〈治水兵篇〉一節中，有詳細的描述：

首先是，人數、職務方面。

福、海滄二兵船，每船上各設有「捕盜」一名，指揮該船人員遂行任務，「捕盜，為一船之領袖，不獨船隻槓櫓、軍器、火藥係

---

81　陽思謙，〈武衛志上‧兵船〉，《萬曆重修泉州府志》（臺北市：臺灣學生書局，1987 年），卷 11，頁 11。上文中最末的「外夾擊收功」等五字，《萬》書版印字跡不清，恰值懷蔭布的《泉州府誌》卷二十四〈軍制‧水寨軍兵〉，頁 36 的內容中，曾摘錄該書此段文字，故筆者根據《泉》書所載的加以補上，特此說明。

其職掌,即攻戰用船之方,俱屬捕盜指麾。把哨各船乘坐臨敵,安能一一耳提面命,故為捕盜是賴也」。[82] 船上的人員(參見附圖三之八:明嘉靖時「水兵腰牌」正面圖,引自《紀效新書》),主要又可分成以下的兩個部分:

一為負責航駛船艦的駕船人員,包括有「舵工」、「繚手」、「扳招」、「椗手」和「斗手」(又稱「上斗」)等人。其中,舵工專司操舵,「為一船司命、關係匪輕。平時,占驗風色、保固船隻;遇警,駛船搶佔上風,以便衝犁」。[83]「繚手」負責帆檣繩索的主持調節。[84] 扳招,又稱「招手」或「扳招手」,負責操縱船梢,協助控制兵船的航向。[85] 椗手,則專司船椗纜繩拋剳之務。斗手又稱「上斗」,即攀登在船桅頂頭的望斗上,居高臨下覘望敵情或海上動態,傳報通船者;若遇敵船相並逼近時,「即以犁頭重鏢、石塊,飛擊賊船舵工及賊首」。[86]

---

[82] 何汝賓,〈兵船束伍〉,《兵錄》(北京市:北京出版社,2000 年),卷 10,頁 53。

[83] 同前註。

[84] 周之夔,〈水戰火攻策(福建武錄)〉,《棄草集》(揚州市:江蘇廣陵古籍刻印社,1997 年),文集卷之 3,頁 38。

[85] 扳招的「招」,又作「梢」,係設在船首或船尾的輔助性控制船隻航向的器具。請參見戚繼光,〈治水兵篇第十八〉,《紀效新書(十八卷本)》(北京市:中華書局,2001 年),卷之 18,附註 4,頁 314。

[86] 同註 82,頁 54。

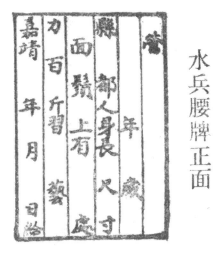

附圖三之八：明嘉靖時「水兵腰牌」正面圖，引自《紀效新書》。

　　另一爲船上專司戰鬥任務的甲士，包括有「甲長」和「甲兵」，亦即各船下分若干的「甲」，每甲設「甲長」一人，由其率領若干名「甲兵」，以執行各甲不同的戰鬥任務。其中，甲長又稱「小甲」或「隊長」，爲該甲兵之長，平時和該船指揮的捕盜，負責督導該甲各兵嫻熟所習之技藝；遇警時，則率領該甲兵士與敵盜戰鬥。至於，甲兵又稱「兵夫」或「隊兵」，「平時務聽本船捕[即捕盜]、隊[即甲長]約束，照依所派各司銃砲軍器、不時演習精熟，庶遇警心膽有主、不致慌亂；臨敵，各照所派銃砲管顧鎮定，俟賊舟相近、即行燒放」。[87]

---

[87]　同前註，頁 55。

上述的各項職司人員中，又以「捕盜」和「舵工」二者最為重要，[88] 惟有他們將兵船指揮和操控得宜，船上的甲士才能發揮其戰鬥長才，以擊敗敵人。為何「捕盜」和「舵工」如此地重要？一是，作為指揮領導者的捕盜，其處事決斷的公平正確與否，關係一船的成敗安危。「古者舟師之制，首捕盜，次舵工。……本船甲長、兵丁，各聽捕盜發放，非以假其威，實以重其事也；使知責成有所歸，則臨事必懼，兵丁有所畏，畏則受命不違。……所以，不明紀律不可以為捕盜」。[89] 二是，操舵的舵工，兵船行駛在海上，風雲氣象、礁脈淺沙、潮汐變幻等事，「俯觀仰察，舵工獨任其勞」，[90] 其重要性不言可喻，有關此，林君陞在《舟師繩墨》一書中，曾有如此巧妙的比喻，如下：

> 舵（工）者，猶人之心也。繚（手）、斗（手）、椗（手），猶人之四肢也。船上眾兵[指甲長和甲兵]，猶人之百骸也。

---

88 關於此，嘉靖時曾任福建巡撫的譚綸，便指出：「凡水戰，專係在舵工與管船、捕盜。舵工使船必近賊，捕盜又從而倡之，則士卒不得不戰，戰則蔑不勝矣。故，捕盜、舵工不可無破格之賞與必罰之法。至於，分合節制於陸戰同，臨陣每占上風，使火器得用，是亦在舵工矣」。見陳壽祺，〈明船政〉，《福建通志》，卷84，頁34。上文中的「管船」係指「繚手」、「扳招」、「上斗」和「椗手」等人。至於，海戰中兵船臨陣用火器攻敵一事，在明中葉後便已普遍，如「佛郎機」式炮、鳥銃、火箭、噴筒等皆屬之。

89 林君陞，〈捕盜事宜〉，《舟師繩墨》，頁8。

90 林君陞，〈舵工事宜〉，《舟師繩墨》，頁13。

心若主持得正，則四肢百骸皆得其道；心若主持不正，則四
肢百骸盡失其宜。故，一船之力，全在舵工。[91]

至於，上述的捕、舵、繚、斗、椗和甲士在福、海滄二兵船上
的人數編制，以及各甲軍兵和敵船接戰時的職司任務，它的詳細情
形究竟又是如何？請參見如下的說明：

一、福船——

每船用捕盜一名、駕船八名和甲士五十五名，合計共有六十四
名。

駕船部分，有舵工二名，繚手二名，扳招一名，上斗一名，椗
手二名。

甲士部分，每甲設甲長一名，管帶甲兵十名，每船分五甲共有
五十五名。每甲職司的戰鬥任務和兵器配置各有不同，如下：

第一甲，主要攻擊對象是遠距離的敵船，兵器以「佛郎機」式
炮（參見附圖三之九：明代「佛郎機式」炮圖，引自《紀效新

---

91　同前註。

附圖三之九：明代「佛郎機式」炮圖、附圖三之十：明代「火磚」圖，二圖皆引自《紀效新書》。

書》）為主。[92] 甲長專管佛郎機銃以攻擊遠方的敵船，敵若向我方接近時則指揮甲兵拋擲火磚（參見附圖三之十：明代「火

---

[92] 「佛郎機」式炮，一般通稱為佛郎機銃。據稱，該式火炮在武宗正德年間，便由佛郎機國傳入，佛郎機即今日的葡萄牙。它的特點是由一門母銃和五到九個子銃所構成，具有裝填方便、射速較快、命中率較高的優點。因此，被明政府大量地仿製，嘉靖時曾造過大、中、小型「佛郎機」式炮。其中，大者重達上千斤，用於船艦和城堡營壘；中者數百斤，用於隨軍作戰；小者二十斤以下，則用作步、騎兵的手持武器，見成東、鍾少異，《中國古代兵器圖集》（北京市：解放軍出版社，1990 年），頁 239。而佛朗機銃最奇特之處，便在於母子銃的配合，「所謂的母銃者，即銃之本身；所謂子銃者，即于母銃後部腹中，別置小銃，中實藥彈，點放後，借母銃之長以增射程。子銃體積小，重量輕，便於置換，克服了母銃因體大難轉給裝置藥彈帶來的困難」，見黃鳴奮，《廈門海防文化》（廈門市：鷺江出版社，1996 年），頁 117。本文福、海滄（冬）船所使用者，應為大型「佛郎機」式炮。

磚」圖，引自《紀效新書》）、烟罐等器，[93] 以攻敵寇。

第二甲，主要攻擊對象是中距離的敵船，兵器以鳥銃（參見附圖三之十一：明代「鳥銃式」圖，引自《籌海圖編》）為主。[94] 敵船若向我方接近，甲長則指揮甲兵施放鳥銃攻打之。

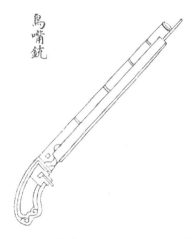

附圖三之十一：明代「鳥銃式」圖，引自《籌海圖編》。

---

93　火磚、烟罐等器，皆屬攻敵之火藥。若用火磚攻擲敵人時，戚繼光主張，必須讓火磚「火線燃之將入，方可擲下。不然，擲而滅。就不滅，賊可反手，正當發時，反為所害」。見同註53，頁248。

94　鳥銃一名鳥嘴銃或鳥鎗，據傳，製造鳥銃的技術，自西洋流入中國時間由來已久，然造者未盡其精妙處。直至嘉靖二十七年，都御史朱紈遣都指揮盧鏜破雙嶼賊巢時，擄獲西洋番酋善製鳥銃者，便命義士馬憲仿製其器，李槐則學製銃藥，遂得其技術之真傳，造作十分精絕。見胡宗憲，〈兵器·鳥銃圖說〉，《籌海圖編》，卷13，頁43。上文善製銃的「西洋番酋」，筆者疑以為，此係前來雙嶼販貿走私的佛朗機夷人。

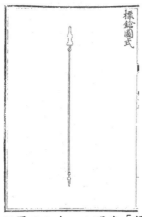

附圖三之十二：明代「標鎗圖式」圖、附圖三之十三：明代「火藥桶式」圖，二圖皆引自《籌海圖編》。

第三甲和第四甲，主要攻擊對象是近距離的敵船，兵器以標鎗（參見附圖三之十二：明代「標鎗圖式」圖，引自《籌海圖編》）等雜藝爲主。[95] 敵船若與我尙有一段距離時，甲長指示駕船繼續搖櫓航行；敵船若向我方逼近時，甲長則指揮甲兵動用標鎗、砍刀、打石，並施放火藥（參見附圖三之十三：明代「火

---

95　標鎗，用於短兵相接，攻擊近距離的敵人，大約敵尚距三十步左右時，便以標鎗飛擊之。其製作之要領，如下：「或用稠木、細竹皆可。但，前重而後輕，前稍粗而後稍細為得法」。見胡宗憲，〈兵器‧弩箭圖說〉、〈兵器‧標鎗圖說〉，《籌海圖編》，卷13，頁61、67。

藥桶式」圖,引自《籌海圖編》)等近身武器以攻打之。[96]

第五甲,主要攻擊對象亦是近距離的敵船,兵器以火箭(參見附圖三之十四:明代「火箭」圖,引自《武備志》)和弩弓(參見附圖三之十五:明代「弩箭式」圖,引自《籌海圖編》)為主,甲長指揮甲兵一部分張打弩弓放箭,[97]另部分則負責施放火箭。[98]敵船逼近我方、方便攻打時,則攻之。[99]

---

[96] 敵船逼近我方時,甲士如何有效運用上述的這些近身武器,與之對抗?戚繼光的主張如下:標鎗的部分,因人之臂力拋擲距離有限,「非兩船相逼,不可用」;且在拋擲時方向不可往下,「往下打,更難準」。打石的部分,「著人頭面方打,不可空往船上擲之」。火藥的部分,則應利用敵船貼近我船時,除一面乘機傾倒火藥桶(量不可太少)於其上之外,一面並將準備好用來引燃火藥的炭火(火必須夠旺),隨火藥一同擲下,以燃爆敵船。見同註53,頁248。

[97] 關於,弩弓和箭矢的擇選和使用,明中葉曾任南直隸松江府同知的羅拱辰,便主張「用弩,必須力重而機巧。其矢之長程、輕重、大小,要與弩、弦相比,乃能命中而及遠」,且弩箭的施放,應以約百步外的敵人為目標,距離不可過近或太遠。關於此,戚繼光亦有相同的主張,認為「弩弓不可遠,遠則無益,費矢竭力」。見胡宗憲,〈兵器·弩箭圖說〉,《籌海圖編》,卷13,頁61。

[98] 火箭,是在箭桿上裝有燃燒筒的箭,發射時為使彈道穩定,常使用傾斜的發射臺或發射筒來進行施放,最大射程可達八○○公尺,有效射程約五○○公尺。見(日)篠田耕一,《中國古兵器大全》(香港九龍:萬里機構,2000年),頁238。火箭如何有效運用在明代海戰中?關於此,視火箭為「水陸利器,其功不在鳥銃之下」的戚繼光,便主張施放火箭時,要對準敵船的棚架、帆布打去,且儘量打高處,因「高中則不可救,低則易救」。見胡宗憲,〈兵器·火箭圖說〉,《籌海圖編》,卷13,頁65。

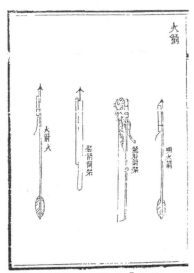 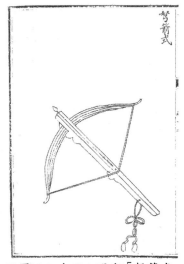

附圖三之十四：明代「火箭」圖，引自《武備志》。

附圖三之十五：明代「弩箭式」圖，引自《籌海圖編》。

二、海滄船——

　　每船用捕盜一名、駕船六名和甲士四十四名，合計共有五十一名。

　　駕船部分，有舵工二名，繚手一名，扳招一名，椗手二名。

　　甲士部分，每甲設甲長一名，管帶甲兵十名，每船四甲共有四十四名。每甲職司的戰鬥任務和兵器配置各有不同，如下：

　　第一甲，主要攻擊對象是遠、中距離的敵船，兵器以「佛郎機」式炮、鳥銃二武器為主，由甲長專管施放；敵船若向我方接近

---

時，則指揮甲兵拋擲火磚、烟罐等火藥以攻之。

第二甲和第三甲，主要攻擊對象是近距離的敵船，兵器以標鎗等雜藝爲主。敵船若與我方尚有一段距離時，甲長指示駕船繼續搖櫓航行；敵船若向我方逼近時，甲長則指揮甲兵用鎗、刀、石、藥等近身武器以攻打之。

第四甲，主要攻擊對象亦是近距離的敵船，兵器以火箭和弩弓爲主，甲長指揮甲兵一部分張打弩弓放箭，另部分則負責施放火箭發射火箭，敵船逼近我方時則攻打之。[100]

雖然，福、海滄二船如上述的，船上人員職掌、工作各有不同，但因同舟共命、彼此安危相繫，故另又規定，若遇敵寇已逼近我方船邊的緊急情況時，不管是捕、舵、小甲或兵夫，「一時遇巧，不拘何人用何器，但能奮勇當鋒，用火藥、火器成功，用刀、鎗戰殺有功，各爲首者，俱以破格奇功論」。[101]

其次是，器械配備方面。

福、海滄二船大小相異，不僅船上的航駛相關配備有所不同，且連配置的攻敵武器，亦有差異。例如船體較大的福船，負責攻擊遠、中距離敵船的人員和武器，在配置上便較海滄船來得多些。

一、福船——

船上武器、航駛的相關配備及其數量，詳列如下：

---

[100] 以上海滄船人數、職務的有關內容，請參見同前註，頁233。
[101] 同註53，頁230、234。

　　大發貢（參見附圖三之十六：明代「銅發貢」圖，引自《籌海圖編》）一門、[102] 大「佛郎機」式炮六座、碗口銃三個、噴筒（參見附圖三之十七：明代「飛天噴筒」圖，引自《紀效新書》）六十個、[103] 鳥銃十把、烟罐一○○個、弩箭五○○枝、藥弩十張、粗火藥四○○斤、鳥銃火藥一○○斤、弩藥一瓶、大小鉛彈三○斤、火箭三百枝、火磚一○○塊、火砲二○個、鉤鐮刀（參見附圖三之十八：明代「鉤鐮刀」圖，引自《武備志》）十把、砍刀十把、過船釘鎗二十根、標鎗一百枝、藤牌（參見附圖三之十九：明代「藤牌」圖，引自《紀效新書》）二十面、寧波弓五張、鐵箭三○○枝、灰罐一○○個、并號帶的大旗一面、大蓬一扇、小蓬一扇、大櫓二張、舵二門、船椗四門（參見附圖三之二十：明代「船椗」圖，引自《紀效新書》）、大索六根、每根長十八丈的小索四根、扳舵索一根、繚後手索二根、每根長二十丈的椗　四根、絞椗索四根、附竈蓋的鐵鍋四口、花碗八十個、鐵鍬四把、鐵鋸四把、鐵鑽四把、鐵鑿四把、鐵斧四把、薄刀二把、重五斤的銅鑼一面、大更鼓一面、小鼓

---

102　大發貢，火炮的一種，「貢」通「熕」，「熕」是閩南對炮的稱呼。見黃鳴奮，《廈門海防文化》，頁 118。

103　噴筒，係竹製管形火器，除可噴射鐵彈、砂石外，還可噴射毒火、毒煙以薰灼敵人。見成東、鍾少異，《中國古代兵器圖集》，頁 248。文中附圖的「飛天噴筒」，便是在海戰中被視為是兵船用來攻擊敵船、燒燃敵帆的第一利器。見同註 53，頁 261。

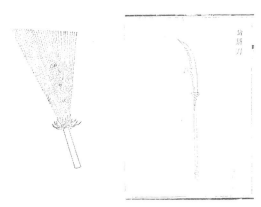

附圖三之十六：明代「銅發貢」圖，引自《籌海圖編》、附圖三之十七：明代「飛天噴筒」圖，引自《紀效新書》、附圖三之十八：明代「鈎鐮刀」圖，引自《武備志》（由左至右）。

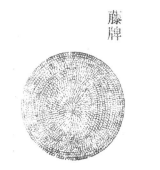

附圖三之十九：明代「藤牌」圖，引自《紀效新書》。附圖三之二十：明代「船椗」圖，引自《紀效新書》。附圖三之二一：明代「包藏在火磚中的鐵蒺藜」圖，引自《武備志》(由左至右)。

　　四面、大桅旗一頂、正方旗五頂、附挈梁的水桶四擔、燈籠十盞、木梆鐵鐸一副、備用大小松杉木十株、火繩六十根、繩十根、鐵蒺藜（參見附圖三之二一：明代「包藏在火磚中的鐵

蒺藜」圖，引自《武備志》）一○○○個。[104]

除此之外，指揮該船的「捕盜」，另再行自備釘四十斤、油五
十斤、麻六十斤、灰三擔。至於，船上其餘各兵則每人另又準
備自用的篾盔一頂、隨身釘鎗一根、腰刀（參見附圖三之二二：
明代「腰刀」圖，引自《武備志》）一把。[105]

附圖三之二二：明代「腰刀」圖，引自《武備志》。

---

104 蒺藜，是阻礙敵人行動的一種障礙物，分為直接使用天然菱的有刺果
　　實和人工製造的鐵蒺藜。鐵蒺藜，有四根或四根以上的銳利尖刺，它
　　最晚出現的時間應在東漢前後。見（日）篠田耕一，《中國古兵器大
　　全》，頁180。明代時，並將鐵蒺藜運用在海戰中，將它和其他的火藥
　　一起裹包在火磚中，藥線燃點拋入敵船，火磚爆裂後，飛散四射以擊
　　殺敵人。請參見茅元儀，〈軍資乘・火・火器圖說〉，《武備志》（北京
　　市：北京出版社，2000年），卷130，頁17。
105 以上福船器械配備的有關內容，請參見同註53，頁237。

二、海滄船──

　　船上武器、航駛的相關配備及其數量，詳列如下：

　　大「佛郎機」式炮四座、碗口銃三個、鳥嘴銃六把、噴筒五十個、烟罐八十個、火砲十個、火磚五十塊、火箭二〇〇枝、粗火藥二百斤、鳥銃火藥六十斤、藥弩六張、弩箭一〇〇枝、弩藥一瓶、大小鉛彈二〇〇斤、鉤鐮六把、砍刀六把、過船釘鎗十根、標鎗八枝、藤牌十二面、寧波弓二張、鐵箭二〇〇枝、灰罐五十個、幷號帶的大旗一面、大蓬一扇、小蓬一扇、大櫓二根、舵二門、碇三門、挽篙十根、大索四根、每根長十五丈的小索四根繚後手索二根、扳舵索一根、每根長二十丈的碇四根、絞碇索四根、附竈蓋鐵鍋二口、水桶二擔、花碗五十個、鐵鍬二把、鐵鋸二把、鐵鑽二把、鐵斧二把、薄刀一把、鐵鑿二把、更鼓一面、小鼓二面、重五斤的銅鑼一面、五方旗五頂、燈籠四盞、木梆鐵鐸一副、備用大小松杉木五株、火繩三十六根、繩五根、鐵蒺藜八〇〇個。

　　除此之外，指揮該船的「捕盜」，另再行自備釘三十斤、油四十斤、麻四十斤、灰二擔。至於，船上其餘各兵則每人另又準備自用的篾盔一頂、隨身釘鎗一根、腰刀一把。[106]

　　以上的內容，是戚繼光《紀效新書》書中對福、海滄二兵船的人數、職務和器械配備所做的相關記載，因浯寨福、冬（海滄）、

---

[106]　以上海滄船器械配備的有關內容，請參見同前註，頁238。

鳥、哨諸船配備的相關史料付之闕如，故，筆者以上述《紀》書相類似情況的記載，來作為浯寨兵船的福、海滄（即冬）二船的輔助說明，以補強讀者對此一部分內容的瞭解。

# 第四章

# 浯嶼水寨的遷徙經過

國朝洪武初，以郡治建泉州衛，……復於大擔、南太武山外建浯嶼水寨，扼大、小擔二嶼之險，絕海門、月港接流之奸，與福州烽火小埕、興化南日、漳州銅山聲勢聯絡，其為全閩計甚周。先年，烽火、南日二寨移入內澳，浯嶼寨復移廈門，縱賊登岸，而後禦之無及矣。……近，又移浯嶼水寨於石湖。說者謂，濱海四郡隔藩籬而懷酖毒，原非便計。迺石湖則於內地尤近，置鯨波若罔聞矣，儻一長慮乎。

——明・《萬曆重修泉州府志》

前此在介紹五水寨地點分佈，說明銅山水寨的遷移方向時，曾敘及日後烽火門、南日、浯嶼三寨的寨址做過搬遷一事。確實，烽、南、浯三寨在後來由近海的島上，遷入陸岸邊的灣澳，此一水寨內遷的事件，它直接牽動到明代福建海防的發展方向，影響的層面至為鉅大，而此一問題，正亦是本文浯嶼水寨論述探討的重點所在。或許，有人心中會有疑問，水寨內遷與否，真的影響福建海防如此地大？前已提及，浯寨遷徙次數最多且變化又大，在五寨中甚具代表性。利用此一具代表性的浯寨，透過對它遷徙全部過程的觀察，

從它的遷徙經過中，去認識明代的福建海防，究竟存在有哪些現象、特質或問題。然而，要探討浯寨由浯島遷入廈門經過之前，筆者有必要，先對明初為何會將水寨設在浯島的原因交待清楚，如此才能看清楚，作為浯寨寨址的浯島，和日後遷入的廈門、甚至於石湖，它們三地之間究竟有何不同處，以及它們背後所潛藏的一些問題。

## 第一節、浯寨設在浯嶼的原因

明政府會將福建泉州防區的水寨設在浯嶼島上，其原因在第一章浯寨概說中，便已提及，浯島位在同安縣西南的海中，該地亦是泉州府最西南的邊陲角落。尤其是，此一彈丸小島不僅地處偏僻，生活機能不佳，而且，它與漳、泉等地來往需靠船舶接運，來往交通並非便利。然而，明初時究竟是站在何種的角度或理由來做此一決定？筆者以為，作為海軍基地的水寨，它的目標在於有效能去遂行戰鬥任務，殲滅入侵的敵寇，以捍衛海疆安全。故，「戰略位置」當是決定水寨設置地點的主要考量因素。法國軍事家拿破崙（Napoleon Bonaparte）曾說：「戰爭，就是佔領位置」，[1] 亦即作戰之任務在於爭取位置，好的戰略據點，可以制敵機先；同樣地，防衛敵人的進犯亦是要找到好的地點，佔領好的位置，而浯島便是一

---

[1] 　請參見馬漢（A. T. Mahan）撰，楊鎮甲譯，〈史料評述〉，《海軍戰略論》（臺北市：軍事譯粹社，1979年），第二章，頁21。

個戰略的理想位置，因爲，浯島能同時兼控漳、泉二府，是明水軍制敵機先的優越地點，神宗萬曆元年（1573）刊刻《漳州府志》中，所載稱：「浯嶼水寨，舊設在大擔、太武山外，可以控制漳、泉二府」，[2] 即是一明證。

　　上述「浯島兼控漳、泉二府」的說法，吾人可再細分成兩方面來觀察。一是「控泉」的部分，浯島控有泉州的南境，是同安、廈門的海上出入門戶。關於此，懷蔭布的《泉州府誌》卷二十五〈海防・同安縣・浯嶼〉，曾載道：

> 浯嶼，在（同安）縣極南，孤懸大海中，左達金門，右臨岐尾，水道四通，爲漳州海澄、泉州同安二邑門戶，明洪武初置水寨於此。[3]

另外，清初時，顧祖禹的《讀史方輿紀要》卷九十九〈福建五・浯嶼寨〉中亦指出，浯島位處「浯洲嶼太武山下，實控泉州南境。外扼大、小擔二嶼之險，內絕海門、月港與賊接濟之奸」，[4] 文中的「浯洲嶼」即金門島。二是「控漳」的部分，浯島是漳州龍溪、海澄的

---

2　羅青霄，〈漳州府・兵防志・險扼・水寨〉，《漳州府志》（臺北市：臺灣學生書局，明萬曆元年刊刻本，1965 年），卷之 7，頁 13。

3　懷蔭布，〈海防・同安縣・浯嶼〉，《泉州府誌》（臺南市：登文印刷局，清同治補刊本，1964 年），卷 25，頁 22。

4　顧祖禹，〈福建五・浯嶼寨〉，《讀史方輿紀要》（臺北市：新興書局，1956 年），卷 99，頁 4105。文中的太武山，在金門島上，又稱「北太武」。海門、月港位在漳州海澄，地處九龍江下游河口處。

交通門戶。關於此,清初時陳元麟在〈海防記〉中,便指出:

> 浯嶼者,海中地也,控於漳,為澄門戶。浯嶼亦水寨,皆江
> 夏侯建,乃海澄、同安門戶,後遷于廈門,而故地遂為賊船
> 巢窟。(浯嶼)去海澄八十里,原築水寨及東、西二炮臺,
> 今廢。……
>
> 寇內犯於月港,必巢于外浯嶼,(我方)守在港口,防于大
> 泥,外扼于鎮海(衛),而以中左(所)之兵躡之。[5]

而上文中提及的地名「月港」為漳州海澄縣治的所在地,「港口」
和「大泥」皆在漳州海澄一帶,至於「鎮海」和「中左」,明時各
置鎮海衛和中左守禦千戶所於此,該二衛、所又因地緣和軍事佈
署,而和浯寨的互動關係密切。

由上可知,浯島不僅「實控泉州南境」並且「控於漳,為澄門
戶」,是一優越的戰略據點,亦因它可同時控有漳、泉二府,如此
偏僻、不便的海中小島才會被明政府相中,以作為水寨的設置地
點。另外,吾人若再對浯島的地點做更進一步的探究,水寨設置在
此,另外還有兩個重要的目的,一是阻斷倭盜來往的去路,因「舊
浯嶼之北,有擔嶼、烈嶼;南有卓岐、鎮海,皆海寇出入之路」,

---

5　引自沈定均,〈藝文六〉,《漳州府誌》(臺南市:登文印刷局,清光緒
　四年增刊本,1965年),卷46,頁14。依該文的內容看來,估計它完
　成的時間,大約在鄭成功據臺後不久之時。

[6]浯島是倭盜風帆南來北往的必經要道,水寨置此不僅使其生畏怯收斂之心,且方便兵船從中予以截擊。附帶須提的是,前引文中的「舊浯嶼」,便即是浯島,「舊浯嶼」地名常出現在明、清閩海的史料中,那為何浯島要稱做「舊」浯嶼?主要係因明初設水寨於浯嶼,「浯嶼」二字常是浯嶼水寨和浯嶼島的簡稱,如前段所引的陳元麟〈海防記〉。但是,浯嶼水寨後來遷去廈門,後又再遷晉江的石湖,此時也有以「浯嶼」二字來續稱已遷至去廈門或石湖的浯嶼水寨。至於,原本的浯嶼島,為使清楚區別,而改稱為「舊浯嶼」,此當是「舊浯嶼」的名稱由來。

　　除了阻斷倭盜來往的去路之外,水寨設置在浯島的另一個目的,是軍事佈置上的考量。關於此,清初杜臻的《粵閩巡視紀略》中,便曾載稱:

> 舊浯嶼,在擔嶼西南海中,北至中左、南至鎮海各半,潮水周圍五里,地屬海澄縣,居民二千餘家,稍折而內入為島尾、卓崎[疑誤,應「岐」字]、破灶洋,為盜賊出沒之區,海澄、中左門戶也。明初,設水寨公署於此。[7]

---

6　顧亭林,〈泉州府‧信地〉,《天下郡國利病書》(臺北市:臺灣商務印書館,1976 年),原編第 26 冊,頁 78。

7　杜臻,《粵閩巡視紀略》(臺北市:臺灣商務印書館,1983 年),卷 4,頁 43。文中島尾、卓岐、破灶洋等地名皆在漳州海澄一帶。島尾又名島美,在卓岐東南方不遠處,且與浯島僅一水之隔,明初置島尾巡檢司於此。

文中「北至中左、南至鎮海各半」，意指浯島與隔海的漳州鎮海衛，以及和泉州的廈門中左所各約有等半的距離，鎮海衛和中左所二衛、所皆是明在漳、泉沿岸的重要軍力，而設置水寨於這二者中間的浯島，更是有其深遠的意涵。鎮海衛和中左所互為軍事「犄角」，浯島位在其中間，不僅可充當此二衛、所的聯絡角色並得其武力的奧援，而且浯島除與二衛、所成鼎足之勢外，且因位置較二衛、所凸出於海中，又可視為是漳、泉海上軍事的前進據點。尤其是，該島又扼處九龍江的外緣出海口，是船隻來往的交通要道，故明政府置寨戍軍於此，正符合「控制該海（或水）面上有決定性影響之據點」的戰略考慮，[8]亦因水寨設在浯島，不僅使得漳、泉二府間的九龍江流域出海口地區，包括有漳州的龍溪、海澄，泉州的同安，以及金、廈二島等地，皆直接受到明軍力的庇護和捍衛，而浯寨同時亦成為明政府勢力伸入漳、泉二府以東的廣大海域，亦即今日臺灣海峽的前進據點。世宗嘉靖時，金門人洪受便贊許明初設水寨於此「良有深意」，指稱道：

> 夫衛、所、（巡檢）司、（水）寨之設，所以固邊防而安心腹也。其勢則相聯絡，其職則相統攝，其事機之重大，則有專責焉，故泉之沿邊，既有永寧衛、金門諸所矣！又於浯嶼之地，特設水寨，……以此重鎮，而必設於浯嶼者；蓋其地

---

[8] 請參見馬漢（A. T. Mahan）撰，楊鎮甲譯，〈基礎與原則：戰略要素〉，《海軍戰略論》，第 6 章，頁 81－83。

突起海中，為同安、漳州接壤要區，而隔嶼於大小嶝、大小
擔、烈嶼之間，最稱險要。賊之自外洋東南首來者，此可以
捍其入，自海倉、月港而中起者，此可以阻其出，稍有聲息，
指顧可知。江夏侯之相擇於此者，蓋有深意焉。[9]

　　綜合上述的內容，可知明初選取浯島當作水寨基地，是經過一
番考量的，雖然該島交通和生活等條件皆不佳，但從海防角度來
看，它突起海中、地處險要，扼控九龍江出海口，是漳、泉的海上
門戶，確實是一理想的戰略據點，此亦是明政府設立水寨於此的原
因所在。

# 第二節、遷入廈門後的浯寨

　　浯嶼水寨設在廈門的時間最長，一直要到神宗萬曆三十年
（1602）才再北遷至泉州府城的外緣，亦即泉州灣南岸的石湖。廈
門時期不僅時間最長，時間近達一百五十年之久，當中又經歷嘉靖
年間因倭禍熾烈導致的海防戰略理論的爭議、倭亂平後議遷復五水
寨回原址處、招募兵丁革新水寨制度……等事，可算是整個明代浯

---

9　　洪受，〈建置之紀第二〉，《滄海紀遺》（金門縣：金門縣文獻委員會，
　　1970 年），頁 7。文中的海倉，地近漳、泉二府交界處，與其西南方
　　海澄縣城的月港，隔著九龍江河口遙遙相望。洪受，字鳳鳴，金門西
　　洪人，嘉靖四十四年以歲貢歷國子監助教，後轉夔州通判，卒於官。
　　洪著《滄海紀遺》一書，實為金門有方志之始，請參見同前書，〈弁
　　言〉，頁 3。

寨發展過程中最具關鍵的時期。故，欲瞭解廈門時期的浯寨，必須
先瞭解它的時代背景。前章已述及，洪武帝為對付令其苦惱的倭
寇，雖以無比的氣魄在福建沿海大張旗鼓地建構海防工事，軍衛、
千戶所、巡檢司、烽堠和水寨，星羅棋佈，規模之大可稱是「前所
未有」，此不僅為福建海防奠定堅強的基石，並且達到有效扼止倭
寇入犯的目標，它的情況如葉向高在〈日本考〉一文中所說，「防
禦甚周，倭不得間小小入，與我軍相勝敗」。[10]

　　然而，上述的福建海防工作，便隨著政局昇平日久、海疆寧謐
無事而逐漸地鬆懈下來，經過建文（1399－1402）、永樂（1403－
1424）、洪熙（1425）、宣德（1426－1435）諸帝數十年的歲月後，
明政府「人心怠玩、軍備廢弛」等缺失現象已浮現出來，這種現象
在英宗正統（1436－1449）年間便尋常可見，如正統八年（1443）
七月，朝廷頒給福建布政司右參政周禮的敕令內容，便是一明證，
文中稱：

> 福建緣海備倭官，因循苟且，兵弛餉乏，賊至無措；況有刁
> 潑官軍朋構凶惡，偷盜倉糧，已命侍郎焦宏往理其事。尚慮
> 宏回之後，各官仍蹈前非，令爾前去嚴督巡捕，遇有倭寇設

---

10　葉向高，《蒼霞草全集》（揚州市：江蘇廣陵古籍刻印社，1994 年），
　　蒼霞草卷之 19，頁 7。葉向高，福州福清人，字進卿，萬曆十一年進
　　士，官至內閣大學士，位至首輔。崇禎初，贈太師，諡「文忠」。請
　　參見方寶川，〈葉向高及其著述〉，收入前書，〈序言〉，頁 2。

法擒剿。其有似前刁潑者，與按察司委官審實，軍發邊衛瞭望，官則奏聞區處。[11]

又如正統十年（1445），巡按直隸監察御史李奎亦指出「沿海諸衛、所官旗，多剋減軍糧入己，以致軍士艱難，或相聚為盜，或興販私鹽」。[12]由上可知，此時福建沿海衛、所問題叢生，軍備廢弛嚴重，官軍不僅苟且因循，並私通外人偷盜貯糧，甚至，更有不肖者將軍糧私飽中囊，導致兵丁生活困頓，鋌而走險，當起了盜匪。軍政的失修，武備的廢弛，為明初辛苦擘創的福建海防體制蒙上了一層陰影，而浯寨便是在這樣的環境背景之下，由九龍江外緣河海交會處的浯島被內遷到九龍江河口的廈門島。至於它的經過情形，請詳見下節的說明。

## 一、遷入廈門的時間

廈門島又稱「鷺島」、「鷺嶼」或「鷺門」，[13]位在九龍江河口，亦即浯島的北方、金門西北方，該島面積不僅遠大於浯島，且

---

11　李國祥、楊昶主編，〈海禁海防〉，《明實錄類纂（福建臺灣卷）》（武漢市：武漢出版社，1993年），頁467。

12　李國祥、楊昶主編，〈經濟〉，《明實錄類纂（福建臺灣卷）》，頁289。

13　據傳，廈門島曾是白鷺的棲息地，是文中三個名稱的由來；而，廈門和它西邊小島鼓浪嶼之間的海峽，亦稱為「鷺江」。廈門島，目前面積為一二八平方公里。見黃鳴奮，《廈門海防文化》（廈門市：鷺江出版社，1996年），頁14-15。

因位置貼近海岸線，和內地僅一水之隔，交通往來方便。周凱的《廈門志》卷二〈分域略·城寨〉便稱：「浯嶼（水）寨，在廈門南，周德興設，與嘉禾里隔海七十里」，[14] 文中的「嘉禾里」即廈門，它和浯寨所在地的浯島相隔有七十里之遙。嘉禾里，係源自北宋時的古名，廈門有時亦稱「嘉禾嶼」。[15]

關於，浯寨何時遷入廈門？它的確切時間，亦和該寨創建於浯島的時間一樣地眾說紛紜，根據相關史料加以歸納，浯寨遷往廈門的時間有四種不同年代的說法，其詳細情形如下：

第一、英宗正統（1436－1449）初年，由侍郎焦宏主其事。主張此一說法，如嘉靖時任巡海道的卜大同。[16]

---

[14]　周凱，〈分域略·城寨〉，《廈門志》（南投縣：臺灣省文獻委員會，1993年），卷2，頁46。

[15]　據《鷺江志》載稱，北宋太宗太平興國年間，廈門「產嘉禾，一莖數穗，故名」。引自同前註。

[16]　卜大同以為，「永樂間，復設烽火、南日、浯嶼三水寨。正統初年，侍郎焦宏以其孤懸海中，迺徙烽火于松山、南日于吉了、浯嶼于嘉禾，各仍其舊稱」。見卜大同，《備倭記》（濟南市：齊魯書社，1995年），卷上，頁2。

　　第二、代宗景泰（1450－1456）年間，洪受在《滄海紀遺》一書中便主張此說。[17] 除此，另有周凱的《廈門志》，[18] 更是指明為景泰三年（1452）並由巡撫焦宏主事之。

　　第三、憲宗成化（1465－1487）年間，主張此說，如羅青霄的《漳州府志》，[19] 以及顧祖禹的《讀史方輿紀要》。[20]

　　第四、世宗嘉靖（1522－1566）年間，主張此說的有懷蔭布的《泉州府誌》和陳壽祺的《福建通志》。[21] 其中，《泉州府誌》文中並提及，鎮守福建的薛希璉在景泰三年（1452）時以浯島「地處孤

---

17　洪受，〈建置之紀第二〉，《滄海紀遺》，頁 7。

18　周凱《廈門志》卷二〈分域略・沿革〉，指出：「明江廈［誤字，應「夏」］侯周德興城廈門為中左所，「廈門」二字始見……。景泰間，徙浯嶼水寨於廈門，仍其寨名，間稱浯嶼寨」，見該書，卷 2，頁 16。另外，同書卷三〈兵制考・歷代建制〉亦載稱：「浯嶼寨，……景泰三年，巡撫焦宏以孤懸海中，移廈門中左所」，見該書，卷 3，頁 80。

19　《漳州府志》載稱：「浯嶼水寨，舊設在大擔、太武山外，可以控制漳、泉二府。成化年間，有倡為孤島無援之說，移入內港廈門地方，……」。見同註 2。

20　《讀史方輿紀要》曾載道：「浯嶼寨。在（同安）縣東南，水砦也。……寨置於浯洲嶼太武山下，實控泉州南境。外扼大、小擔二嶼之險，內絕海門、月港與賊接濟之奸。成化中，或倡孤島無援之說。移入廈門內港，仍曰浯嶼寨」。見同註 4。

21　其文稱：「浯嶼，界於同安。康熙初年，設浯嶼營。後裁。今，屬水師提標中營分防。浯嶼，外控大、小擔之險，內可以絕海門、月港之奸。明嘉靖初，遷入廈門，前人以為自失其險」。見陳壽祺，《福建通志》（臺北市：華文書局，清同治十年重刊本，1968 年），卷 86，頁 22。

遠」，曾有上奏朝廷欲移之入內地的舉動。[22]

上述四個不同年代的說法中，可以確定的是，第四種「嘉靖初年」的說法是不可能成立的。因，黃仲昭的《八閩通志》卷之四十一〈公署‧武職公署〉載稱：「浯嶼水寨，在府城西南同安縣嘉禾（嶼）。舊設于浯嶼，後遷今所，名中左所」，[23]因該書完成於孝宗弘治二年（1489），而上文中又提及「後遷今所」，指浯寨當時已遷入廈門中左所，此同時證明兩件事，一是浯寨遷入廈門應不晚於弘治二年（1489），二是上述嘉靖初年的說法大有問題，根本不成立。其次，有問題的是第二種「景泰年間」說法中的第二條，該條中指稱在「景泰三年時由巡撫焦宏主其事」，此人名的本身便有問題，景泰三年（1452）時應為以刑部右侍郎入福建擔任「鎮守」一職的薛希璉，[24]並非是焦宏。焦宏則是在正統六年（1441）時，以戶部右侍郎鎮守福建兼領浙江蘇、松境，[25]焦本人擔任福建「鎮守」

---

22 《泉州府誌》載稱：「浯嶼，……明洪武初置水寨於此。景泰三年，尚書薛希璉經略海上，以其地孤遠，奏移之。嘉靖閒，移入廈門，而寨名仍舊」。見懷蔭布，〈海防‧防守要衝‧浯嶼〉，《泉州府誌》，卷25，頁22。

23 黃仲昭，〈公署‧武職公署〉，《八閩通志》（福州市：福建人民出版社，1989年），卷之41，頁872。

24 薛希璉在正統十四年四月，由刑部右侍郎鎮守福建，至景泰三年十二月才遷任山東巡撫。見李國祥、楊昶主編，〈政治〉，《明實錄類纂（福建臺灣卷）》，頁69；並請參見吳廷燮，〈福建〉，《明都撫年表》（北京市：中華書局，1982年），卷4，頁500。

25 陳壽祺，〈宦績‧明‧鎮守〉，《福建通志》，卷129，頁2。

的時間較薛希璉早了幾年。

因為，連嘉靖年間胡宗憲的《籌海圖編》都慨指，浯寨「不知何年建議遷入廈門地方」，吾人今日要完全正確去斷定浯寨遷入廈門的時間誠屬十分地不易，目前僅能得到的結論是，浯寨遷往廈門的時間絕對不晚於弘治二年（1489），上述的「正統、景泰和成化年間」等三種說法都有可能成立，但真正的事實卻只有一個而已，此有待日後發掘更多相關史料，才能證明何者是正確的，筆者不能在此臆測。

其次是，浯嶼水寨遷入廈門是來自於朝廷中央的命令，抑或福建地方當局的決定？依史料看來，當係出自福建地方當局的私意。除前段《泉》書載稱，景泰三年（1452）薛希璉曾奏請朝廷搬遷孤遠的浯寨入內地可為證明之外，嘉靖時洪受在〈議水寨不宜移入廈門〉中，亦曾指出：「浯嶼……其移於廈門也，則在腹裡之地矣。所移之時，莫得詳考，或云在景泰中，然非由於上請也。故今之文移，恆稱浯嶼，不曰廈門云」。[26] 不僅浯寨如此，烽火門、南日二水寨亦有類似的情況，其中，烽火門寨由烽火島上內遷至陸地岸邊的松山，[27] 南日寨則由南日島遷入對面岸上的吉了澳。[28] 烽火門寨

---

[26] 洪受，〈建置之紀第二‧議水寨不宜移入廈門〉，《滄海紀遺》，頁7。

[27] 松山，地「在（福寧）州東南，瀕海」。見黃仲昭，〈地理‧福寧州〉，《八閩通志》，卷之12，頁225。

的內遷，便係焦宏在正統九年（1444）時所提的建議，理由是「該
地風濤洶湧、兵船不便棲舶」。[29] 至於，興化地區的南日寨，內遷
時間主要有景泰或成化年間兩種不同的說法，[30] 顧亭林的《天下郡
國利病書》一書，曾對南日寨的內遷，做過描述：

> 國初，立水寨三，烽火門屬福寧州，南日山屬興化府，浯嶼
> 屬泉州府。……增置小埕屬福州府，銅山屬漳州府，共五寨。
> 後，以各寨在漲海中無援，奏移內港。本（興化）府南日一
> 寨移入新安里吉了澳，官府文移仍以南日水寨稱。[31]

由上可知，浯、烽、南三寨的內遷是福建當局主動的要求，並非是
來自於朝廷中央的指示或授意的。因此，水寨內遷後，官府往來的
公文中，遂仍然維持原本的稱呼。

---

28  吉了，地處陸岸濱海，「其地宋曰擊蓼，距（興化）郡城八十里，前
    控南網，右引小嶼，左帶湄洲。居民業海，貨貨輻湊，市廛聯絡」。
    見何喬遠，〈扞圉志〉，《閩書》（福州市：福建人民出版社，1994 年），
    卷之 40，頁 994。附帶一提的是，吉了，今名「石城」，地屬莆田縣，
    而「石城」之地名，即源自南日寨遷于此建城而來。見傅祖德主編，
    《中華人民共和國地名辭典：福建省》（北京市：商務印書館，1995 年），
    頁 93。

29  胡宗憲，〈福建事宜‧烽火門水寨〉，《籌海圖編》（臺北市：臺灣商務
    印書館，1983 年），卷 4，頁 24。

30  其中，主張景泰年間，例如胡宗憲，〈福建事宜‧南日水寨〉，《籌海
    圖編》，卷 4，頁 23。而主張成化時的，如何喬遠，〈扞圉志〉，《閩書》，
    卷之 40，頁 988。

31  顧亭林，〈興化府‧水兵〉，《天下郡國利病書》，原編第 26 冊，頁 55。

　　上述值得留意的是，福建當局逕自將浯嶼等寨遷入內港，它不僅破壞了明初海防體制構思的原始本意，甚至，筆者還大膽地懷疑，「水寨內遷」一事可能在一開始時，在尚未得到明政府中央「完全」贊同之前，三寨已被福建當局「私下」地「先行」移入了內港，中央朝廷囿於現實不得不「默許」已存在的事實，亦因此，遂有上述洪受所言的，廈門浯寨「然非由於上請也，故今之文移，恆稱浯嶼，不曰廈門」之結果。進一步地說，亦因福建軍備廢弛嚴重，沿海衛、所問題叢生的環境背景下，顧頇的福建當局順應沿海衛、所戍寨的官兵「憚於渡海」的請求，便以浯、烽、南三寨「地處孤遠、諸多不便」爲理由，要求中央同意其搬移三寨入內港。亦因此一「水寨內遷」事件，是屬地方私下主動內撤水寨的，故今日難見有關記載於正式官府文件公告中，或許，此這亦是造成浯寨遷入廈門的時間，日後眾說紛紜的可能原因之一。

　　至於，浯寨遷建廈門之後，它的寨體設施究竟又是如何。因爲，相關史料有限，據筆者的推估，它的情況可能和先前在浯島時的差別不大，係應設在廈門島上的灣澳水邊，以方便船艦的泊靠，寨城的外圍當築有城牆和砲臺。至於，它的地點，目前僅知位在中左千戶所城的城外處。[32] 據傳，中左所城的形狀是方形城，而浯嶼寨城

---

[32] 熹宗天啟三年，蔡獻臣在〈答南二撫泰院〉書信中，曾提及道：「浯嶼一片地，……先朝設把總於此，官因名焉，嗣且縮於中左之城外」。見蔡獻臣，〈答南二撫泰院〉，《清白堂稿》（金門縣：金門縣政府，1999年），卷10，頁851。

則是長形城。[33] 另外，浯寨把總辦公處所的水寨行署，則設在西門外的大教場一帶。[34]

## 二、設在廈門的原因

　　浯嶼水寨爲何會遷離了浯嶼島？前段中曾提及，浯嶼、烽火門和南日三水寨的命運極相似，皆以「孤遠不便」等類似的理由，被福建地方當局由近海島上搬遷到的近岸島嶼或內灣岸邊。有關浯寨爲何被遷入廈門的史料記載並不算少，它的詳細情形如下。首先，明晚期時，晉江人何喬遠在《閩書》卷之四十〈扞圉志〉中，便曾指出：

> 浯嶼寨，……水寨也，在同安極南，孤懸大海中，左連金門，右臨岐尾，水道四通，為漳州、海澄、同安門戶。國初建寨焉。久之，以其孤遠，移入廈門，而寨名仍舊。廈門者，中左千戶所嘉禾嶼地也。[35]

何氏認爲，「地處孤遠」是造成浯寨遷離浯島的主因。關於此，清人周凱在《廈門志》亦指稱，浯寨係因「孤懸海中」才移入廈門中

---

[33]　請參見李熙泰，《廈門景觀》（廈門市：鷺江出版社，廈門文化叢書第一輯，1996年），頁77、79。

[34]　周凱，《廈門志》載稱：「浯嶼水寨行署，舊在西門外大教場，後移石湖。今廢。」見同註14，頁51。

[35]　何喬遠，〈扞圉志〉，《閩書》，卷之40，頁989。

左所。[36] 另外，本文前小節中所引的顧亭林《天》書中的說法，亦認爲「在漲海中無援」是浯寨和其他的水寨被遷走的原因所在。另外，金門人蔡獻臣（參見附圖四之一：蔡獻臣的故里，今金門瓊林一帶景觀，筆者攝）撰修於萬曆四十年（1612）的《同安志》〈防圍志·浯嶼水寨〉，亦提及道：

> 浯嶼水寨，原設於舊浯嶼山外，不知何年建議，與烽火、南日一例，改更徙在廈門。說者謂，浯嶼孤懸海中，既少村落，又無生理，賊攻內地，哨援不及，不如退守廈門爲得計。[37]

蔡獻臣的說明更詳細清楚，直指浯寨被遷出浯島的原因，就是有人認爲它孤懸在海中，島上「既少村落，又無生理」，生活條件不佳，而且，距離內地頗遠，萬一盜賊進犯，官軍有哨援不及之缺點。例如嘉靖晚期時的將領，福建都指揮僉事的戴沖霄便贊同上面的說法，認爲：「福建五澳水寨……，俱在海外。今遷三寨于海邊，曰崏[誤字，應「浯」]嶼、烽火門、南日是已，其舊寨一一可考，孤懸海中，既鮮村落又無生理，一時倭寇攻劫，內地不知，哨援不及，兵船之設無益也。故後人建議，移入內地，移之誠是也」。[38]

---

36　周凱，《廈門志》，卷 3，頁 80。

37　收錄在蔡獻臣，〈同安志·防圍志·浯嶼水寨〉，《清白堂稿》，卷 8，頁 639。蔡獻臣，泉州同安金門人，字體國，萬曆十七年進士，授刑部主事，官至南京太常卿，後爲宦官魏忠賢所劾，削籍歸。

38　章潢，《圖書編》（臺北市：臺灣商務印書館，1974 年），卷 57，頁 19。

附圖四之一：蔡獻臣的故里，今金門瓊林一帶景觀，筆者攝。

　　其實，綜合上述各家的說法，不管是「地處孤遠」、「孤懸大海中」或是「在漲海中無援」，它們之間的道理是相通的，因為浯島是海中的孤島，島上值戍的寨兵才會感受到「在漲海中無援」的恐懼，蔡獻臣更是直言該島偏僻生活機能不佳，且內地哨援不便、寨軍缺乏安全的保障，是說者主張「不如退守廈門為得計」的主要理由所在。但是，吾人若深思之，浯島交通和生活等條件不佳的情況，相信早在洪武年間周德興擘創福建海防時便已存在，且浯寨要設置在該島之前，相信明政府都已經過了一番評估，可行度夠才會付諸實施。而前文曾提及，浯島被相中為水寨兵船基地，主要是從福建海防角度來衡量的，因該島突起海中、地處險要，是漳、泉的海上門戶，既可扼控九龍江出海口，又可阻斷海寇來往去路，確是

一理想的戰略據點。

　　但不幸的是，因明政府軍政的失修、兵備廢弛，人心怠玩的環境背景之下，以致於浯島上述若干已存在的自然缺點，被拿來當做內遷水寨入廈門的理由。關於此，嘉靖時，視師江浙的通政使司右通政唐順之，便認為此一事件，純係「將士憚於過海」的藉口，唐如此地說道：

> 國初，防海規畫，至為精密。百年以來，海烽久熄，人情怠玩，因而惰廢。國初，海島便近去處，皆設水寨，以據險伺敵。後來，將士憚於過海，水寨之名雖在，而皆自海島移置海岸。[39]

筆者以為，上述福建當局甚或戍寨衛、所官兵要求浯寨內遷的種種理由，它或許可以視為是一種時代背景的反映，反映出不同時代的想法和價值觀，他們的心態和想法已經改變，截然不同於明初洪武時周德興、湯和的海防觀念和做法。說得明白些，便是當初用來主導架構福建海防設施背後的那一套觀念和理論，例如第二章所提的「箭在弦上」、「海中腹裡」、「島民進內陸、寨軍出近海」……等，已隨著時間的久遠而被拋諸腦後，「明初，為何要設浯寨在浯島上」的理由，隨時間久遠而遭後人淡忘，「祖宗據險伺敵」的一

---

[39] 唐順之，〈題為條陳海防經略事疏〉，《奉使集》（臺南縣：莊嚴文化事業有限公司，1997 年），卷 2，頁 45。

片苦心用意，已少有人去理會或深思它了，對於福建當局甚或戍寨官兵而言，擁有良好扼敵的海防據點已經不再是問題的重點，他們關心和重視的是浯島官兵的生活條件不佳，且地處僻遠、漲海無援缺乏保障，倒不如將浯寨遷入近岸的廈門島來得好一些。

## 三、浯寨是否回遷浯嶼的爭議

遷入廈門的浯寨，是否要再遷回到浯島，此一問題，在嘉靖四十年（1561）前後曾引起一番的討論。原因是，嘉靖中期以後倭禍慘烈，自浯寨內遷廈門之後，原先設有寨城的浯島，便成爲倭盜盤據的巢穴，而造成此一結果的原因，和浯島地理位置的特殊性有直接的關聯。一者，因該島位處九龍江河海交會口處一帶，不僅港澳優良，可供泊船、汲飲和躲匿風颶外，同時該島亦在浙、閩、粵三省海上交通往來的要道上，更是進入漳、泉二府地區的前進跳板；二者，浯島又恰好在泉州和漳州兩府轄境交界的海上，是屬「三不管地帶」，再加上該島草木茂密，容易藏棲和不法勾當的進行，這種難得的地理「優越」位置，當然會吸引倭盜來此發展。[40] 因爲，倭盜巢居浯島爲根據地，四處流竄劫掠、荼毒沿海一事，早已引起參與勦倭事務官員的留意，例如前面提及的通政唐順之，便主張將

---

40　有關浯島地理位置特殊性的探討，請詳見拙作，〈明嘉靖年間閩海賊巢浯嶼島〉，收錄在《興大人文學報》，第 32 期（2002 年 6 月），頁785-814。

廈門浯寨重新再遷回到浯島，他所持的理由是「國初水寨故處，向使我常據之，賊安得而巢之」？[41] 同時，他亦建議除浯寨以外，其餘內遷的水寨「今宜查出，國初水寨所在，一一脩復」。[42] 其實，不僅浯寨，內遷的烽火門、南日二寨亦發生如類似的問題，其中，烽火寨遷入松山後，讓原本倚為犄角之勢的附近港澳、海防據點頓失所依，導致「沙埕、羅江、古鎮、羅浮九澳等險，孤懸無援，勢不能復舊」的不良後果。[43] 南日寨，則因寨址內撤回陸岸邊，「舊南日棄而不守，遂使番舶北向泊以潮，是又失一險」，[44] 而且，南日山居民亦因缺乏原先水寨兵、船的保護，恐遭入犯盜寇的劫掠，遂「相率西徙而（南日）山空」。[45]

　　上述的修復水寨故地一事，不僅，唐順之有如此地見解，曾肩負勦倭重任的福建巡撫譚綸、總兵戚繼光亦有相同的主張。譚、戚二人會「請復浯寨於舊地」，主要係因「嘉靖戊午，倭泊浯嶼，入掠興、泉、漳、潮，據之一年，乃去」一事而起，[46] 文中的「嘉靖

---

41　同註 39。

42　同前註。前曾提及，此時已內遷的水寨，除浯嶼外，尚有烽火門和南日二水寨。

43　同註 29。

44　胡宗憲，〈福建事宜·南日水寨〉，《籌海圖編》，卷 4，頁 23。文中「舊南日」，係指南日寨舊址的南日山。另「番舶」，主要是指世宗嘉靖年間東來浙、閩、粵沿海販貿通商的葡萄牙人商船。

45　同註 35，頁 988。

46　同前註，頁 989。

戊午」即嘉靖三十七年（1558），該年五月海賊洪澤珍和倭寇巢據在浯島，後自焚其巢穴，並進攻泉州的同安，不克；十月，倭寇再南攻漳州的銅山、漳浦、詔安等地，又為明官軍所敗；同年冬天，時洪澤珍與另一海賊謝策復再誘使倭寇二、三千人回船泊靠浯島，再盤踞為巢。次年（1559）春天，洪澤珍與倭寇又從浯島出發，西犯漳州，散劫月港等處，後復還浯島巢穴；三月，又再北擾福寧州，攻陷福安，四月為明將黎鵬舉所破，洪遂敗遁出海，餘黨遁屯海壇島，後再進犯漳州。五月，洪部分餘黨南向奔竄，遁入閩、粵交界的南澳島，巢居之；此時，另一股倭寇又因浙江官軍剿討，舟山賊巢傾破，遂南奔福建，也竄入浯島，並焚掠居民。以上便是三十七（1558）、八（1559）年間倭盜盤據浯島、四處流竄劫掠的大致經過。除了上述事件外，四十一年（1562）廣東海賊吳平據浯島為巢、與倭寇互通訊息一事，[47] 雖然賊、倭被俞大猷、劉顯擊敗，遁離了浯島，但此事多少亦加強譚、戚二人主張將浯寨遷回浯島的見解。

除上述唐、譚、戚諸人主張搬遷浯嶼水寨回浯嶼島外，此時，亦有不同建議的聲音，例如督師勦倭的兵部尚書胡宗憲及其幕府鄭若曾，便認為浯寨應該繼續地留在廈門，他們雖同意浯島係屬要地之區，若「棄而不守，遂使番舶南來，據為巢穴，是自失一險」，

---

[47] 該事件的大致經過，如下：「（嘉靖）四十一年，倭復大入，多陷衛所郡縣，廣寇吳平復來浯嶼，據舊巢以應賊；是時，賊氛大熾，上命總兵俞大猷、劉顯督兵討賊，二將至則親搗浯嶼巢，賊始遁去。巡撫譚綸、總兵戚繼光，請復水寨於舊地」。見同註7。

[48] 但卻又有以下不同的看法：

> 今欲復舊制，則孤懸海中既鮮村落，又無生理，一時倭寇攻
> 劫內地哨援不及兵船之設，何益哉。故，與其議復舊規，孰
> 若慎密夏[誤字，應「廈」]門之守，於以控泉郡之南境，自
> 岱墜以南接於漳州，[49] 哨援聯絡，豈非計之得者哉？[50]

胡、鄭二人提出前一小節曾提過的「浯島生活條件不佳、位處孤遠
官軍哨援不及」的相類似理由，來反對浯寨重建於浯島，他們主張
對廈門浯寨海防轄區範圍，亦即北起泉州灣中岱嶼、南抵漳州井尾
澳的汛地哨巡防務予以加強，來彌補水寨內遷所造成的缺憾和不
足。

　　除胡、鄭二人之外，金門人洪受亦是反對浯寨遷回浯島，但他
卻不贊同胡、鄭所主張的浯寨續留廈門。洪以為，浯寨遷回浯島或

---

48　胡宗憲，《籌海圖編》，卷4，頁23。

49　前已提及，嘉靖四十二年以前，亦即福建巡撫譚綸、總兵戚繼光新定
　　浯寨汛地範圍之前，岱嶼為浯寨汛防的北端，浯寨並在此和南來的南
　　日寨兵船會哨。文中的「岱墜」，前面註中曾已提及，一作岱隊，又
　　稱岱隊門，即岱嶼。

50　同註48。前章曾提及，鄭若曾為胡宗憲幕府，經考證，《籌海圖編》
　　一書作者雖為鄭，但《籌》書所載僅至嘉靖四十年，而胡亦在嘉靖四
　　十一年為明政府逮捕，四十四年卒於獄中。筆者以為，鄭既為胡的屬
　　下，佐其勦平倭亂，鄭在《籌》書中的見解，多少亦反映出胡個人的
　　海防主張，基本上，鄭、胡二人基本上應該是無矛盾衝突的。故，筆
　　者引《籌》書指稱上文的內容，係鄭、胡二人的主張，原因在此。

續留廈門，都有其困難處或缺點，不如將浯寨遷往亦是該寨備倭要地之一的料羅。他所持的理由，大約有以下的三點：

第一、浯島地位十分地重要，爲泉、漳接壤之險要地，江夏侯周德興置水寨於此有其深刻之用意，但重新遷回可能有其困難處，因「欲復設浯嶼，或又執孤危掩襲之說以惑上聽者」，[51]亦即反對者又會拿「浯嶼孤懸海中，倭寇攻劫，內地不知，哨援不及」之類理由加以攔阻，來疑惑上層的決策領導者。

第二、浯寨內遷廈門是錯誤的決定，因避入腹裡內港，會導致聲息不通，「寇賊猖獗於外洋，而內不及知，及知而哨捕之，賊乃盈載而遠去」，並造成官兵苟安廢弛、欺上包庇，甚至「官軍假哨捕以行劫」等嚴重的後果，[52]所以，浯寨不應續留在廈門。

第三、浯寨遷回浯島或續留廈門，都有其困難處或缺點，若改遷位在金門南邊浯寨轄境中備倭要地的料羅是一折衷辦法。洪受認爲，若浯寨續留廈門，「水寨不復設於浯嶼（島），而亂根終至蔓延也。然欲復設浯嶼（島），或又執孤危掩襲之說以惑上聽者。愚[洪自謙語]竊謂不若移料羅之爲便也」；[53]而浯寨改遷至料羅，他所持的理由有三：

(一)、料羅、浯島均爲賊之巢穴，而地勢不甚相遠，據此可以

---

51　同註 26。
52　同前註，頁 8。
53　同註 26，頁 8。

制彼也。[54]

(二)、料羅自昔爲海防要地，早在南宋時泉州知州事真德秀便
　　　曾置兵船於此，至嘉靖二十六年（1547）時，都御史朱
　　　紈「見料羅爲賊巢穴，所司之官，皆無可賴，而水寨偏
　　　安於廈門，不足以支外變，浯嶼（寨）難以遽復，乃於
　　　料羅特設戰艦二十餘艘，委指揮千百戶重兵以守之」，
　　　[55] 此一權宜制變之策，但因效果有限，遂有三十九年
　　　（1560）金門官澳被倭攻陷之慘劇，[56] 洪受認爲，「使料
　　　羅有水寨，賊其敢爾乎」？[57]

(三)、雖然，有反對者會利用「浯寨重遷，費用浩繁」的說詞
　　　來攔阻上層的決策者，但洪受認爲，浯寨遷往料羅「費
　　　用雖繁，亦不過向者官軍防備一年之費足也」，況且浯

---

[54] 同前註。

[55] 洪受，〈災變之紀第八〉，《滄海紀遺》，頁 57。相關之記載，亦見於陳
夢雷，〈職方典・福建省・泉州府部・紀事〉，《古今圖書集成：方輿
彙編》（臺北市：鼎文書局，1976 年），1052 卷，142 冊，頁 57。

[56] 嘉靖三十九年，倭寇入犯金門島，料羅、林兜、西洪、平林（即今瓊
林）、官澳、後浦（即今金城）……諸地相繼被劫掠，其中又以官澳
的情況最為慘重。因，逃難至官澳巡檢司城內躲藏的民眾約有萬餘
人，倭於四月九日夜攻襲該司城，「火光燄天，人無所蔽，屠戮之慘，
自夜達旦，但聞刀斧挺擊之聲。……城中屍積，城外屍橫，不堪容足。
婦女浮於海者，以腳纏而三五相繫連，亦以明其不辱之志矣」。請詳
見洪受，〈詞翰之紀第九・撫院訴詞〉，《滄海紀遺》，頁 74。

[57] 同註 26，頁 8。

島上林木可載運來充作新造料羅寨城的建物材料,「萬
全之策,無過於是」。[58]

洪受站在海防的角度上,對浯寨原址的浯島,以及現址的廈門二地
位置的優缺點和現實的阻力做一剖析,同時亦為自己的鄉里請命,
慷慨陳述料羅在海防上的重要性,希望福建當局能考慮浯島和廈門
以外的「第三條路」,藉由浯寨改設在料羅,以解決該寨設在浯、
廈二島時所引發的一些問題。

由上可知,對於浯寨寨址是否要遷移一事,從唐、譚、戚贊成
「遷回浯島」,到胡、鄭「續留廈門」,再到洪受「改遷料羅」,
見解主張各有不同,說法莫衷一是。然而,遷入廈門的浯寨它的結
果是如何,到底是「遷回浯島」、「續留廈門」或「改遷料羅」?
根據神宗萬曆元年(1573)刊刻的《漳州府志》載稱:

> 浯嶼水寨,舊設在大擔太武山外,……有倡為孤島無援之
> 說,移入內港廈門地方,……近,該軍門、總兵衛門議欲復
> 舊浯嶼,而以銅山寨兵船二哨與本寨會哨,尚未舉行。[59]

即使是上述的福建巡撫譚綸、總兵戚繼光曾討論要將浯寨遷回浯
島,但一直到萬曆元年(1573)福建當局都依然未將此事付諸實現,
浯寨依舊設在廈門,而此時距離嘉靖四十年(1561)各家議論「浯

---

58　同前註。
59　同註 2。文中的「軍門、總兵衛門議欲復舊浯嶼」一事,便是指福建
　　巡撫譚綸、總兵戚繼光曾討論將浯寨搬回浯島一事。

寨是否遷移」一事，時間已過了有十餘年之久，所以，可確定的是，
喧嚷一時的「議遷浯寨」最後還是以「胎死腹中」來收場的，浯寨
依舊還是設在廈門。至於，浯寨決定續留在廈門一事，史料上相關
的記載亦不少。例如何喬遠的《閩書》卷之四十〈扞圉志〉中，便
指稱：

> 浯嶼寨，欽依把總一員。水寨也，……國初建寨焉。久之，
> 以其孤遠，移入廈門，而寨名仍舊。廈門者，中左千戶所嘉
> 禾嶼地也。巡撫譚綸、總兵戚繼光請復寨舊地。尋，復以孤
> 遠罷。[60]

其它的史料，亦多以「議復寨舊地，更以孤遠罷」、[61]「後屢議復
而未行」、[62]「間有復舊之議，旋行旋罷」，[63] 或「後請復寨舊地，
尋復以孤遠罷」[64]……等語來說明此事之結果。而上述這些史料的說
法中，又以《閩書》中「譚、戚請復寨舊地，尋復以孤遠罷」的說
法最引人注目。因為，嘉靖四十二（1563）、三（1564）年間時，
巡撫譚綸、總兵戚繼光二人不僅勦平賊、倭有功，而且握有福建的

---

60　同註 35。
61　沈定均，〈兵紀一・明・衛所〉，《漳州府誌》，卷 22，頁 8。
62　同註 22。
63　方鼎等，《晉江縣志》（臺北市：成文出版社，清乾隆三十年刊本，1989
　　年），卷之 7，頁 2。
64　金鋐、鄭開極，《（康熙）福建通志》（北京市：書目文獻出版社，1988
　　年），卷之 15，頁 7。

軍政大權，為何不堅持自己原先「浯寨遷回浯島」的立場，讓適值
福建倭亂大致底定的同時，利用此一機會，好好地進行一番改革，
不讓賊倭盤據浯島為巢的歷史日後再行重演，卻反而放棄自己的主
張，讓浯寨續留在廈門，實在令人感到疑惑，其原因究竟是為何，
係因改遷浯寨回到浯島所需經費龐大、無力負荷？或是主張浯寨續
留廈門一派的人士勢力不容小覷，不得不與之妥協？或是尚有其他
有關浯島自身問題的理由？[65] 因為，目前相關史料不易覓得，筆者
難以正確地去推斷其真正的原因。

## 第三節、遷入石湖後的浯寨

明神宗萬曆三十年（1602），對浯嶼水寨的發展變遷而言，又
是一個嶄新階段的開始。這一年，浯寨由近岸離島的廈門，向北遷

---

[65] 水寨設在浯島，亦非是完美無缺的，除了官兵往來不便哨援不及、生
活補給不易之外，尚有風向、地點和倭犯路徑的問題，亦即浯島偏處
泉州極南的角落上，倭人乘北風南下時，不易自南端逆風而上遠去迎
敵。另外，賊盜若從浯島外東大洋北向直上以犯金門、圍頭、崇武等
地，浯島寨兵亦難以完全顧及。有關此，請參見底下「浯寨在浯嶼、
廈門和石湖三地得失的觀察」一節的說明。

移到泉州灣南岸的石湖澳，在此原本僅是海邊小漁村的地方，[66] 建造起新的寨城，而此次的遷徙，是浯寨寨址最後一次的遷徙。石湖，地臨海灣，因自昔為「海濱要害處」，[67] 據傳，今猶留有石湖寨城的遺址，其他古蹟尚有宋時建造的碼頭，以及宋始建、元時重建的六勝塔。[68]

　　前已提及，石湖自昔為邊防要地，關於此，它的時間可追溯至北宋神宗的熙寧年間（1068－1077）。熙寧初時，宋政府便以石湖村係「濱海扼要地」，為泉州轄下晉江、南安、惠安和同安四縣的陸路總要區，[69] 遂設「四縣同巡檢寨」於此，並派額兵百餘名戍守，

---

[66]　石湖在未遷建浯寨寨城至此之前，僅是人口稀疏的小村落，居民多以捕魚為生。關於此，黃國鼎的〈石湖愛民碑〉即曾載稱：「宛陵沈將軍欽總浯嶼，素遍覽地形，乃以石湖宜寨狀，……議欲移寨石湖。石湖之民相率詣訴曰：『石湖戶故無幾，倚海捕魚為生，寇來海上，則生計告詘；登岸蹂掠，則荼毒最先』。見黃國鼎，〈石湖愛民碑〉，收入沈有容輯，《閩海贈言》（南投縣：臺灣省文獻委員會，1994 年），頁 8。

[67]　語出黃鳳翔的〈靖海碑〉，該文如下：「泉故海國，吾邑石湖，則海濱要害處也。宋熙寧初，特建水寨，與小兜、石井詣戍聲援相聞，控制聯絡。迄於乾道、嘉定，增戍卒、拓營壘，郡守真文忠公所區畫條議特詳。國初設巡司，以備扞撚；尋徙置祥芝村，而茲地之寢備日久」。見沈有容輯，《閩海贈言》，卷之 1，頁 10。

[68]　傅祖德主編，《中華人民共和國地名辭典：福建省》，頁 151。六勝塔，又名石湖塔或日湖塔，該塔位在石湖的金釵山上。

[69]　顧祖禹，〈福建五・安海鎮〉，《讀史方輿紀要》，卷 99，頁 4099。在熙寧時，石湖村地屬泉州晉江縣的永寧里。

用以專管晉南惠同陸路地方，至於，晉南惠同四縣的沿海岸澳則歸設在崇武一帶的「小兜巡檢寨」來專管負責。[70] 其原因，主要是「繇海道而陸者，先小兜後石湖」，[71] 崇武是石湖的外埠，故置小兜寨於此以捍衛海門。到南宋寧宗嘉定（1208－1224）時，泉州知州真德秀曾為「四縣同巡檢寨」造軍房五十所，此時額兵已增至三五〇人。[72] 明代開國後，石湖亦地隸泉州府的晉江縣，洪武初時曾設置巡檢司於此，但至二十年（1387）時，該巡檢司卻又向外改遷至其東南方的祥芝，祥芝地處泉州灣口南岸，東抵外洋大海，不僅較石湖容易監視到海上的動態，並且可與北岸的崇武千戶所共扼泉州灣的海口。石湖，自巡檢司遷走後，亦逐漸荒廢沒落，至萬曆中葉浯嶼水寨決意搬遷至此的前夕，它僅不過是一個人口約百餘家的漁村小聚落而已。

　　至於，福建當局會將浯寨由廈門北遷至石湖，它背後的原因究竟是如何，浯寨遷建石湖的時間及其經過又是如何，這些問題，筆者將在以下的內容中，逐一地做說明。

---

[70] 懷蔭布，〈軍制・諸寨土軍〉，《泉州府誌》，卷之 24，頁 25。小兜巡檢寨，寨址在大岞，設於北宋神宗元豐二年，地點設在「北自海入（泉）州界首」的大岞，用以捍衛晉、南、惠、同沿海四縣的海上安危。大岞，地在崇武半島的東端。小兜，係崇武的古名。

[71] 同前註，頁 26。文中的「繇」，通「由」字。

[72] 同註 70，頁 26。

## 一、設在石湖的原因

　　浯嶼水寨遷入石湖的原因，究竟是爲何。要探討這個問題之前，吾人有必要先去瞭解石湖的地理環境。石湖，一名日湖，地在泉州灣南岸的中段，隸屬泉州府晉江縣。清初時，杜臻在《粵閩巡視紀略》一書中，曾如此地描述它：

> 日湖，以日所出也，故名。一稱石湖。在陳埭東，舊浯嶼水寨徙於此，可泊南北風船六十餘。有金釵山，兩支對插如釵股。[73]

石湖澳，地在陳埭東邊，又名爲「日湖」，係因位臨海灣、有觀看日出之便，即取其「日所出處」之意。該地臨泉州灣，雖可停泊南北風向船舶六十餘艘，但其缺點是岸澳水淺，[74] 不適合通海大舶或大型兵船如福、哨船的來往交通。另外，該地附近有山名爲金釵山，因地名爲石湖，故又名爲石湖山，該山有東、西兩峰，「兩峰延袤

---

[73]　同註 7，頁 55。陳埭，地隸晉江縣，位在泉州灣內側岸邊，「埭」是防水之土堤。其地名的由來，係因五代時清源軍節度使陳洪進曾在此築埭墾田。請參見同註 68，頁 154。

[74]　懷蔭布《泉州府誌》曾載稱：「日湖在（晉江）縣南。《通志》：『淺水，可泊舟』。萬歷［誤字，應「曆」］間，移浯嶼水寨於此」。見懷蔭布，〈海防・防守要衝・日湖〉，《泉州府誌》，卷 25，頁 17。

數百丈，若釵股然」，[75] 它的形狀似婦女髮釵之雙股。金釵山上有六勝塔，塔旁有魁星堂，據《泉南雜志》一書載稱，此魁星堂嘗爲宋人梁克家讀書處，但久已荒廢，浯寨遷至石湖後，時任浯寨把總的臧京見此，曾經重新構築之。[76]

至於，石湖會被福建當局相中，成爲浯寨遷徙後的新址，根據筆者的推論，它的原因主要有二。一是政策因素，明福建當局「重北輕南」的海防政策，並欲加強泉州府城（以下簡稱「泉城」）的海上安全，遂有浯寨北遷之舉。另一則是地理因素，石湖是泉城出入海上的門戶，此一地理位置的特性，吸引福建當局搬遷浯寨來此，以捍衛泉城的安危。有關此，請詳見底下的說明：

## 1.政策因素

首先是，明政府的政策因素。浯嶼水寨汛地範圍的變遷過程中，它有「由南向北」遷移的趨勢特質，關於此，在下一章第一節會做詳盡的說明。因爲，嘉靖時倭寇侵擾閩地多由浙南犯，此一經驗，影響福建當局日後在佈署沿海兵力時，特重北邊的防務，形成「重北輕南」的海防佈署思維。其中，浯寨汛地的南端，自嘉靖四十二年（1563）時由井尾澳北遷至擔嶼後，直至萬曆三十年（1602）遷入石湖前，都一直維持在擔嶼。浯寨南端在擔嶼，不僅使得浯寨

---

[75]　陽思謙，〈輿地志中・山〉，《萬曆重修泉州府志》（臺北市：臺灣學生書局，1987 年），卷 2，頁 6。

[76]　請參見懷蔭布，〈山川一・晉江縣山〉，《泉州府誌》，卷之 6，頁 54。

南段汛地範圍縮少、負擔變輕；再加上，隆慶時又增設浯銅遊兵於
廈門，它又有增強浯寨南段汛防的作用，而且，寨址在廈門又距汛
地南端的擔嶼近在咫尺，水寨的指揮中樞竟然偏靠在南邊的末梢
上，可謂是「執牛尾，而欲制全牛」，十分不利於汛防任務的執行。
同時，亦因倭盜入犯時，北邊多是首當其衝，寨址過度地偏南，會
造成寇亂變作時「應援不及」的缺憾。此一問題，自然會引起原已
「重北輕南」的福建當局、泉城地方官員和閩籍出身人士的注意，
而想將它移往北邊。主張此者，當時不乏其人，較著名如福州福清
人的葉向高，他便認爲：

> 浯嶼水寨，故在大擔南太武山外，後徙於中左所之廈門所。
> 轄地北至崇武，南至料羅。料羅稍近，其去崇武且三百里，
> 緩急無以應；而廈門自有遊兵，地亦割隸，不相攝也。[77]

葉在上文中指出，浯寨汛地範圍北抵崇武千戶所的大、小岞，南至
料羅附近之擔嶼，其中，北邊的崇武卻距離浯寨的廈門有三百里的
路程，若有事故難以因應；而且，浯寨所在地的廈門已設有浯銅遊
兵駐防；再加上，浯寨、浯銅二寨遊各有汛防隸地，彼此又不相統
攝，實在不應將浯寨繼續留在廈門。類似上述的「廈門寨址偏南，
不利浯寨汛防」的主張見解中，又以晉江人郭惟賢的說法最爲清

---

[77]　葉向高，〈改建浯嶼水寨碑〉，收入沈有容輯，《閩海贈言》，卷之 1，
頁 4。

楚，[78]茲將其相關的內容摘出，如下：

> 念浯嶼（寨）海天遼闊，信地止溯崇武、下訖料羅，形勢相
> 為犄角。惟是浯嶼(寨)於料羅猶為內地，崇武踞上游，離浯
> 嶼（寨）且三百里而遙，寇至必先之，其要害視料羅更甚。
> 即有兩哨舟師鱗集棋置，僅可枝梧小警；倘島夷[指倭寇]深
> 入，該寨越在一隅，遙遙聲息，風馬牛不相及也。羽檄猝至，
> 應援後時，非完計也。[79]

郭個人認為，位處浯寨汛地北面的崇武「寇至必先之」，萬一倭寇
由此突入內地時，即使在崇武和料羅有浯寨哨屯的兵船，以它們的
實力亦難以招架。尤其是，浯寨寨址遠在汛地南端角落的廈門，萬
一若有寇變，它在指揮寨軍兵船時前往馳援時，卻因距離過於遙
遠、訊息難以速達等因素的影響下，而貽誤了軍機。

　　在「重北輕南」的海防思維，以及浯嶼水寨「寨址偏南，不利
汛防」的缺失這兩者的交相影響下，浯寨的北遷終在萬曆三十年

---

[78] 郭惟賢，字哲卿，萬曆二年進士，官至左僉都禦史，卒贈右都禦史，天啟初諡「恭定」。見同註21，卷204，頁16。

[79] 郭惟賢，〈改建浯嶼寨碑〉，收入沈有容輯，《閩海贈言》，頁6。文中的兩哨舟師中「兩哨」，係指萬曆二十四年新完成的福建海防架構，亦即「浯寨兵船分二綜，一綜屯崇武，一綜屯料羅」一事，此兩哨便是屯守崇武、料羅二地的浯寨舟師。關於此，亦可由浯寨北遷至石湖後，葉向高稱許該地位在崇武、料羅二地的中間，若有警時，浯寨駐軍便可左、右馳援，於計甚便一事可知。見同註77。

（1602）時成為事實。至於，此次福建當局為何會挑中泉州灣南岸小漁村的石湖，作為北遷浯寨的新寨址，其背後的動機想法是需要去探究的。挑選石湖作為北遷後浯寨的新址，福建當局此一舉措，主要透露出兩個訊息，一是為解決前述的「廈門寨址偏南，聲息難通，應援不便」的問題缺失。二是石湖是泉州府城出入海上門戶，郭惟賢曾言：「石湖澳，吾泉郡門戶也」，[80] 該地位置關係泉城的安危至大，浯寨的新址設此，加強保護泉城安全的意圖十分明顯。福州侯官人的曹學佺便直指，此次福建當局「且移浯嶼一寨，專守石湖」的用意，即是為「固泉門戶」。[81] 換言之，此次北遷的浯寨便是以「鞏固泉城的防衛」為主要的考量。

　　至於，此次北遷的浯寨為何要以鞏固泉城的安全為主要考量，根據筆者的觀察，它的原因主要有三，如下：

　　第一、福建有烽火、小埕、南日、浯嶼和銅山五座水寨，分置於福寧和福、興、漳、泉一州四府各一，用以捍衛各府、州的海防。其中，泉州轄境屬有浯寨，而泉城是該府政、經、軍事中心，此時正值欲北遷的浯寨，在討論何處是適當位置的新寨址時，自然會考慮到該府的首善之區。

　　第二、泉城又位在泉州府整個海岸線中間偏北之地，該處的地理位置，一者正好符合福建「北面備敵」的海防思維，二者又可改

---

80　郭惟賢，〈改建浯嶼寨碑〉，收入沈有容輯，《閩海贈言》，頁7。
81　曹學佺，〈海防志〉，引自懷蔭布，〈海防‧明‧附載〉，《泉州府誌》，卷25，頁10。

善浯寨寨址偏處南端，北方有變時，寨軍兵船應援不及的窘境。浯寨新址若設此區，「北望崇武，脱有急可以提兵而北援；南望料羅，脱有急可以提兵而南援。辟之常山之蛇，擊首則尾至、擊尾則首至，所謂相救如左右手」。[82]

　　第三、泉州城下倭人泊船（以下簡稱「泉城倭船」）事件的爆發，令福建當局產生迫切的危機感，促使它決心加速將浯寨北遷至此區，以捍衛泉城的海上安全。所謂的「泉城倭船」事件，前後共有兩次，時間發生在萬曆三十年（1602）的四月和六月。關於此事的詳細經過，《神宗實錄》曾有如下的描述：

> （萬曆三十年）四月癸卯，倭國清正將被虜人王寅興等八十七名，授以船隻、資以米豆並倭書二封與通事王天祐送還中國。……福建巡撫以其事聞，下兵部──覆議：「閩海首當其衝，而奸宄時搆內訌之釁；……除通事王天祐行該省撫按徑自處分、王寅興等聽發原籍安插及將倭書送內閣兵科備照外，請移文福建巡撫衙門亟整搠舟師，保固內地；仍嚴督將士偵探，不容疏懈」。上[萬曆帝]然之。
>
> 六月戊申，倭送回被虜盧朝宗等五十二名並縛南賊王仁等四名，福建撫、按以聞。下兵部──覆議：「島夷[指倭人]送回被虜至再，今且解南賊四名，跡似恭順矣。但夷性最狡，

---

往往以與為取；則今日之通款，安知非曩日之狡謀！委當加意隄備，以防叵測。除盧朝宗等發回原籍安插外，請將王仁等即行處決，仍申飭將吏訓練兵船，嚴防內地；密差的當員役，遠為偵探。諸凡海防、兵食等項，悉心計處，期保萬全，毋致誤事」。報可。[83]

由上可知，朝廷甚重視此事，要求福建當局審慎因應，以防倭人的密謀不軌。其中，日本送回被虜難民時，倭船長驅直入泉州城下，如入無人之境的那一幕，令部分人士心驚膽顫、引以為憂。[84]因為，嘉靖中後期倭禍，閩海生靈慘遭荼毒，此一往事成為部分人士揮之

---

[83]　臺灣銀行經濟研究室編，〈神宗實錄〉，《明實錄閩海關係史料》（南投縣：臺灣省文獻委員會，1997 年），萬曆三十年四月癸未及六月戊申條，頁 93。文中的通事王天祐，係興化莆田人，少時被虜，久住倭國，娶妻生有子女二人。

[84]　相關的記載，如郭惟賢〈改建浯嶼寨碑〉中所載稱：「先是，島夷悔罪，送歸被擄人民；海上一葦突至，如履無人之境，識者憂之」。見同註 80。

不去的夢魘，[85] 深恐悲劇再度地發生。泉州地方的官、紳有此「恐倭」心理者不乏其人，時任泉州知府的程達便是其一，[86] 黃國鼎在〈石湖愛民碑〉一文中，便曾對程氏當時的態度和反應，做過以下的描述：

> 中國苦倭久矣，而閩泉郡為甚。泉與倭隔一海，可一葦而至。防禦之道，惟於廈門設浯嶼寨以春秋耀吾軍士，它無策。曩倭肆毒，禍延吳越，瘡痏未起；邇悔罪送被虜歸，船突至郡橋之南。時觀察信吾程公為郡，嘆曰：「豈有醜虜卒來，如入無人之境，門戶安在哉」！乃咨近地有可泊舟師為吾郡藩籬者；而宛陵沈將軍欽總浯嶼，素遍覽地形，乃以石湖宜寨

---

[85] 嘉靖時，慘烈的倭禍，不僅使東南沿海民眾生命、財產蒙受巨大的損失，同時在心靈上亦造成嚴重的創傷，「閭巷小民，至指倭相詈，甚以嚇其小兒女云」，不但有不少人畏懼倭人，甚至還深恐嘉靖時悲劇再度地發生。關於此，萬曆中前期，倭人雖屢寇浙、粵、閩沿海地，「然時疆吏懲嘉靖之禍，海防頗飭，賊來輒失利」，即是一例。又如萬曆中時，相傳日本關白豐臣秀吉嘗從昔時海賊汪直的餘黨處，得知明人「畏倭如虎」，更加增強其侵略中國的野心。請參見張其昀編校，〈外國三・日本〉，《明史》（臺北市：國防研究院，1963 年），卷 322，列傳第 210，頁 3693。

[86] 程達，號信吾，清江人，萬曆五年進士，二十九年起擔任泉州知府一職，「下車詢民疾苦，時俗悍士驕，貴家俠奢。（程達）則下令曰：『稂莠不去，嘉禾不生，無輕犯三尺也』。聞者竦然。顧化閭一弗率必致刑，於是虎攫狼貪、狐媚兔狡之徒胥歛跡諉。石湖當海舶要衝，地曠不為堡，亟移屯兵戍之」。見懷蔭布，〈名宦二・泉州府知府〉，《泉州府誌》，卷 30，頁 28。

　　狀，條陳甚悉。公遂俞之，具請當道，議欲移寨石湖。[87]

　　誠如程氏所言「豈有醜虜卒來，如入無人之境，門戶安在哉」！雖然，倭人此次泊船泉城岸邊，目的是送回被虜的難民，但是，倭船能在未被發覺的情況下，擅自駛入泉州灣，上溯直抵泉州城下，若是此時倭人心圖不軌或謀劫掠，其後果是不堪設想的。此事，確實令福建當局十分地恐慌，而決定加強泉城海上防衛的措施，以避免類似情況再度發生。恰巧，此刻福建當局欲將浯寨搬遷至北方，正在討論何處是適當的新寨址時，適值「泉城倭船事件」的發生，而直接促使福建當局決心將浯寨新址搬遷至此區，以捍衛泉城的海上安全。

　　「泉城倭船事件」發生後，程達曾咨詢相關人員，泉城附近地區何處可作為北遷的浯寨新址、以為泉州府城的藩籬時，時任浯寨把總一職的沈有容，便向程條陳「泉城海上門戶」的石湖，可作新

---

[87]　同註66。另，何喬遠的〈石湖浯嶼水寨題名碑〉，亦有類似的記載，該文收入沈有容輯，《閩海贈言》，頁12。文中的「宛陵沈將軍」，即時任浯寨把總的沈有容。

築寨城的地點、以為舟師停泊的處所。沈有容，[88] 武舉出身，先前曾任海壇和浯銅遊兵把總，熟稔閩海防務，於前一年（1601）十二月在閩撫朱運昌的拔擢下，[89] 由浯銅遊名色把總陞任為浯嶼寨欽依把總。這位跨越廈門和石湖兩個不同時期的浯寨指揮官，在其自傳稿〈仗劍錄〉中，便曾將浯寨遷移的時間和源由，做過簡扼的記載，如下：

> 至辛丑[即萬曆二十九年]十二月，在北滇南朱（運昌）公撫閩，即題補（沈有）容於浯嶼（水寨），隨議改寨于石湖。時亦于中左（所），增有浯銅遊總，而其地皆分割與隸也。[90]

上述的內容，提供了兩個重要的線索，一是才剛卸下浯銅遊把總職務的沈有容，贊同葉向高前述的「浯嶼寨和浯銅遊各有汛地、不相

---

[88] 沈有容，安徽宣城人，字士宏，號寧海，萬曆七年武舉，歷任福建海壇遊、浯銅遊和浯嶼寨把總，浙江都使司僉書、溫處參將，以及福建水標遊參將諸職，官至山東登萊總兵，卒贈「都督同知」，賜祭葬。沈擔任浯寨欽依把總一職，時間在萬曆二十九年底至三十四年夏，前後共計四年半。有關沈的生平事跡，請參見沈氏自傳稿，〈仗劍錄〉，載於姚永森，〈明季保臺英雄沈有容及新發現的《洪林沈氏宗譜》〉，《臺灣研究集刊》，1986 年第 4 期。

[89] 朱運昌，雲南前衛軍籍，直隸丹徒人，進士出身。萬曆二十九年，以福建左布政使，陞任右副都御史巡撫福建。朱撫閩的時間，前後共計兩年。

[90] 同註88，頁88。

統攝，廈門已有浯銅遊兵駐防，浯寨不應續留在廈門」的見解。二是福建當局在沈到任浯寨把總後不久，便決議將浯寨北遷至泉州灣南岸的石湖。而此次的決議中，泉州知府程達居間扮演重要的推手，在上述徵詢沈的浯寨新址地點建議後，即上報巡撫朱運昌，並經討論過後贊同其議，遂具奏朝廷，旋即獲准實施。而且，福建當局還將搬遷浯寨的有關事宜，以及石湖新寨的建設工程，交由沈有容來負責執行。[91]

綜合以上三點的內容，可知浯寨北遷泉城附近的石湖一事，從「政策因素」的層面來觀察，有其歷史發展的「必然」性和「偶然」性，亦即福建當局「重北輕南」的海防思維，以及浯寨「寨址偏南，不利汛防」的嚴重缺失，是導致浯寨北遷的「必然」性；而在地方人士「恐倭」心理背景之下，「泉城倭船事件」此一「偶然」性的事故，更加深福建當局搬遷浯寨至此區的決心和速度，所以，在上述的「必然」和「偶然」因素交相影響之下，浯寨北遷以加強捍衛泉城的海上安全遂成為了事實。

然而，筆者必須要強調的是，並非在浯寨未搬遷石湖之前，福建當局就不重視泉城這個泉州府神經中樞的海防工作。其實，早在明初周德興建構浯嶼水寨時，便已留意此城的安危，此可從其「汛地範圍，北起岱嶼」中得到證明，前已提及，位處泉州灣中的岱嶼，

---

[91]　同註 77。另，郭惟賢的〈改建浯嶼寨碑〉，亦有類似的記載，見同註 80。

即泉城海舟出入必經之地，浯寨在此與南來的南日水寨兵船會師，其目的便有防守泉城出入門戶的用意。而且，愈到後期，明政府愈有加強泉城海防的趨勢用意，此可由浯寨汛地範圍的變化中見出端倪。因，嘉靖四十二年（1563）時，浯寨汛防北端延伸至興化府的平海衛、兵力專守湄州島，雖然，此次增強浯寨北段汛防的兵力和轄地，雖非著眼於泉城的守護，但加強泉州府北境的海上邊防，卻有助泉城防衛的補強。再次是，萬曆二十四年（1596）時，浯寨汛防北端雖內縮到泉府北境的大、小岞，但大、小岞因位在泉州灣口北方的不遠處，並與灣內的泉城聲息相通、彼此聯成一氣（參見附圖四之二：明代大、小岞和崇武所、岱嶼的相對位置圖，引自《石洞集》）。其中，和大岞相鄰的崇武千戶所，是泉城北面的海防前哨站，泉府北境突有寇警時，泉府城中得以迅速適時地回應。由以上浯寨汛防範圍的變化中可知，不同時期有不同的海防思考角度，泉城海防的安危，長期以來都是福建當局佈署浯寨兵力時的考量重點之一，不管是明初、嘉靖時或萬曆年間，福建當局皆關注泉城的安全，只是重視泉城安危的程度可能不及浯寨北遷石湖時，如曹學佺所說：「專守石湖，固泉門戶」般的強烈而已。

## 2.地理因素

其次是，石湖地理位置的特性。從地理位置的角度來觀察，石湖和泉州府城（以下簡稱「泉城」）在地緣關係上有著密不可分的關聯，是浯嶼水寨北遷時被選為新寨址的主要原因。石湖，位處泉

州灣中段的南岸，在地緣上，和泉城有著密不可分的關係。石湖地
在泉城的東南方，兩者相距僅有三十里之遙。崇禎時，福建巡海道
徐日久，[92] 便曾對石湖和泉城兩者在地理上的關係做過陳述，徐因
職務之需在崇禎三年（1630）五月時曾親歷泉城、鷓鴣、石湖等地
視察，並校點浯嶼寨兵，並留有如下的珍貴記錄：

> （崇禎三年）五月十六日到泉州。廿六日。往鷓鴣看銃城。
> 經法石、溜石以歸。泉州水勢會于石湖，浯嶼寨橫亙其外，
> 內分二殿。北則洛陽橋，南則南安水所自出。故溫陵之守，
> 以浯寨為開篇。六月……十三日往南門看船，隨點浯嶼寨
> 兵。[93]

徐在其視察記錄中，明白地點出，石湖是泉城附近諸水系流勢匯聚

---

92　徐日久，陝西西安人，萬曆三十八年進士。崇禎元年時，徐日久以福
　　建按察司副使的身分，出掌專理閩海事務的「巡海道」一職。

93　徐日久，〈庚午〉，《徐子學譜》（明崇禎間太末徐氏家刊本，國家圖書
　　館善本書室微縮影片），頁6。「鷓鴣」、「法石」和「溜石」，地皆在晉
　　江縣境內，約位在泉州府城近泉州灣一帶。其中，鷓鴣約在泉城東南
　　十里處，天啟七年時，於該地臨海處設置「鷓鴣口銃臺」，上文中巡
　　海道徐日久前往視察的銃城，當即此。「法石」，在泉城的東南方，宋
　　時曾在此設兵寨，係防海衝要之地。「溜石」，地在泉城東方十五里處，
　　崇禎二年時，泉州知府蔡善繼曾在此建「溜石銃臺」，以捍衛泉城。
　　見同註63，卷之1，頁11；卷之7，頁10。另，洛陽橋，亦地名，位
　　在泉城東北二十里，跨洛陽江上，一名「萬安橋」。

之處，[94] 故要防衛泉州府城亦即「溫陵」的安危，[95] 須以石湖做爲掌控泉城出入的鎖鑰。除上述的石湖外，泉州灣中的岱嶼亦關係泉城安危至深（請參見附圖四之三：明萬曆時岱嶼、泉州城的相對位置圖，引自《萬曆重修泉州府志》），前已提及，岱嶼一地，係浯島時期浯嶼、南日二寨的會哨地點，葉春及的《石洞集》曾指爲「泉郡之保障」，何喬遠除稱岱嶼爲「（泉州）郡水口山」外，另於萬曆三十四年（1606）撰寫的〈石湖浯嶼水寨題名碑〉一文中時，亦曾對泉城和石湖、岱嶼二地的關係做過說明：

> 泉之爲州，有石湖綰海門之口。捍門之山曰岱嶼，嶼石碑偶，故謂之石湖。或曰日湖，日所出也。其地，百家之聚而已。[96]

何氏在上面碑文中指出，石湖雖僅係「百家之聚」、甚不起眼的小漁村，卻是與泉州灣中的岱嶼共扼泉城的海上出入要道。其中，石

---

94 明代時，泉州府城附近主要有晉江、洛陽江等較大的河川，這些河川多匯流入泉州灣，並經由岱嶼，東向流進大海中。此一地帶水系十分地複雜，同一河系中有時會有它河匯流而入，故在河的不同游段形成不同的稱呼，如晉江便有黃龍江、筍江、浯江、溜石江或蚶江等不同名稱。請參見顧祖禹，〈福建五‧晉江〉，《讀史方輿紀要》，卷99，頁4097。

95 溫陵，泉州府城的別稱，係因該處地氣常溫，故謂之。另，泉城在五代擴建城垣時，因曾環植莿桐樹，故又名「莿桐城」。見同註68，頁144。

96 何喬遠，〈石湖浯嶼水寨題名碑〉，收入沈有容輯，《閩海贈言》，頁12。

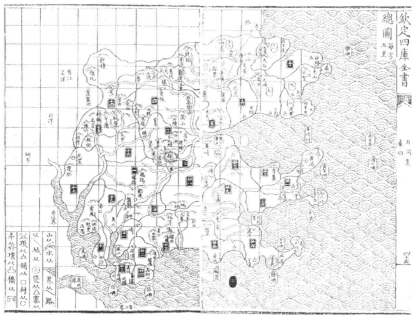

附圖四之二：明代大、小岞和崇武所、岱嶼的相對位置圖，引自《石洞集》。

湖「縮海門之口」扮演泉城出入海上的聯絡角色，而岱嶼則是泉城
海舟出入必經之地，係一「捍門之山」。

　　由上可知，石湖是泉城的對外聯絡門戶，岱嶼是泉城聯外路徑
的必經地，皆關係泉城的安危至鉅。前已提及，岱嶼早自明初浯寨
設立起至嘉靖四十二年（1563），一直便是浯寨北端的汛防要地；
另外，由嘉靖四十二年（1563）、萬曆二十四年（1596）浯寨兩次
汛地範圍的變化中，知福建當局對泉城防衛上有愈來愈加強的趨
勢，而此次將泉州地區海上主要武力的浯寨，直接搬遷至「泉郡門

戶」的石湖，更是有更進一步加強泉城海防的意圖，對福建當局而言，此舉便是一釜底抽薪的好辦法，一者可進一步直接鞏固泉城的海防，二來該地位在浯寨汛防中段，方便「北援崇武，南應料羅」，它的情形一如議遷浯寨的泉州知府程達所說：「（石湖）是在崇武、料羅之中，可左右援，又海舶之所經也。外可以扞捍非常，內可以局鑰全郡，於計便」。[97] 除此，贊成浯寨北遷石湖的郭惟賢，在萬曆三十二年（1604）撰寫的〈改建浯嶼寨碑〉中，亦指稱：

> 石湖澳之建寨，非舊也，創之者自郡大夫信吾程公始。蓋在今日壁壘旌旗，翼翼一新矣。……遍觀四履之地，枕山帶水，繫泉郡咽喉，可以居中調度、便於扼控者，無如晉邑之石湖澳。[98]

不管是「可左、右援應，又海舶之所經」或「繫泉郡咽喉，可居中調度，以便扼控」，就泉城防衛上而言，石湖在地理上有其特殊且優越的條件，若是將泉州海上主要武力的浯寨設置於此，對泉城定可增加更深一層的安全保障。而上述的這些條件，自然會牢牢地吸引著原已「重北輕南」的福建當局，有切身利害關係的泉府官員，以及關心泉城安危的閩籍人士的注意；同時，並在他們「意見一致、

---

97　同註 77。

98　同註 80，頁 6。「郡大夫」，是知府或同知的尊稱，如專事海防佐貳之官的同知，便稱「防海大夫」。此處的「郡大夫」，係指泉州府行政長官的「知府」。

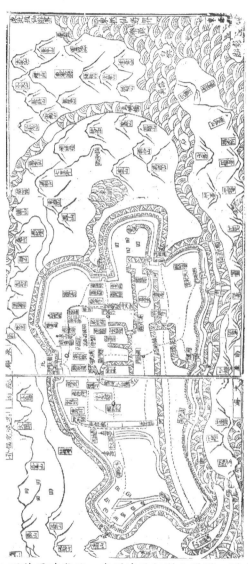

附圖四之三：明萬曆時岱嶼、泉州城的相對位置圖，引自《萬曆重修
泉州府志》。

通力合作」之下，遂將此一願望付諸實現。於是，浯寨便從南邊的廈門中左所，搬遷到泉州灣岸澳邊的石湖。至於，浯寨遷建石湖的時間及其經過的相關情形，請參見下一小節的說明。

## 二、遷建石湖的經過及其規模

首先，是浯嶼水寨遷建石湖的時間和費用。前已提及，福建當局在決定將浯寨由廈門搬遷至石湖後，便將搬遷浯寨的有關事宜，以及石湖新寨的建設工程，交由時任浯寨把總的沈有容來負責。接下此項任務後，沈「乃度地宜，料徒役，庀材具」，[99] 遂於萬曆三十年（1602）六月二十二日動工，在其戮力經營下，翌年（1603）二月二十日時便完成了浯嶼新寨的工程，[100] 總共花費了七百餘緡。[101]

其次是，新建石湖寨城的建築規模。根據懷蔭布的《泉州府誌》卷之十一〈城池‧石湖砦〉的記載，如下：

> 石湖砦即日湖砦，在（晉江縣）二十二都，宋熙寧初建。明洪武初，置巡檢司，後移於祥芝。萬曆[誤字，應「曆」]間，徙浯嶼水寨於此，把總沈有容重建周五十二丈，基廣一丈四

---

99　同註 77。
100　同前註，頁 6。
101　古人以緡繩來串錢，每緡可串一千文，後遂以每一千文為一緡。

寸，高一丈四尺，門一。[102]

由上可知，沈有容新建的寨城有城門一座，寨城周圍有五十二丈。[103]另外，須一提的是，此次構築石湖新寨的經費，並非是來自於明政府的公庫，而是沈有容將先前緝獲犯禁私出通販充公的財貨，以及廈門浯寨舊址的土地出售與民人的所得來支應，未嘗動用公帑一文錢；而且，期間若有人樂心欲捐助者，沈亦一概對其好意加以婉謝。[104]對於上述浯嶼新寨構建的經過及其規模，萬曆三十二年（1604）時，晉江人黃鳳翔在〈靖海碑〉中，[105]曾有如下的描述：

> 泉故海國，吾邑石湖，則海濱要害處也。……國初設巡司，以備扞撫；尋徙置祥芝村，而茲地之寢備日久。其以浯嶼水寨移建於茲也，則始自萬曆壬寅，而欽依把總宣城沈將軍實董其事。將軍始慮終。殫心力營之，規搆弘敞。屹然為郡城

---

[102] 懷蔭布，〈城池・石湖砦〉，《泉州府誌》，卷之11，頁19。文中的「砦」，係指用土石堆成的營壘，如堡砦，「砦」字有時亦和「寨」字互用。

[103] 傳統長度的計算單位，一丈為十尺，一尺則為十寸。

[104] 同註77。

[105] 黃鳳翔，泉州晉江人，字鳴周，隆慶二年進士，曾任翰林編修，官至禮部尚書，撰有《田亭草》若干卷，並編輯《泉州府志》、《嘉靖大政記》諸書，天啟初賜謚「文簡」。見何喬遠，《閩書》，卷之87，頁2596。前面的《泉州府志》，即本文常引用的《萬曆重修泉州府誌》，該書雖署名由泉州知府陽思謙所修，但黃本人曾參與編撰的工作。

[即泉州府城]巨鎮者。[106]

黃在上文中,稱許石湖浯寨在把總沈有容殫心經營下,新寨建築「規撝弘敞,屹然爲郡城巨鎮」。類似的說法,亦出現在萬曆三十二年(1604)葉向高〈改建浯嶼水寨碑〉的記載中,該文亦指石湖的新浯寨「宏壯嶷敞,矻然爲海上鉅鎮」。[107]除此,葉文中還細述此次石湖新寨,共構築有監司署等五座的主體建物,[108]若以建造的時間先後而言,它依序爲:供作按察司分巡興泉道稽考寨務時駐留的監司署,泉州同知監督協調浯寨防務運作的海防署,[109]浯寨把總辦公的水寨衙署,官兵精神信仰中心的玄武祠,以及寨軍平日教練場所的閱武場。

　　至於,浯寨建物規模的實際情況,真如上述黃鳳翔、葉向高所說般地壯觀宏偉?根據以下的理由,筆者大膽地推估,認爲石湖新寨建物的規模有限,黃、葉二人的說法,似乎是溢美之辭,它的理由主要如下。首先是,寨城的大小和衛、所、司城的比較。新建的

---

[106] 黃鳳翔,〈靖海碑〉,沈有容輯,《閩海贈言》,卷之1,頁10。文中的「萬曆壬寅」,即萬曆三十年。宣城沈將軍,則是沈有容本人。

[107] 同註77。

[108] 同前註。

[109] 根據筆者的推測是,此石湖浯寨的海防署,係泉州同知(即海防同知)前來督查寨務時駐留的衙署,設在廈門中左所西門內的海防館,才是泉州同知平日辦公的處所。此一海防館,在萬曆三十一年時,由同知楊一桂所興建。請參見周凱,〈分域略・官署〉,《廈門志》,卷2,頁51。

石湖寨城，它的周圍僅五十二丈長，實在無法與附近永寧衛城的八百七十五丈，崇武千戶所城的七百三十七丈，祥芝巡檢司城的一百五十丈……等類似的軍事城壘來相比。[110] 雖因史料闕如，目前無法查出福建其餘四寨的規模大小，但若將石湖寨城和福建沿海高達四十餘座（請參見〈附表二：明代福建沿海巡檢司分佈表〉）的巡檢司城做一相比，便可清楚地看出，它的規模實在是不大。以石湖所在地的晉江縣爲例，在萬曆年間，該縣境內的巡檢司除上述的祥芝外，尚有深滬、烏潯、圍頭等三個巡檢司，其中，深、烏、圍三座司城周長各有一百五十丈、一百五十丈、一百六十丈。[111] 而以上的四巡司，在明初時便置有弓兵一百名，但至萬曆時卻僅剩下十八名，[112] 而與其時間接近新建的石湖浯寨，此時至少當擁有一、兩千名官兵，寨城卻僅有其三分之一的大小。若將石湖新寨拿來再和興建時間接近，距離又不遠的鷓鴣口和溜石兩座小銃臺來做比較，鷓、溜二銃臺的周邊都還有二十餘丈以上。[113] 由上可知，石湖浯寨新城在明代福建沿海的軍事城壘中，僅能算是中小型的規模而已。

　　其次是，根據常理的判斷。因爲，浯嶼新寨構築時間，前後僅八個月而已，時間並非甚長，在如此短暫的時間，卻完成多座主體

---

[110]　懷蔭布，〈城池〉，《泉州府誌》，卷之11，頁18、31。

[111]　同前註，頁18。

[112]　懷蔭布，〈軍制・巡檢弓兵〉，《泉州府誌》，卷之24，頁36。

[113]　同註110，頁20、21。前面註中曾提及，鷓鴣口、溜石二地的銃臺，分別建於天啟七年和崇禎二年，主要目的在捍衛泉州府城。

建物，實屬不易。但相對的，短促的構築時間，自然定會影響到建物的規模大小。而且，石湖浯寨的建構過程，福建當局並無挹注任何的經費，而且，主事者又不接受外來的捐助，完全依賴販售犯禁充公的私貨，以及廈門浯寨舊址的土地的收入來支應，根據常理來判斷，新寨構築的經費當不至於相當地充裕，不十分充裕的建設經費，亦當會影響到新寨建物的規模。由上可推知，石湖寨城的建物規模，似乎和黃鳳翔等人所形容的「規搆弘敞，屹然為郡城巨鎮」，有了一大段的距離。

# 第五章

# 浯嶼水寨遷徙的整體觀察

夫昔之所爭者，浯嶼、廈門耳，而今則石湖，又去浯嶼
不知其幾矣，然畫地非不分明，而將脆卒惰，或泊內港，
或寄人家，商民劫擄若罔聞知，甚至以販倭船為奇貨，
何言倭哉。夫寇飄忽靡常，刻舟於舊，所從入者固為拘
攣之見，第將士以船為家，時戒嚴于波浪要害之衝，則
弭盜之上策也。

—明・蔡獻臣

　　本章的內容中，旨在針對有明一代浯嶼水寨的遷徙及其演變經
過，做一整體性的觀察，並對福建海防的利弊得失，做出一番的批
判與回顧，內容主要包括有以下的三大部分。一、是浯寨組織的變
動情形，及其變動後對福建海防的影響。二、是浯寨設在浯島、廈
門和石湖三地的優、缺點比較。三、是對浯寨遷徙的整個過程，做
一綜合性的觀察和評價。

## 第一節、浯寨組織變動的觀察

　　浯寨由浯島內遷至廈門，再由廈門北遷到石湖，在此二度遷徙

的過程中，除寨址移動之外，浯寨的組織及其功能，亦隨閩海局勢的變化和明政府的海防措置而發生了變動，而且。變動後的浯寨，又對日後福建的海防產生重大的影響。浯寨遷移至廈、石二地之後，它的組織變動情形，及其變動後對福建海防的影響，究竟是為何，請詳見底下的說明。

## 一、廈門時期組織的變動及其影響

廈門時期的浯嶼水寨，不僅時間長，且經歷世宗嘉靖時熾烈的倭禍，以及亂平後的「議復五水寨」、革新水寨體制諸事，它的內部組織亦隨著上述環境的改變而有所調整，而它扮演的角色功能亦因組織的調整而發生了一些變動。故，本節的內容，便針對浯寨寨址遷移至廈門後，它的組織及其變動影響所做的探討，主要包括有水寨的領導系統和訓練情形，人員、兵船的來源及其額數，以及海防轄區這三大方面的變動情形及其對泉州海防影響，做一深入的說明。因浯寨在廈門的時間頗為長久，期間局勢變化亦較大，筆者為方便說明起見，遂依當時閩海的局勢和廈門浯寨的變遷狀況，再將廈門時期的浯寨細分為以下三個不同的時段，亦即：

第一、「廈門浯寨前期」。時間自浯寨內遷泉州同安的廈門起，

到世宗嘉靖四十二年（1563）四月，[1]福建倭禍被大致平定之前為止。

　　第二、「浯寨革新期」。時間約由嘉靖四十二年（1563）四月倭亂平定後，到四十三年（1564）間，前後共近兩年。福建倭禍在嘉靖四十二年（1563）被討平之後，福建巡撫譚綸、[2]總兵戚繼光等人，[3]因見福建海防廢弛嚴重、問題叢生，遂建請改革福建水寨體制，例如議請搬遷水寨回原創舊址、另行招募兵丁以充水寨員額，以及重新釐定五寨的海防汛地範圍……等事，因此時曾對浯嶼等水寨的

---

1　倭寇對中國沿海的侵擾，至明嘉靖中期時有愈演愈烈的趨勢，主要是渴求通商的日本倭人在沿海勢豪奸商和本土海賊的勾引下，進行大規模的武裝搶掠行動，此種情況漸趨嚴重約始於嘉靖二十九年被罷的巡視浙江兼福建海道副都御史朱紈，遭勢家搆陷憤而仰藥自殺之後，明政府「罷巡視大臣不設，中外搖手不敢言海禁事，……撤備弛禁。未幾，海寇大作，毒東南者十餘年」，見張其昀編校，〈列傳九十三・朱紈〉，《明史》（臺北市：國防研究院，1963 年），卷 205，頁 2378。直到嘉靖四十二年四月，福建倭禍才被戚繼光、俞大猷、劉顯三人所率官軍合攻，大破於興化的平海衛，該年十一月嘉靖帝以寇退，祭告郊廟。見張其昀編校，〈明史大事年表・嘉靖四十二年（一六五三）〉，《明史》，附錄，頁 4051。

2　譚綸，個人擔任閩撫的時間並不長，據《明實錄》載稱，「嘉靖四十三年四月戊子，巡撫譚綸乞終喪，許之」；同年四月，朝廷任命汪道昆接任其位。見吳廷燮，〈福建〉，《明都撫年表》（北京市：中華書局，1982 年），卷 4，頁 506。

3　嘉靖四十二年十一月，原為副總兵的戚繼光，陞任總兵，負責「鎮守福建全省并浙江金、溫二府地方，都督水陸諸戎務」。見劉聿鑫、凌麗華主編，《戚繼光年譜》（濟南市：山東大學出版社，1999 年），卷之 4，頁 96。

體制、寨址、兵源、汛防諸多問題，做過一番的討論和改革，故筆者稱此一時期為「浯寨革新期」。

三、「廈門浯寨後期」。時間大致由嘉靖四十四年（1565），經穆宗隆慶年間（1567－1572），到神宗萬曆三十年（1602）浯寨北遷晉江石湖的前夕為止。

以下的內容，筆者便依上述的「廈門浯寨前期」、「浯寨革新期」和「廈門浯寨後期」三個時段，對廈門時期浯寨的人員、兵船數目及其來源的變動，軍事的指揮、訓練及其配備，海防轄區的變遷情形等問題，逐一做探討和說明。

另外，附帶補充的是，為使本文敘述清楚流暢，並和上述的浯寨廈門各時期，以及後面將會敘述的，浯寨遷入石湖後的「石湖時期」做一明顯區隔，浯寨未遷入廈門之前、設在浯島時那一階段的有關說明，以下皆簡稱為「浯島時期」，特此說明。

## 1.領導系統和訓練情形

在敘述廈門時期組織功能變動情形之前，有必要先對廈門浯寨的領導系統，以及寨軍平日的操練情形，做一介紹。因為，這兩部分浯島時期的有關記載甚少，直至廈門時期以後才較為清楚，故放在本節中來做說明，根據筆者的瞭解是，浯寨在這方面和福建其餘四寨的差異性並不大。

首先是，領導系統方面。按照規定，「福建用兵，調度則在軍門，紀察則在巡按，統兵則在將領，處置軍需、稽查奸弊則在監軍，

各任其職，戮力同心，始克底績」。[4] 上文中，「軍門」是指巡撫，「巡按」即巡按監察御史，[5]「將領」即總兵及其轄下的將弁，「監軍」主要是指監司，[6] 包括有提刑按察使司（簡稱「按察司」）轄下專理閩海事務的「巡海道」、[7] 派巡各地的分巡道，[8] 以及承宣布政使司（簡稱「布政司」）派守各地的分守道。[9] 上述各官領導、察劾、執行和稽考各有所司，彼此間分工合作，以推動閩省軍事工作的進行。

---

[4] 戚繼光，〈經略廣東條陳戡定機宜疏〉，收入臺灣銀行經濟研究室編，《明經世文編選錄》（臺北市：臺灣銀行經濟研究室，1971 年），頁 111。

[5] 巡按監察御史，一稱巡撫監察御史。「洪武六年，詔令監察御史及按察司分巡官巡歷各府州縣，十四年設福建監察御史，賜印，篆文曰『繩愆糾謬』。正統四年，定御史專行巡歷，按察司聽其舉劾」。見何喬遠，〈文蒞志〉，《閩書》（福州市：福建人民出版社，1994 年），卷之 41，頁 1130。

[6] 沈定均《漳州府誌》曾載稱：「明始置監司，彈壓郡縣曰分守（道）、曰分巡（道），（福建）其在濱海，則又有巡海（道）」。見沈定均，〈秩官一‧明〉，《漳州府誌》（臺南市：登文印刷局，清光緒四年增刊本，1965 年），卷之 9，頁 3。

[7] 巡海道，隸屬於福建提刑按察使司，多由按察司副使或僉事充任之，一般又稱為「海道」、「巡海道」或「海道副使」。

[8] 福建按察司下轄有各分巡道，沿海有「分巡福寧道」、「分巡興泉道」和「分巡漳南道」等，亦多由按察司副使、僉事任之。見陳壽祺，〈明職官‧提刑按察使司〉，《福建通志》（臺北市：華文書局，清同治十年重刊本，1968 年），卷 96，頁 31。

[9] 福建布政司下轄有各分守道，沿海有「分守福寧道」和「分守漳南道」，多由布政司參政、參議任之。見陳壽祺，〈明職官‧承宣布政使司〉，《福建通志》，卷 96，頁 17。

至於，明福建當局如何有效地來執行指揮、督導和考核各水寨的備倭戰力和訓練成效呢？關於它的流程、細節和實施方式，筆者目前所能找到的是，嘉靖四十二年（1563）時相關情形的記載，時任福建巡撫的譚綸曾對此做過說明，指出：

> 五寨兵、船俱屬總兵官統督，監軍道監督。未汛之先，總會南臺，聽統督整搠訓練；汛期將及，分發哨守；汛畢，復總會南臺，殿最功罪而賞罰之；仍整搠訓練，以備來汛。如此，則總戛有經、聲勢亦重，虛偽盡革、實效可臻。但立法雖詳，振舉在將。[10]

前章已提過，因福建巡撫握有徵調沿海那一軍衛或守禦千戶所，到附近水寨值成的權力，[11] 故可視爲是水寨名義上的軍事最高指揮

---

10　譚綸，〈倭寇暫寧條陳善後事宜以圖治安疏〉，《譚襄敏奏議》（臺北市：臺灣商務印書館，1983 年），卷 1，頁 14。文中的「南臺」，地名，位在福州府閩縣，該地設置有監督公署和鎮守教場，供福建按察使和總兵共同調集各路軍兵，合營訓練之場所。見同前書，頁 17。上述譚綸所推動實施的五水寨指揮、考核之系統和流程，其原始的構想主要來自於戚繼光。見同註 3。

11　前面亦已提及，直至嘉靖三十六年時，福建設立巡撫才成為定局，而在未設巡撫之前，福建調遣衛、所到水寨值成的大權歸「鎮守」所有。

者。至於，實際上統督各水寨的軍事指揮者是福建總兵，[12] 亦即上引言所提的五水寨官軍兵、船皆歸總兵統督一事。

　　附帶一提的是，雖然上文中指出，五水寨兵、船歸由總兵統督指揮，但至嘉靖中期以後，直接負責管轄水寨的，卻是福建各路的參將。因為，總兵一人總管全省水、陸衛所各軍，但因營伍組織龐雜，實則力有未逮，福建當局遂於嘉靖二十八年（1549）時在總兵之下增置「參將」一員，以襄助之；三十五年（1556），續又添設成水、陸二路，各置參將一員；[13] 三十八年（1559）時，巡撫劉燾議准將添改之水、陸二路再增細分成北、中、南三路，各置參將一員、鎮守地方。其中，本文探討主題的浯寨，便在此時起，歸南路參將所轄管，而南路參將則和北、中二路相同，需接受總兵的節制。南路參將，駐劄漳州，轄地北起泉州晉江的祥芝巡檢司，南抵漳州詔安與廣東交界為止，[14]「漳州、鎮海二衛所軍，並浯嶼、銅山二

---

[12] 總兵又名總兵官，「嘉靖以前為暫遣，後為駐鎮總兵官」，見陳壽祺，〈明武職‧總兵官〉，《福建通志》，卷 106，頁 1。亦即嘉靖四十二年時，以福建連歲苦倭，遂議設總兵鎮守，春、秋二季駐在福州省城，夏、冬二季則駐鎮東衛城，福建總兵後遂成為定員。見同前書，〈明兵制〉，卷 83，頁 7。

[13] 福建設立「參將」一職，襄助總兵、鎮守地方，源起自嘉靖二十八年時都御史朱紈之題請，初設參將一員，然此時未有專管之特定職務；直至三十五年時，改為水、陸二路，各置參將一員，然此時亦未有專管之信地。請參見羅青霄，〈漳州府‧秩官志‧將領〉，《漳州府志》（臺北市：臺灣學生書局，明萬曆元年刊刻本，1965 年），卷之 3，頁 57。

[14] 同前註。

寨及漳州陸兵」諸營部伍，[15]皆歸其統轄指揮。

　　至於，前段引言「五寨兵、船俱屬總兵官統督，監軍道監督」中所指的「水寨兵船，由監軍道監督」一事，五水寨官軍兵、船雖由總兵來統率，但水寨官兵卻必須要接受該地監軍的分巡、分守二道的監督，而本文探討主題的浯寨，位在泉州，該府因布政司未派有分守道駐鎮，僅由按察司轄下的分巡道，即「分巡興泉道」來負責監督。分巡興泉道，駐地在泉州，它的起源可追溯自洪武初的福建按察分司，[16]嘉靖三十八年（1559）時由福寧道分出成立，「備兵興、泉，泉有專道自此始」，[17]而且，該道係由按察司長官「按察使」，[18]調遣其轄下的按察副使或僉事擔任此職，就近加以監督浯寨官兵的運作情形，包括稽查姦弊、課殿功罪、處置錢糧等項事

---

[15]　陳壽祺，〈明職官・南路參將〉，《福建通志》，卷106，頁2。

[16]　分巡興泉道，最早源自洪武八年設立的福建按察分司，二十四年時改為漳泉道，二十九年再改為福寧道。嘉靖三年，福寧道徙至泉州以備山寇；三十八年，因倭患侵擾，乃分福寧道駐鎮省城備兵福州，另置興泉道，由按察司副使或僉事充任之。請參見陽思謙，〈規制上・行署〉，《萬曆重修泉州府志》（臺北市：臺灣學生書局，1987年），卷4，頁22。

[17]　同前註。

[18]　福建提刑按察使司設按察使一人，正三品，掌該省刑名按劾之事，下尚有副使（正四品）、僉事（正五品）等官，皆無定員，「副使（和）僉事（主管）分巡、提學、兵備、撫民、巡海、清軍、屯田、水利、治河、驛傳，各專事焉」。見同註8，頁18。

務，[19]以達到軍事的「指揮權」和「監督權」兩者分離之目標。

　　上述閩省軍事的武將指揮、文官監督「二權分離」、「文官監督武將」的情形，在明代時，愈到後期愈爲周密，並對各層級指揮和監督人員加以細分，它的情形，一如萬曆末年時，閩撫黃承玄所說：

> 國家沿海列職，文武相制。全省則鎮臣統督，而撫臣監之；諸路則參、遊統督，而道臣監之；寨、遊則把總統督，而海防官監之。[20]

由上可知，福建總兵雖統督全省兵馬，卻須接受擁有用兵調度大權的巡撫來節制，而北、中、南三路的參將及轄下官弁，則由監軍的分巡、巡海和分守三道來負責監督。至於，原先亦由各分巡和分守二道監督的五水寨官軍，卻和隆慶、萬曆年間陸續成立的遊兵一樣，改歸由各地「海防官」來負責直接監督的工作。此一「海防官」，係由福建沿海四府一州的「同知」來擔任，亦因「其職在詰戎蒐卒，

---

[19]　請參見譚綸，〈倭寇暫寧條陳善後事宜以圖治安疏〉，《譚襄敏奏議》，卷1，頁21。

[20]　黃承玄，〈條議海防事宜疏〉，收入臺灣銀行經濟研究室編，《明經世文編選錄》，頁208。黃承玄，字履常，曾任河南、陝西布政使和應天府尹等職，萬曆四十三年，以右副都御史擔任福建巡撫一職，前後共計三年。

治樓船，簡器械，干掫海上，以佐觀察使者為封疆計」，[21] 故又稱之「海防同知」。海防同知，除佐助分巡、守二道監督該府、州海防事務的進行外，其它如轄境內水寨、遊兵所需之錢糧、器械的供輸工作，皆屬其業務範圍。而同知一職，係知府或知州佐貳之官，正五品，各府、州無定員，多僅置一員，如浯寨所在地的泉州府即是，但亦設有二員如漳州府，該府「原設一員，佐知府以庶務，兼管清軍。嘉靖四十五年添設一員，專管海防」。[22]

至於，福建水寨何時起歸由沿海府、州的同知來監督？目前僅知，漳州府的海防同知在嘉靖四十五年（1566）時設立，開始管轄該府海防相關事務的進行，轄境內的銅山寨、玄鍾遊歸其監督，亦當在此時。至於，本文探討主題浯寨所在地的泉州府，因相關的史料不易覓得，但據筆者推測，泉州同知參與該府海防事務的工作，時間最晚亦應不超過萬曆初年。因為，萬曆初年，時任泉州同知的陸一鳳，便已曾奉命偕同諸將兵船出航，征勦海賊林鳳於廣東的

---

21　葉向高，〈福寧州海防鄧公德政碑〉，《蒼霞草全集》（揚州市：江蘇廣陵古籍刻印社，1994 年），蒼霞餘草卷之 1，頁 8。

22　羅青霄，〈漳州府・秩官志上・職員〉，《漳州府志》，卷之 3，頁 3。上述漳州府在嘉靖四十五年增設的同知，因其專管海防的業務，一般謂之「海防同知」；且該同知亦係「正五品，初授奉議大夫，陞授奉政大夫，加授奉政大夫脩正庶尹」（見同前書，頁 3），故又稱之為「防海大夫」或「海防大夫」。相關例子，請參見張燮，〈餉稅考・督餉職官〉，《東西洋考》（北京市：中華書局，2000 年），卷 6，頁 147。

潮、惠，大敗之，並攻破其巢穴，[23] 此即是一明證。亦因，浯寨官軍、兵船係泉州海上防禦的主力，自然亦在此時，歸由泉州同知來監督。

綜合以上內容，知領導浯寨的軍事系統有二：一是指揮統率的部分，在明初時，亦即浯島時期的浯寨，兵、船係由福建總兵統率，至嘉靖中葉時亦即在「廈門浯寨前期」時，因水陸營伍組織龐雜，總兵一人難以獨任，浯寨把總遂先改由水路參將，後再改由南路參將來負責指揮。二是監督稽核的部分，浯寨官兵先前主要是由福建按察司「分巡興泉道」來直接負責監督的，但監督職級亦和指揮系統相同，時間愈晚區分愈爲細密，至「廈門浯寨後期」時，浯寨運作的直接監督工作，已改歸由較低層階的泉州府同知來負責執行。

其次是，寨兵平日操練的情形，主要分爲集合團操和各自操習兩種。一是水寨的集合團操，亦即前面引文中，閩撫譚綸所提及的「未汛之先，總會南臺，聽統督整捌訓練……」，亦即各水寨軍兵在汛期未到之前，福建當局爲因應汛期倭盜入犯、戰事爆發機會的增加，會先在福州近郊閩縣南臺的鎮守教場集合並進行團隊操演，以期嫻熟其兵陣戰技，除福建軍事最高將領的總兵會親臨指揮外，在此設有監軍公署的按察使，亦會到現場進行督劾。依筆者推估，因各寨平日有其海防勤務，此一各寨團操的時間可能不會太長，甚

---

23　陳壽祺，〈宦績‧明‧府佐〉，《福建通志》，卷137，頁11。陸一鳳，字子韶，常熟人，舉人出身，萬曆初任泉州同知一職。

至可能僅是各寨中一部分的兵丁參與而已。另外,若值春、冬二汛即將到來時,各寨官兵則逕赴各自的海防轄區,出海哨守執行勤務,並由各地的分巡、守二道就近加以監督,例如浯寨汛期勤務的執行,則歸擔任「分巡興泉道」的按察副使或僉事監督之;汛期結束後,各寨軍兵須再赴南臺集合,並對其先前汛期時防務的表現做一評比,並且,給予功過賞罰。

二是水寨的各自操習。除上述的福建各寨在南臺教場集合一起操練外,水寨軍兵平日駐守在各寨時,他們的操練情形究竟又是如何?因為,福建各水寨平時操習的直接史料,目前較難以尋得。恰巧,嘉靖時戚繼光的《紀效新書》卷之十八〈治水兵篇・常時水寨操習〉中,曾對此有過載述,它應可做為吾人瞭解此的最佳管道,該書所載寨兵平時操習的經過,大致如下:

即水寨軍兵操演的前一天夜裏,身為水寨指揮官的把總會將一面操演的大旗移插到他的中軍兵船上,以便讓各兵船的官兵知曉操演一事。隔日的清晨五更,水寨的掌號官先在兵船上吹長聲喇叭一盞,官兵起床、收拾東西並升火炊飯。大約等到中軍兵船上炊飯已熟,掌號官再吹第二盞喇叭時,官兵開始在各船進用早飯。當掌號官又吹起第三盞喇叭時,各兵船便駛往水寨,官兵登岸後前去水寨陸上的教場集合。一開始,各船官兵在水寨教場擺出操演的隊形(參見附圖五之一:常時水寨操習的「擺立圖」,引自《紀效新書》),

附圖五之一：常時水寨操習的「擺立圖」。引自《紀效新書》。附圖五之二：明代「蒼山船式」圖，引自《籌海重編》。

再依照此操演隊形將部伍操演到熟練爲止。之後，再讓官兵回到各自停泊岸邊的兵船上，並依照前面操法在兵船上做實際的演練。此時，假如泊船處一帶潮浪平靜的話，便依照前法來操演兵船。但

---

24　由《紀效新書》附圖的「擺立圖」中，得悉水寨平日操練的兵船，除有福船、海滄（冬仔）船之外，尚有浙江的蒼山船，此船體積稍小於海滄船（參見附圖五之二：明代「蒼山船式」圖，引自《籌海重編》），但行動方便利於制倭，故筆者疑以爲，福建五水寨此際正值嘉靖年間倭寇熾烈時，應該擁有此型的兵船。見戚繼光，〈治水兵篇・常時水寨操習〉，《紀效新書》（北京市：中華書局，1996 年），卷之 18，頁244、253。

是，附近若是關港狹曲、風潮浪大，不適合操演兵船大舟時，則改用小船甚或舢舨，依原來操演的隊形來做替代的操演；這種較爲簡略、替代演練的小船，每艘通常是由原來兵船上的甲長一名帶領著甲兵五名來操演的。[25]

## 2.人員、兵船的數目及其來源的變動

浯嶼水寨在廈門，不僅時間甚長，而且，期間又發生長達二十年的嚴重倭禍，故在組織體制上有相當大的變化，以下主要就此一時期浯寨人員、兵船的數目及其來源變動，做一敘述說明。雖然，浯寨被福建地方當局遷入近岸離島的廈門，在「廈門浯寨前期」時並未改變原本在浯島時衛、所軍兵值戍浯寨的型態，依舊是由附近的漳州、永寧二衛、所官兵來執行水寨輪值戍守的勤務，值戍廈門浯寨的官兵額數亦當維持浯島時的三四〇〇人左右。但，問題是出在衛、所兵制的廢弛，前已提及，此一缺失現象早在英宗正統時便可見到，因衛、所屯地遭地方勢豪兼併，糧餉、武備不能及時供給，導致兵丁爲謀生計，相率地逃亡。

上述福建沿海衛、所軍兵，因缺額逐漸地增加，亦直接影響到附近各水寨值戍勤務的進行，此種情況至嘉靖中前期時，便已十分地嚴重。嘉靖二十六年（1547），副都御史朱紈所上奏的〈查理邊

---

25　以上內容見同前註，頁 244。每艘福船共有五甲，海滄（冬仔）船則為四甲，每甲有甲兵十人，上設甲長一人以轄領之。

儲事〉疏中，便直指：

> 浯嶼水寨，原額官軍三千四百四十一員名，今實有二千四十
> 員名，虧額之數已過五分之二；又分班休息，見在哨守六百
> 三十四員名，實有之數不存三分之一。[26]

浯寨此時已有一四四一名的逃兵，約佔總數的三分之一強。不久
後，朱紈另再上〈閱視海防事〉疏，不僅痛陳五水寨軍備廢弛嚴重，
海防設施形同具文。[27] 其中，又提到浯寨見在的哨守官軍僅有六五
五人，與前提的六三四人相差無幾，但問題是，該軍往赴浯寨值戍
所需六個月的行糧，竟然欠支了兩個月。至於，浯寨戰、哨等船部
分，前已提及，浯島浯寨兵船原額有四十二隻，由值寨的衛、所提
供，[28] 但至此時，「浯嶼寨四十隻，見在止有十三隻，見在者俱稱

26　朱紈，〈查理邊儲事〉，《甓餘雜集》（濟南市：齊魯書社，1997 年），
　　卷 8，頁 11。

27　請詳見朱紈，〈閱視海防事〉，《甓餘雜集》，卷 2，頁 16－27。

28　附帶一提，英宗正統以後，因衛所兵制廢弛，影響水寨勤務的執行，
　　因此，有一段時期曾招募民間船舶以填補浯寨兵船的不足，請參見懷
　　蔭布，〈軍制・水寨軍兵〉，《泉州府誌》（臺南市：登文印刷局，清同
　　治補刊本，1964 年），卷 24，頁 36。

損壞未修，其餘則稱未造」；[29] 其它如「巡檢司在泉州沿海者芋溪等處共一十七司，弓兵一千五百六十名，見在止有六百七十三名。至於，居止衙門并瞭望墩臺俱稱倒塌無修，無一衛一所一巡司開稱完整者」。[30] 為此，朱紈便慨嘆道：「夫所恃海防者兵也、食也、船也，居止瞭望也，今皆無所恃矣」！[31] 此外，同在嘉靖中葉時，亦即在朱紈去職後不久出任福建巡海道一職的卜大同，亦指當時的浯寨逃兵嚴重，官軍逃亡者共一四六八人，[32] 此與前述的一四四一人相比，逃亡人數又略有上升。

在廈門浯寨前期，不僅前來值戍的衛、所官兵存有大量逃亡的現象外，浯寨的內部腐化亦已存在，將弁貪瀆受賄的情形時有所聞，如嘉靖二十七年（1548）的浯寨把總丁桐貪受財貨，私縱佛郎

---

[29] 同註27，頁18。上文中的「戰、哨等船」，係指兵船在海防中擔任的職務角色，亦即職司戰鬥任務的「戰船」以及負責出海哨巡的「哨船」，並非是指兵船的型式。例如廈門浯寨兵船便有福船、哨船、冬（仔）船和鳥船等四種不同的型式，此處的「哨船」和前面的意思不同。特此說明。

[30] 同前註。

[31] 同註27，頁18。

[32] 卜大同，〈士卒〉，《備倭記》（濟南市：齊魯書社，1995年），卷上，頁5。該文稱：「浯嶼（寨），則永寧、福全、金門，崇武共撥軍三千四百二十九人，今逃亡者一千四百六十八人」。此處，指浯嶼寨兵有三四二九人，與前述朱紈〈查理邊儲事〉疏，所稱的三四四一人，數目上有所差異，其原因有以下的兩種可能，一是前者不包括前往值戍的衛、所軍官，二是各水寨值戍的衛、所官兵人數因不同的時間而有些許的差異。筆者認為，前者的可能性較高。

機夷船入漳州販貿，被逮送京師審訊，判以「發邊永遠充軍，子孫不許承襲」的重刑。[33] 丁桐，係出身於衛所世襲軍戶，嘉靖二十六年（1547）前後以興化衛指揮僉事的身分調守浯寨，丁本人曾先後駐戍小埕、南日、浯嶼諸寨「屢有捕誅島夷功」，且深得水寨官兵人心，[34] 以如此突出的水寨指揮官竟然還會私貪不法，莫非這正說明著此時福建軍紀風氣普遍不佳，浯寨將弁已視接受賄賂乃理所當然！

值得留意的是，除了值戍的衛、所官兵大量地逃亡，影響到浯寨海防任務的執行和功能的發揮之外，再加上，上述的內部腐化貪瀆等問題，此時的浯寨已到「功能不彰、有名無實」的地步。此一

---

33　嘉靖二十七年，時值欲通販中國的佛郎機夷人私潛漳州府境，福建巡按金城遂檄海道副使柯喬禦之，並彈劾浯寨把總丁桐貪賄受夷人金縱之入境，乞請正其罪並請籍產；丁桐遂被繫，逮送京師問訊，經審判後，朝廷遂以「丁桐身為海寨防守之官，肆行受財枉法之私過，異於結交誆貸，其引寇貽患情犯尤重，合無比照前例，定發邊衛永遠充軍，子孫不許承襲，庶昭姦貪不法之戒」。見朱紈，〈都察院一本為夷船出境事〉，《甓餘雜集》，卷6，頁9。文中的「佛郎機夷」，即葡萄牙人。

34　丁桐，全椒人，「善射，有膂力，習海事，每駕帆，輒自持舵截海，時時於舟檣旁馳突呼嘯，先後鎮小埕，鎮南日，鎮浯嶼，屢有捕誅島夷功」。當丁桐繫逮京師，被判「發邊永遠充軍，子孫不許承襲」後，「踰數冬，諸寨水軍當鞠問，無不扼腕流涕，願為桐死者。久之，刑部郎中陸穩以恤刑至，力為疏理，報聞而已。會倭奴侵軼江浙，給事中曹禾，憐桐材勇，請貰其罪。詔出之，而桐已死」。見何喬遠，〈武軍志・興化衛〉，《閩書》（福州市：福建人民出版社，1994年），卷之70，頁2057。

景況，亦可由嘉靖二十六年（1547）時，巡海道柯喬以「水寨名存實亡、反以導寇」為由，議請副都御史朱紈起用有舟師水戰之長才的守備俞大猷，常駐漳州要害地供其調度，以節制五水寨軍兵，「五水寨把總以下官軍，并沿海衛所俱聽約束，居常則嚴加操練，補偏救敝，有警則相機截捕，巧發奇中，海寇固不足憂」一事中，[35] 獲得了一些印證。而上述有關廈門浯寨兵丁缺額嚴重、功效不彰的問題和現象，一直要到福建倭亂被平定後，才有較大的轉變。

嘉靖四十二年（1563）夏，福建倭禍漸至尾聲，廈門浯寨進入「浯寨革新期」。福建巡撫譚綸見先前五水寨缺額嚴重、功效不彰，欲對水寨兵源體制進行一次大規模的改革，遂於該年（1563）五月題上〈倭寇暫寧條陳善後事宜以圖治安疏〉，在該疏「議復寨以扼外洋」條下，除主張改陞水寨指揮官名色把總為「欽依」把總，以重其事權外，[36] 並認為福建水寨「法久人玩，武備漸弛，倭患突登，舊制盡失」，故力主「為今之計，亟宜查復五水寨之舊，每寨設兵船四十隻，兵（一）萬三千名，五寨通計用船二百隻，用兵六萬五千名，以（水寨）五把總領之」。[37] 譚綸上述的建議，前者很快便

---

35　朱紈，〈薦舉將材乞假事權以濟地方艱危事疏〉，《甓餘雜集》，卷2，頁9。附帶一提，文中的柯喬，係以福建提刑按察使司副使的身分擔任巡海道一職，而前文提及過的卜大同是其次兩任的巡海道，馮璋則是柯、卜二人中間任巡海道者。見陳壽祺，〈明職官・巡海道〉，《福建通志》，卷96，頁31。

36　請參見同註19，頁15。

37　同前註，頁13。

獲得朝廷回應，同年，廈門浯寨的指揮官和其餘諸寨改陞爲欽依把總。[38] 至於，譚個人要求每寨設戍軍一三〇〇人和兵船四〇隻的願望似乎都未能實現，倒是明初以來實施的抽調沿海衛、所值戍水寨的制度被廢止了，改由各寨自行另募新兵，以填補先前輪戍的衛、所兵丁遺下空缺，而此一重大的改變，是發生在隔年即嘉靖四十三年（1564）時。至於，此次廈門浯寨變化最大之處，在於兵丁來源、官兵額數和兵船數目的重新安排，根據懷蔭布《泉州府誌》卷二十四〈軍制‧水寨軍兵〉載稱，嘉靖四十三年（1564）浯寨和其餘四寨相同，「每寨設兵船三十二隻，用兵二千二百名，以把總領之，屬總兵官統督，監軍道監督」。[39] 上述五寨各擁二二〇〇名的軍丁，便是此次另行招募充數的新兵，而原有的衛、所兵丁則不再三班輪戍水寨，僅於春、多二汛期時，依舊維持原先的慣例，繼續由原衛、所派出支援航駛兵船的「貼駕征操軍」，以協助新募寨兵出海扼險備敵而已。至於，此時支援浯寨的貼駕軍數目爲何？據周凱《廈門志》載稱，此時衛所貼駕兵船的征操軍有五八〇名。[40]

　　由上可知，在「浯寨革新期」時，廈門浯寨除有新募充數的官軍二二〇〇人，加上原來漳州、永寧二衛、所於汛期時調援貼駕征

---

[38]　請參見臺灣銀行經濟研究室編，〈泉州府新志摘錄‧水寨官〉，《清一統志臺灣府》（南投縣：臺灣省文獻委員會，1993 年），頁 58。

[39]　同註 28，頁 35。

[40]　周凱，《廈門志》（南投縣：臺灣省文獻委員會，1993 年），卷 3，頁 80。

操軍的五八〇人，合計共有官軍二七八〇人。而浯寨此一數目，雖比前述的嘉靖二十六年（1547）時衛、所兵丁逃亡嚴重僅存的二〇四〇人僅多出七四〇人，並且遠不及浯島浯寨時原本官軍三四四〇人的額數。乍看之下，似乎會以為此期浯寨「革新有限」，但若深入探究可發現它改變並不少，一是，它不似浯島時期的浯寨沒有自家的兵船，此時的浯寨已擁有隸屬於該寨的兵船，它的數目共有三十二隻，雖然它和浯島浯寨時由前來駐戍的衛、所提供的兵船額數四十二隻尚有一段距離，但是，它的數量愈到後期愈多，神宗萬曆三年（1575）以後，浯寨擁有的兵船便已達四十隻。[41] 二是，浯寨亦開始擁有自身的水軍寨卒亦即上述的新募官軍，他們和先前戍寨的衛、所官兵的最大差別，是不再將駐援的官兵拆解成三個部分，分成上、中、下三班輪戍，值戍一年後便可休息半年，而是新募寨卒改成全數駐守水寨，執行海防勤務。

### 3.海防轄區的變遷情形

　　廈門時期浯寨的海防轄區（參見附圖五之三：「廈門時期浯嶼水寨汛防範圍變遷圖」，筆者製），究竟和在浯島時有何差異？因在本節一開始便提及，廈門浯寨不僅時間長，期間閩海局勢變動亦不小，甚至，連浯寨海防轄區在本時期的變化亦大於先前的浯島時

---

[41]　謝杰，《虔臺倭纂》（北京市：書目文獻出版社，1993年），下卷，頁46。謝杰，福州長樂人，萬曆初進士，官至戶部尚書。

期，因此，以下的內容亦依「廈門浯寨前期」、「浯寨革新期」和「廈門浯寨後期」的三個時段，逐次來探討廈門浯寨海防轄區的變遷情形。

首先，是「浯寨廈門前期」。此一時期，亦沿襲先前浯島時期「岱嶼以南，接于漳州，浯嶼水寨轄之」的海防轄區，並未更動。[42] 關於此一汛地範圍，卜大同在《備倭記》卷上〈方畫〉中說得更明白，清楚地指出浯寨轄境的南北兩端在何處，其內容如下：

> 自（晉江縣）祥芝以南至漳浦縣井尾巡檢司，約四百里，則以浯嶼水寨轄之。……蓋所謂「信地」云爾。[43]

根據上述這位嘉靖三十二年（1553）前後，[44] 曾任福建巡海道一職的官員說法是，在「廈門浯寨前期」時，浯寨海防轄區則是南、

---

[42] 前已提及，浯島時期的海防轄區，係「岱嶼以南，接于漳州，浯嶼水寨轄之」。在前面「遷入廈門的浯寨有否再遷回浯嶼」的章節中，曾提及胡宗憲、鄭若曾反對重遷浯寨回浯島，曾主張「慎密廈門之守，於以控泉郡之南境，自岱墜以南接於漳州，哨援聯絡」，透過加強廈門浯寨轄境的防務，來彌補水寨內遷廈門之缺憾，可知，此際浯寨的汛防範圍仍是「自岱墜以南、接於漳州」，並未更動。此一情況，直到嘉靖四十二年「浯寨革新期」以後，才發生了改變。

[43] 卜大同，〈方畫〉，《備倭記》，卷上，頁 3。

[44] 前文的註中，已提及，巡海道卜大同的前一任是馮璋，馮任該職的時間是在嘉靖三十年，據此加以推估，卜應在三十二年前後擔任此職。見馮璋，〈通番舶議〉，收入臺灣銀行經濟研究室編，《明經世文編選錄》，頁 53。

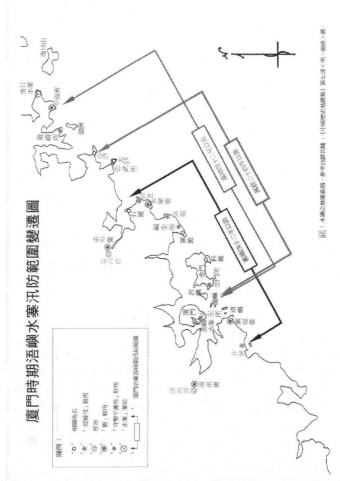

附圖五之三：廈門時期浯嶼水寨汛防範圍變遷圖，筆者製。

北各與銅山、南日二寨汛地相連，亦即北邊由泉州晉江縣的祥芝巡檢司開始，[45] 往南一直延伸到漳州漳浦縣的井尾巡檢司之間沿海岸線以東，[46] 共約四百里的近海水域，此一海防汛地又稱為「信地」。其中，北邊的祥芝，位處泉州灣的南岸，便是以該地附近的岱嶼和南日水寨為界；至於，汛地南端的井尾，在浯島時期亦是浯寨備倭要地之一，「廈門浯寨前期」浯寨的汛防範圍大致如上。

除了，指出廈門浯寨汛防的範圍外，卜大同另亦詳列七處轄境內的險要之地，即：「大擔（嶼）、舊浯嶼、梅林、圳上、圍頭、白沙、料羅、金門、烏沙、會[誤字，應「曾」]厝安[誤字，應「垵」]、南風灣，是為浯嶼（水寨）要害」，[47] 必須「嚴而守之，斯賊不敢侵軼矣」。[48] 以上十一處，除烏沙港、南風灣二處詳確地點待考外，[49] 其它九處皆屬泉州海防要地，如浯寨原址的舊浯嶼、「險與浯嶼同」的大擔島、介於福全千戶所和深滬巡檢司之間的圳上澳、南北舟船往來必泊之地的圍頭、浯島浯寨備禦要地之一的料羅、「嘉禾、

---

45　祥芝巡檢司，地在晉江縣的二十都，距縣城五十里，東抵外洋大海，隔著泉州灣和北岸的崇武守禦千戶所遙遙相望。

46　井尾巡檢司，洪武二十年由江夏侯周德興奏設，司城設在漳浦縣東北二十三都的井尾社。見羅青霄，〈漳浦縣・兵防志・兵制〉，《漳州府志》，卷之 19，頁 56

47　卜大同，〈險要〉，《備倭記》，卷上，頁 7。

48　同前註，頁 8。

49　烏沙港，位置應接近漳州的鎮海衛、岐尾一帶。至於，南風灣則在漳浦縣青山巡檢司的轄境。至於，為何卜大同將其二處列入浯寨汛防要害之地，則有待發掘其他史料深入探討之。

泉南之捍門」的金門島等七處，[50] 皆被列入《泉州府誌》〈海防·
防守要衝〉之中。[51] 其餘的三處，即地處深滬灣北岸、永寧衛城旁
的梅林，地近圍頭灣北側、石井江口東岸的白沙，位「在廈門盡南，
西扼海門，南對大武（山），東制二擔、浯嶼之衝」的曾厝垵。[52]
以上各處多係險要或交通樞紐的灣澳島嶼，是浯寨兵船哨巡時留意
的重點地區。

其次是，「浯寨革新期」。廈門時期浯寨所轄的汛地範圍，至
嘉靖四十二年（1563）時有了重大的改變。該年，時值福建倭寇漸
被討平，鑑於海防廢弛、積弊亟待釐清，巡撫譚綸、巡按李邦珍和
總兵戚繼光會議，遂決定題請中央恢復昔日「五水寨以扼外洋」之
制度。譚綸等人詳細的構思計劃，如下：

> 將烽火門、南日山、浯嶼三艍[疑誤，應「寨」]為正兵，銅
> 山、小埕二寨為遊兵，選各衛指揮千百戶有才力者充五寨把
> 總，以都指揮體統行事，分信地、明斥堠、嚴會哨、定功罪。
> 五寨兵船，每寨各屯劄二哨，又分二哨屯劄大洋賊船必經之

---

50　林焜熿，〈分域略·形勢〉，《金門志》（南投縣：臺灣省文獻委員會，
　　1993 年），卷之 2，頁 7。

51　懷蔭布，〈海防·防守要衝〉，《泉州府誌》，卷 25，頁 16。

52　陳壽祺，〈各縣衝要·泉州府·同安縣〉，《福建通志》，卷 86，頁 19。
　　此處的「海門」，係地在九龍江河口南岸的小島，和月港、廈門距離
　　各半，明正統年間置海門社巡檢司於此。「大武」，係指漳浦縣境東北
　　方的南太武山；「二擔」，則是指大、二擔島，亦即擔嶼。

處，其餘各寨附近緊要港澳，則分哨往來、以防內侵。又於
道里適均海洋，定為兩寨會哨之地。

蓋倭賊由浙而南，則烽火門（寨）為先，故分兵屯劄於烽火
（寨）以上之井下門而與浙船會哨，南則與小埕（寨）會哨
于西洋山，屬羅源縣。小埕（寨）則分劄於西洋而與烽火（寨）
會焉，南則與南日（寨）會哨于梅花所之南茭。南日（寨）
則分劄於松下，又移至南茭與小埕（寨）會焉，本寨[即南日
寨]屯劄兵船則移至平海衛前與浯嶼（寨）會哨。浯嶼（寨）
則分劄於湄洲山，而移與南日（寨）會焉，又（浯嶼寨）兵
船二哨屯劄於料羅，移至擔嶼與銅山（寨）會哨，其銅山（寨）
兵船則二哨屯劄浯嶼（島），又二哨屯于沙洲山，由北而南
則為廣東界矣。

信地既定，兵勢聯絡，賊寡則各自為戰，賊眾則合力併攻，
以擊外洋之來賊為第一，擊去賊次之，失賊弗擊與致賊登洋
者，查照信地論罪。[53]

此次譚綸等人，除了主張每寨兵船分為二大　共四哨、汛期時屯守
海上險要處，清楚地劃分各水寨的汛地範圍，以及嚴格執行各寨間
「會哨」制度之外，並建議將五水寨分而為二，烽、南、浯三寨為
正面當敵之正兵，銅、小二寨為伏援策應之遊兵，正、遊二兵相間，

---

53　顧亭林，〈興化府・水兵〉，《天下郡國利病書》（臺北市：臺灣商務印
書館，1976 年），原編第 26 冊，頁 55。

「正」、「奇」互為運用，[54] 扼賊敵之于海上，若犯賊寡少則各寨兵船自行禦戰，賊夥若眾多則各寨合力圍攻。希望透過上述這些的措置，來重新建構倭亂平後的福建海防體制。

而上述這些源自於戚繼光個人構想的提案，[55] 經朝廷同意後付諸實施，於是，譚綸等人所主張的「烽火寨北界浙江，南界西洋（山）；小埕寨北界西洋，南界南茭；南日寨北界南茭，南界平海；浯嶼寨北界平海（衛），南界擔嶼；銅山寨北界擔嶼，南界柘林。……每寨兵船分二綜，屯劄外洋，會哨交界，聲勢聯絡，互相應援」的福建海防新構想，[56] 便獲得了實現。文中的「綜」字，係船隊之意，

---

[54]　《孫子兵法》卷中〈勢篇〉：「凡戰者，以正合，以奇勝。……戰勢不過奇正，奇正之變，不可勝窮也」。因兵法中的「奇正」之說，各家解釋均不同，如曹操主張「正者當敵，奇兵從傍擊不備也」。見曹操等注，〈勢篇〉，《十一家注孫子》（臺北市：里仁書局，1982 年），卷中，頁 68。文中「烽、南、浯三寨為正面當敵……」一段的字句，係筆者詮釋上引文「烽火門、南日山、浯嶼三寨為正兵，銅山、小埕二寨為遊兵」的意涵，僅屬個人的見解，正確與否，尚祈方家指正。

[55]　此一建議的原始構想，應為戚繼光所提出，時間約在嘉靖四十一年十月，請參見〈水陸備禦機宜上譚中丞〉一文，收錄在戚繼光，《戚少保奏議》（北京市：中華書局，2001 年），卷 3，頁 80。另外，在其子戚祚國匯纂的《戚少保年譜耆編》，亦有如下的記載：「初，譚公與家嚴議水陸備禦機宜，家嚴曰：『水營五寨，當以烽火（門）、南日、浯嶼三綜為正兵，銅山、小埕二綜為遊兵，分信地、明斥堠、嚴會哨，賊寡則令各自為戰，賊眾則合力并攻，以扼之于外洋』」。文中的「譚公」和「家嚴」即譚綸、戚繼光二人。見同註 3。

[56]　周之夔，〈海寇策（福建武錄）〉，《棄草集》（揚州市：江蘇廣陵古籍刻印社，1997 年），文集卷之 3，頁 53。

前章曾已提及，在此則指水師兵船編結成艦隊，以執行哨巡、戰鬥
等任務。

　　至於，此次廈門浯寨汛地範圍更動的詳細情形，究竟又是如
何。前述的「浯嶼寨北界平海，南界擔嶼」，說明浯寨整個汛防範
圍往北邊做了大挪移，此一重大的改變，隆慶時纂修的《泉州府
志》，曾有如下的相關記載，指稱：

> 本（浯寨）寨兵船一艉直至湄洲屯劄，一艉直到料羅屯劄，
> 而峻[誤字，應「圳」]上一帶量撥巡哨。寇至，則以全力守
> 湄洲。而於平海衛前，與南日會哨；銅山又守舊浯嶼，而于
> 擔嶼與浯嶼（寨）會哨。本寨汛地，北至南[誤字，應「平」]
> 海，南至擔嶼。[57]

由上可知，經過調整後的浯寨汛地，北段已越過原先北端的岱嶼，
經崇武、小岞、湄洲直抵平海衛城；南段的部分，原先南端的井尾、
甚至是浯寨原址的舊浯嶼皆改由銅山寨接手負責汛防，浯寨的南端
亦改成僅至擔嶼而已。浯寨兵船除各在南、北交界的擔嶼、平海衛
城和前來此地的銅山、南日二寨兵船進行會哨工作外，廈門浯寨兵
力的佈署重心亦跟著向北移動，改以湄洲島為防禦敵寇的核心，並
將浯寨兵船分成二艉，亦即兩支巡海的艦隊，一支即屯守在湄洲，

---

[57]　引自懷蔭布，〈軍制‧水寨軍兵‧水寨所轄汛地〉，《泉州府誌》，卷24，
　　　頁35。附帶一提的是，而此一建議獲准實施，亦載於周凱，《廈門志》，
　　　卷3，頁82。

另一則在料羅，皆賊船必經之要處；此外，並量撥部分兵力至湄洲、
料羅之間的圳上澳，執行哨巡任務並扮演湄、料二要地間的「策應」
角色。總之，「浯寨革新期」的最大改變在於廈門浯寨汛防重心的
北遷，不僅汛地範圍整個北移，連備寇兵力的佈署都以接近北端（即
平海衛城）不遠的湄洲爲核心，甚至浯寨原址的浯島都成了銅山寨
的轄區，此一演變趨勢令人感到驚訝！此次的大變革，主要係因嘉
靖時倭禍劇烈，寇入犯多由浙而南下，沿海百姓橫遭荼害。因爲，
日本列島地處江、浙東面的大海中，倭人每年常乘北風南下，駕船
順勢入犯中國，而浙、閩交界一帶的溫州、福寧等地首當其衝。關
於此，顧亭林便曾指出過：

> 始，倭之通中國，實自遼東。今，乃從南道浮海自溫州、福
> 寧以入，若東北風自彼來此，可四、五日程。蓋其去遼甚遠，
> 而去閩海甚近也。[58]

鑑此，福建當局爲恐慘劇的重演，遂特別加強倭寇來犯方向的守
備，而加強泉州浯寨北面汛防能力便是其一，但因「矯枉過正」，
卻將浯寨備倭主力佈署在過於接近北端的湄洲島，此一「恐倭南犯」
的心理，導致浯寨防衛過度地「偏重極北」，造成浯寨的兵力佈署
構思失去了平衡。尤其，浯寨汛防的北端更是遠抵平海衛城，該地

---

[58] 同註53，頁56。

「去南日寨，咫尺之間耳」，[59] 十分地離譜。

最末是，「廈門浯寨後期」。嘉靖四十二年（1563）廈門的浯嶼水寨自汛防重心向北挪移後，閩南的海防便衍生出一些問題，增強浯寨北面防務的兵力不僅使得南面相對變得較爲薄弱些，而且，銅山寨因汛防北端由原先的井尾，向北延伸經鎮海衛城、浯嶼島直抵擔嶼，汛地北段防務的負擔跟著加大。但此一問題，在穆宗隆慶四年（1570）時，便因浯銅遊兵的設立而獲得部分的解決。因爲，隆慶以後，福建當局延續嘉靖時戚繼光、譚綸「五寨二分正、遊兵，正遊交錯，奇正互用」海防構思，並將其構思的規模加以擴大，在寨和寨之間的島嶼上增設遊兵，「大抵（而言），寨兵專顧信地，不許縱賊登岸；遊兵專事策應，不許逡巡逗留」，[60] 透過上述的方式，讓新設的遊兵和原先的五寨形成交錯，水寨兵船負責正面當敵、阻其登岸，遊兵則扮伏援策應之奇兵，「寨遊相間、奇正互用」，希望藉此能更有效地來對抗入犯的倭人。

其實，隆慶以後福建當局會增設遊兵於沿海島上，和嘉靖末時譚、戚「議遷水寨回舊地」不成一事，有著直接的關聯。因爲，水寨寨址依然留在內港或岸澳邊上，「外海聲息不通」、「倭盜突犯

59　俞大猷，〈鎮閩議稿（隆慶六年六月二十四日）〉，《正氣堂集》（甲戌四月盋山精舍刻印本），頁 10。此時南日寨早由南日島遷入對岸的吉了澳，該地距離平海衛城十分地接近。

60　不著編人，《倭志》（南京市：國立中央圖書館，清初藍格鈔本，1947年），收入玄覽堂叢書續集第 16 冊，未列頁碼。

馳援不及」、「官兵苟安內港」……等問題繼續地存在,這使得譚、戚「恢復五寨以扼外洋」的制度在推行時,而有了重大的缺陷。所以,新設遊兵在沿海島上,「分伏諸島,往來巡探攻捕,而遠邏之于大洋之外」,[61] 便有填補昔時水寨設在近海島中「據險伺敵」的用意存在。除了上述介於浯、銅二寨之間的浯銅遊兵外,隆慶時新設的,尚有福州的海壇遊兵,[62] 該遊兵則在小埕和南日寨之間。萬曆以後,福建當局又在閩海島嶼陸續增設了湄洲、崳山、礵山、澎湖……等遊兵,有關此,請詳見後文的說明。

前述的增置浯銅遊兵一事,多少雖可彌補因福建汛防重心北移所導致的浯寨南段汛防不足,以及銅山寨北段防務負擔過大的缺失,但是,浯寨北段防務範圍過大的問題依然存在。至隆慶六年(1572)時,福建總兵俞大猷除主張嘉靖四十二年(1563)譚綸等人新定五寨汛防範圍,有必要重新再做調整外,並認為浯寨北段的汛防範圍太大,主張議建「浯嶼策應哨」以增強北段的防務。俞在其〈鎮閩議稿(隆慶六年六月二十四日)〉中,如此地說道:

> 查得原設水寨舊規,烽火門(寨)上哨至浙江界,下哨至西洋山與小埕(寨)會哨;小埕(寨)上哨至西洋頭,下哨至

---

61　姜宸英,《海防總論》(臺北市:藝文印書館,1967年),頁6。

62　海壇遊兵,在福清海壇山,「洪武初,徙(海)壇民於內地,盜藪焉。(島)中湧淡水,島夷南北來,必取汲。隆慶初,始建遊兵鎮守」。見何喬遠,〈扞圉志〉,《閩書》,卷之40,頁988。

松下與南日（寨）會哨。後，因倭警紛紛，小埕（寨）把總
傅應嘉倡議，更改以小埕（寨）下哨止至南茭，令南日寨上
哨至南茭與之會哨。本官素恃其才，人皆從之。南日（寨）
下哨，舊至於泉州之岱隊與浯嶼（寨）會哨，乃縮而止於平
海衛，去南日寨咫尺之間耳。浯嶼（寨）之上哨遂越至於南
日寨，下哨至於大擔（嶼），其信地為獨遠也。[63]

在上文中，俞表達出個人對傅應嘉縮短小埕寨汛防南端至南茭一事
的不滿，藉此來婉轉批評譚綸等新定五寨汛防範圍有問題，俞主張
「今日似當改正，小埕（寨）上哨至西洋，下當哨至松下，與南日
（寨）會哨。南日（寨）上哨至松下，下當哨至崇武與浯嶼（寨）
會哨。浯嶼（寨）上哨至崇武，下當哨至鎮海澳與銅山（寨）會哨。
銅山（寨）上哨至鎮海與浯嶼（寨）會哨，下哨至潮州南澳，庶乎
各得其平」。[64] 其中，尤以浯寨的部分，俞認為「北抵平海衛，南
至擔嶼，其信地獨遠」十分地不合理，雖然他已主張改成「北抵崇
武、南至鎮海衛」，但他認為如此做還不夠，因「浯嶼信地似乎亦
獨遠，當有以補之」，如何補之？俞主張成立「浯嶼策應哨」，「上
哨至崇武，與南日寨會哨；下哨至圍頭，與浯嶼寨會哨」，[65] 以彌
補浯寨北段汛防的不足。至於，浯嶼策應哨的構想和細節，俞主張

---

63　同註59。
64　同前註，頁11。
65　同註59，頁11。

是由分巡興泉道見集各縣機兵六○○名，皆海邊長於水戰之人，議請閩撫調發大、小兵船十四隻，器械楫具齊備，聽把總秦經國帶兵領駕，在泉州車橋地方拋泊，兵船分鯨為二哨各至崇武、圍頭而與南日、浯嶼二寨會哨，「其修船犒賞及修整器械、火藥諸事，俱如各寨之例，惟工食聽該道於各縣民壯工食內處給，自今行之，以為定規也」。[66]

隆慶六年（1572）俞大猷希望成立「浯嶼策應哨」的構想，以及重定五寨汛防範圍的建議，似乎並未得到福建當局的採行。雖然如此，俞個人上述的主張已凸顯出一件事，亦即譚綸等人新定浯寨的汛防範圍問題確實不小。筆者以為，它的問題主要來自於兩方面，一方面是前段曾提及的，浯寨汛防重心北移導致南段的汛防變得薄弱，以及銅山寨汛地北段防務負擔變大的問題，雖然此一問題已透過浯銅遊兵的增設而加以彌補。另一方面的問題則是，因浯寨兵防重心過度偏向極北端，使得本已拉大的浯寨北段汛防範圍缺乏相對稱的兵力，此亦難怪俞大猷會為浯寨「其信地為獨遠」而發不平之鳴，並希冀透過縮短浯寨北段汛地範圍和增設「浯嶼策應哨」，來彌補浯寨北段汛防不足的缺憾。

雖然，福建當局未能採行俞的建議，但在萬曆初年時，延續先前隆慶時「寨遊相間、奇正互用」的海防政策，另又在閩海北、中、

---

66　同前註。

南三處倭盜時常出沒的島嶼上,成立了三支遊兵,[67]它分別是崳山、[68]湄洲和玄鐘三遊,[69]藉此來和水寨做互補的工作,而與先前的浯銅、海壇二遊相同,它們皆各置名色把總一員,配置固定數額的水軍、兵船,用以哨巡汛地。[70]上述新增的三遊兵中,與浯寨關係最直接的莫過於湄洲遊,因該遊的成立,不僅可補強南日寨南段的防務,最重要的是,它分攤浯寨北端汛防的大部分工作,讓浯寨兵力重心過度偏北的情況藉此可以稍作調整,但是,此時浯寨的汛防範圍依然未作變更,繼續維持在「浯寨革新期」時的「浯嶼寨北界平海,南界擔嶼」的狀況。而此一狀況直至本期(即「廈門浯寨後期」)

---

[67]　曹剛等,〈武備〉,《連江縣志》(臺北市:成文出版社,1967 年),卷 16,頁 2。

[68]　崳山島,與臺山相崎外海,福寧州之門戶。該地係為商舶往來所經、海寇出沒之地。見同註 62,頁 987。

[69]　湄洲島,地在興化莆田海中,島上有淡水,倭盜海寇常停泊取飲。見同前註,頁 988。至於,玄鐘遊,一稱「南澳遊」,係因南澳、玄鐘二地位在閩、粵兩省漳、潮邊界處,南澳尤為盜賊之淵藪,萬曆四年時,經福建巡撫劉堯誨會同兩廣總制題准,設立南澳副總兵和玄鐘遊兵,玄鐘遊聽南澳副總兵調度,故又稱「南澳遊」。請參見陳仁錫,〈海防‧閩海〉,《皇明世法錄》(臺北市:臺灣學生書局,1965 年),卷 75,頁 5;沈定均,〈兵紀二‧諸遊〉,《漳州府誌》,卷 22,頁 11。南澳,是漳、潮二府交界的海上島嶼。玄鐘,則位在詔安東南閩海盡處,北接銅山、南界潮州,地位重要。

[70]　崳山、湄洲和南澳三遊的情況一如浯銅遊兵,它們的兵、船數額在不同時期數目亦有變動,明萬曆晚期時,崳山遊有水軍五一四名、兵船二十二隻,湄洲遊有水軍五二八名、兵船二十三隻,南澳遊有水軍九一八名、兵船三十四隻。見同註 62,頁 1002。

結束前的幾年，亦即神宗萬曆二十四年（1596）時才有了一些變化。

萬曆二十年（1592），日本「關白」豐臣秀吉侵犯朝鮮，[71] 之後並圖謀窺探閩、浙諸地，因局勢告急混亂，東南海上亦隨之戒嚴，二十四年（1596）時，福建巡撫金學曾遣人親歷閩海轄境內的信地，規劃海防因應措置，以為萬全之準備；次年（1597），針對倭人可能進犯福建之途徑和形態，金學曾遂上奏疏條陳「防海四事」，題請朝廷支持，其內容如下：

> 一、守要害；謂「倭自浙犯閩，必自陳錢、南麂分綜。臺、礵兩山乃門戶重地，已令北路參將統舟師守之。惟彭湖[即澎湖]去泉州程僅一日，綿亙延袤，恐為倭據；議以南路遊擊汛期往守」。一、議節制；謂「福建總兵原駐鎮東（衛），但倭奴之來，皆乘東北風，福寧、福州乃其先犯，鎮東反居下游；欲將總兵於有警時移劄定海（千戶所），以便水陸堵截」。一、設應援；「造大小戰舡[即戰船]四十隻，募兵三千名，遇急分投應援」。一、明賞罰。[72]

金氏提出的對策，可知係以「倭人乘東北風犯境，閩北沿海首當其

---

71　「關白」，係指日本國的官名，內外詔敕、百官奏事皆由其先之，擔任此職者恆握重權，直至十九世紀後期明治維新之前，始廢此官。

72　臺灣銀行經濟研究室編，〈神宗實錄〉，《明實錄閩海關係史料》（南投縣：臺灣省文獻委員會，1971年），萬曆二十五年七月乙巳條，頁89。

衝」爲主要之考量，除加強北面海上門戶臺山、[73] 礵山的設防，[74]
另外，並主張値遇倭犯告警時，將駐紮在鎮東衛的總兵北調至小埕
水寨旁的定海千戶所坐鎮，以捍衛福州省城的海上安危。上述的建
議主張，很快便得到朝廷的回應。隨後，福建當局便在臺山、礵山
和澎湖三地，各再添設一支新的遊兵，[75] 藉由這三支遊兵，再加上
先前在隆、萬初時成立的海壇、浯銅、湄洲、玄鐘、崳山等五支遊
兵，和五水寨兵力做一整合，利用水寨和遊兵間巧妙的搭配，希望
藉此達到「諸遊於一寨之中以一遊間之，寨爲正兵，遊爲奇兵，錯
綜迭出，巡徼既周，聲勢亦猛；且寨與寨會哨，東西相距，南北相
抵，而支洋皆在所搜；遊與遊會哨，東西相距，南北相抵，而旁澳
皆在所及」的理想目標，[76] 以爲因應倭警的新變局。

　　此次，爲面對倭人可能的南犯，福建當局做了一些因應的措
施，吾人由這些措施的內容中，可清楚看出它依然延續嘉靖四十二
年（1563）時譚綸、戚繼光等人的海防思維，關於此，主要呈現在

---

[73]　臺山，地屬福寧州，位處閩、浙交界海上，當閩地之上游，扼倭南犯
　　之衝，地位十分重要。請參見同註62，頁987。

[74]　礵山，地在福寧州大金千戶所東方海上，亦在倭由浙犯閩的路徑上，
　　亦即今日的四礵列島。其中，較大的島爲東、西、南、北礵四島。

[75]　同註67。澎湖遊兵的設立，係因澎湖孤懸泉州府海外，朝鮮告變、倭
　　可能南犯閩海，議者謂不宜坐棄該地，遂設遊兵往戍之，請參見同註
　　62。附帶一提的是，除臺山、澎湖、礵山三遊兵外，《連江縣志》另
　　又提及，此時增設的遊兵，尚有玄鐘遊兵；但，此說似有問題，因玄
　　鐘遊早在萬曆四年便已設立。

[76]　同註58。

兩方面,如下:

一、是「兵力的佈署方式」。福建當局繼承譚、戚「五寨二分正、遊兵,正遊交錯,奇正互用」的海防構思,[77] 並將其規模擴大為「寨遊相間、奇正互用」,且將隆慶以來增設的遊兵,全部加以增建完成,各寨之間皆設遊兵於其中,此時的閩海,寨、遊由北而南依序如下:嵛山和臺山遊→烽火寨→礵山遊→小埕寨→海壇遊→南日寨→湄洲遊→浯嶼寨→浯銅遊→銅山寨→玄鐘遊。而上述的各寨、遊中,除烽火寨北境因緊鄰浙省邊界,倭犯閩海首當其衝,先後置有嵛、臺二遊外,[78] 其餘皆依「一寨之中以一遊間之」的原則,共有「五寨七遊」,另外,再加上外洋大海中的澎湖遊,此一福建海防新架構便在萬曆二十五年(1597)完成。有關萬曆二十五年(1597)時福建寨、遊分佈的情形,請參見「明萬曆二十五年福建水寨遊兵分佈圖」(附圖五之四,筆者製)。

二,是「防禦的構思觀念」。福建當局「重北輕南」的海防主張依舊未變,它沿襲譚、戚先前「倭寇入犯,多由浙而南」的觀念見解,依然主張「如閩、浙分界,則烽火門為先,蓋倭船必由此南

---

[77] 顧亭林認為,萬曆二十五年新建福建海防架構中,所主張的寨遊相間、奇正互用、信地分明、兵勢聯絡、烽火相通……等,其「大都規模建置,不外戚總戎(即戚繼光)範圍中也」。見同前註。

[78] 倭盜由浙南下越界犯閩,嵛山、臺山一帶水域首當其衝,故在萬曆初設立的「嵛山遊」,以備禦之。但,因嵛山島位在臺山島的內側,該地在烽警訊息的掌握上不及臺山島,遂於萬曆二十五年時重新增設的「臺山遊」,用以補強「嵛山遊」之備禦兵力。

下。扼津要、守門戶，誠關防之一大關鍵也」，[79] 而前述的礵山增置遊兵，崳、臺二山各置遊兵以扼賊衝，以及調動福建總兵坐鎮定海所以捍衛省城，便都是此一觀念主張下的產物。

但須提的是，雖然，福建當局「重北輕南」的海防主張並未改變，五水寨的汛防範圍，卻隨著近海要島上的各遊兵陸續的增設，而做了一些調整。[80] 其中有關浯寨的部分，詳細情形如下：

> 南日（寨）兵船二艚，一艚屯苦嶼，一艚屯舊南日，北與小埕（寨）會哨，而南與浯嶼（寨）會於大、小岞。浯嶼（寨）兵船二艚，一艚屯崇武，一艚屯料羅，北與南日（寨）會哨，而南與銅山（寨）會於擔嶼。銅山（寨）兵船二艚，一艚屯鎮海，一艚屯沙洲，北與浯嶼（寨）會哨，而南與廣（東兵）船會。[81]

---

[79] 同註 58。

[80] 萬曆二十五年，重新調整過的五寨汛地範圍，除浯嶼、南日和銅山三寨下面正文會做說明外，烽火門、小埕二寨的情形如下：「烽火（寨）全力守官澳，北與浙（東兵）船會哨，而南與小埕（寨）會於羅浮。小埕（寨）兵船二〔原文為「艘」，係誤字〕，一　屯西洋，一　屯竿塘，北與烽火（寨）會哨，而南與南日會於松下」。見同前註。

[81] 同註 58。文中的「舊南日」，即南日島，情形和浯嶼相似，因南日水寨內邊陸地岸邊的吉了澳，因「南日」二字先前常是南日寨和南日島的簡稱，而為和遷走後的南日寨做一區別，而改稱南日島為「舊南日」。

## 明萬曆二十五年福建水寨遊兵分佈圖

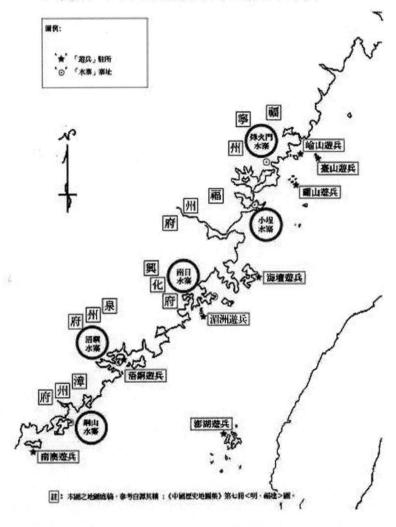

附圖五之四：明萬曆二十五年福建水寨遊兵分佈圖，筆者製。

可知浯寨的汛地範圍，南端的部分繼續維持在原先的擔嶼，北端部分則有所改變，向南遷移至湄洲灣和泉州灣之間的大、小岞（請參見附圖五之五：浯嶼水寨在廈門末期時的海防汛地圖，引自《虔臺倭纂》）。大、小岞，地在泉州惠安縣東，皆屬福建境內要衝之地。大岞，位處崇武千戶所城東的海角盡頭處；小岞則在湄洲島西南方的陸岸邊，明政府置巡檢司於此。大、小岞二地，已和先前浯寨汛地北端的興化平海衛城有一大段的距離，浯寨汛地北段屬於興化的部分改歸由負責該區海防的南日寨接手，而北段屬於泉州的部分則繼續由浯寨負責，讓泉、興二府的海防轄境，各自回歸到原本各該負責的浯、南二寨汛地範圍之中。

　　不僅如此，和浯寨相鄰的浯銅、湄洲二遊兵，此時，福建當局另又規劃湄洲、浯銅、南澳三遊兵汛地的南、北端會哨地點，「湄洲（遊）與浯銅（遊）會于圍頭，浯銅（遊）與南澳（遊）會于陸鰲」，[82] 藉此讓湄洲、浯銅、南澳三遊南北各自會哨，情形如同前段所述的南日、浯嶼、銅山三寨會哨般，因寨與寨間、遊和遊間，兩者汛地彼此相互地交錯，「東西相距，南北相抵，支洋皆在所搜，旁澳皆在所及」，依此以構築多一層的海防保護網，請參見「明萬曆二十五年閩南海域三寨三遊汛防交叉圖」（附圖五之六，筆者製）。

　　總之，綜觀廈門時期浯嶼水寨汛地範圍的變遷過程，吾人可發

---

82　同前註。

附圖五之五：浯嶼水寨在廈門末期時的海防汛地圖，引自《虔臺倭纂》。

現一個特質，亦即整體而言，浯寨的汛地有「由南向北」遷移的趨
勢。鑑於嘉靖中晚期倭寇多由浙南犯的經驗教訓，福建當局重新佈
署海防兵力時特重北邊的防務，然而，卻因「矯枉過正」，竟讓負
責泉州海防的浯寨汛防範圍北端遠抵平海衛城，兵力佈署重心以興
化的湄洲島爲核心。浯寨汛防重心「過度偏北」的情形，在萬曆初
年增設湄洲遊兵時才有所改善，直到萬曆二十五年（1597）海防新
架構的「五寨七遊」完成時，浯寨汛地的北段亦得到較爲合理的配
置。但必須強調的是，福建當局「重北輕南」的海防佈署思維，此
時並未改變。

　　此時，值得留意的是，因浯寨汛地南段的南端，已在嘉靖四十
二年（1563）時由井尾北遷至擔嶼，南段汛地大爲縮減、負擔減輕，
加上，隆慶四年（1570）設立的浯銅遊兵又有增強浯寨南段汛防的
功能，而萬曆二十五年（1597）的海防新架構中，並未增大浯寨南
段的汛地範圍，依舊在擔嶼和銅山寨會哨，浯寨南段的防務對福建
當局而言，此時似乎是無須過度憂慮的。另外，浯寨的汛地「北抵
大、小岞，南界擔嶼」，設在廈門的寨址又距離汛地南端的擔嶼近
在咫尺，幾乎是偏靠在南端上，對汛防任務的執行弊大於利，此一
問題自然會引起原已「重北輕南」的福建當局的注意，再加上其他
因素的推波助瀾，此時要求浯寨寨址北遷的呼聲已此起彼落，終於
在萬曆三十年（1602）時，浯寨被福建當局遷往廈門東北方泉州灣
南岸的石湖。

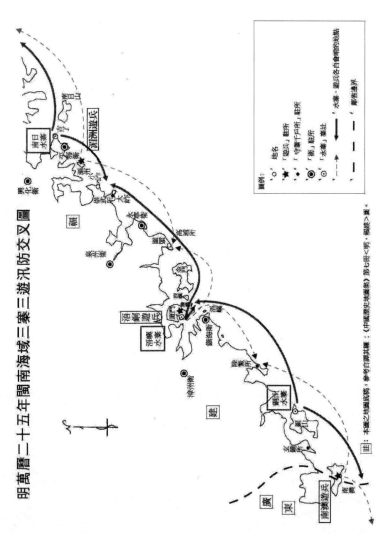

附圖五之六：明萬曆二十五年閩南海域三寨三遊汛防交叉圖，筆者製。

## 二、石湖時期組織的變動及其影響

關於，浯寨為何要由廈門北遷至石湖，它的詳細原因及其經過，在前章第三節中已做過說明，不再此贅述。至於，本小節的內容，主要是對石湖時期浯寨在人員、經費、兵船數目、領導系統、海防轄區和兵防佈署……等方面的變動情形，及其變動後對泉州海防的影響，所做的探討和說明。

### 1.人員、經費和兵船數目的變動

浯嶼水寨在石湖時，有關人員、經費及其兵船的變動情形。首先是，兵員人數方面。前節內容中，曾提及廈門時期浯寨的兵源體制，和福建其餘四寨相同，在嘉靖四十二（1563）、三（1564）年間亦即「浯寨革新期」時，經閩撫譚綸等人一番整頓改革後，面目煥然一新。此時，浯寨除有新募充數的官軍二二〇〇人外，再加上汛期時，由附近漳州、永寧二衛調援的貼駕征操軍的五八〇人，合計共有官軍二七八〇人。但是，隨著時間的增長，而浯寨官軍的額數卻不增反減，在萬曆三十年（1602）北遷石湖後，招募的官軍人數不及原來的一半，關於此，萬曆四十年時所刊刻的《萬曆重修泉州府誌》卷十一〈武衛志上・水寨軍兵〉中，便有如下的記載：

> 近來軍伍缺乏，（水寨）寨卒悉係募兵，而衛、所軍止貼駕船。浯嶼（寨）兵一千七十名，糧每月九錢，由布政司發給；

貼駕（征操）軍五百八十名。[83]

由上可知，嘉靖四十三年（1564）時，廈門浯寨新募的水軍二二〇〇人，最晚在萬曆四十年（1612）時，便僅剩下一〇七〇人，不到原來招募額數的一半。若再加上漳、永二衛、所汛期調援的貼駕征操軍五八〇人，總數亦不過一六五〇人而已。上述的浯寨水軍額數直至明末，似乎都沒有太大的改變，如崇禎初年刊印的何喬遠《閩書》，[84] 便指當時的浯寨有兵一〇八九人，一年的兵餉需耗費銀錢至少一一九〇〇兩。[85]

其次是，浯寨兵丁的薪餉待遇及其經費來源。前段引文，曾指「浯嶼兵一千七十名，糧每月九錢，由布政司發給」，由上可知石湖時期，寨兵的糧餉經費來自於福建承宣布政使司，不似嘉靖四十三年（1564）以前由值戍的衛、所自行支應戍兵的糧餉；而且，招募的兵丁每月薪糧九錢，與先前的值寨衛、所戍兵每月糧餉米一石或銀五錢來相比，個人收入增加有將近一倍之多。

最後是，浯寨最重要的武力配備－兵船的變動情形。石湖時期浯寨兵船的種類，和廈門時期相同，主要是福船、哨船、冬（仔）船和鳥船等四種類型的船艦。[86] 至於，兵船數目變動的情形，前面

---

[83]　陽思謙，〈武衛志上‧水寨軍兵〉，《萬曆重修泉州府志》，卷 11，頁 10。

[84]　何喬遠，〈校點前言〉，《閩書》，頁 6。

[85]　同註 62，頁 1002。

[86]　同註 83。

已提及，自嘉靖四十三年（1564）時，浯寨開始擁有自身的兵船，數目是三十二隻，但愈到後面，浯寨兵船的數量愈多，萬曆三年（1575）時便已擁有兵船四十隻，最晚到萬曆四十年（1612）時，浯寨兵船的數量已增加至四十八隻。[87] 而且，一直到崇禎初年，浯寨兵船的數量都維持在四十八隻。[88] 關於，有明一代浯寨軍兵的來源、員額和戰船數目變遷的梗概，請參見底下的〈附表五：明代浯嶼水寨軍兵來源、員額和戰船數目變遷表〉。

◎附表五：明代浯嶼水寨軍兵來源、員額和戰船數目變遷表

| 時間＼內容 | 明初 | 明前期（孝宗弘治二年前後） | 世宗嘉靖四十三年 | 神宗萬曆三年 | 神宗萬曆四十年 | 明末（思宗崇禎初年） |
|---|---|---|---|---|---|---|
| 協守水寨衛、所名稱 | 永寧衛、漳州衛、永寧衛福全所。 | 永寧衛、漳州衛、 | 永寧衛、漳州衛、永寧衛福全、金門（？）和崇武（？）所。 | 永寧衛、漳州衛、永寧衛福全、金門（？）和崇武（？）所。 | 永寧衛、漳州衛、永寧衛福全、金門（？）和崇武（？）所。 | 永寧衛、漳州衛、永寧衛福全、金門（？）和崇武（？）所。 |
| 協守水寨的衛、所兵數 | 2936 | 2936 | | | | |
| 協守水寨的衛、所貼駕軍 | 505（？） | 505（？） | 580 | 580（？） | 580 | 580（？） |

[87] 陽思謙，〈武衛志上・兵船〉，《萬曆重修泉州府志》，卷11，頁11。
[88] 同註62，頁1002。

| 水寨另自募的兵數 | | | 2200 | 1500 - 2000（？） | 1070 | 1089 |
|---|---|---|---|---|---|---|
| 水寨總兵數 | 3441 | 3441 | 2780 | 2000 - 2500（？） | 1650 | 1669 |
| 兵船數目 | 42 | 42 | 32 | 40 | 48 | 48 |
| 資料來源：上文表中，後面若有"（？）"符號者，表示目前未完全確定者。特此說明。 | 懷蔭布，〈軍制‧明軍制〉，《泉州府誌》，卷之24，頁33。朱紈，〈查理邊儲事〉，《甓餘雜集》，卷之8，頁11、13。 | 黃仲昭，〈公署‧武職公署〉，《八閩通志》（福州市：福建人民出版社，1989年），卷之40－43，頁872。朱紈，〈查理邊儲事〉，《甓餘雜集》，卷之8，頁11、13。 | 懷蔭布，〈軍制‧明軍制〉，《泉州府誌》，卷之24，頁34。 | 謝杰，《虔臺倭纂》下卷，頁46。 | 陽思謙，〈武衛志上〉，《萬曆重修泉州府志》，卷11，頁10、11。 | 何喬遠，〈扞圉志〉，《閩書》，卷之40，頁1002。 |

　　而上述的內容中，有一個問題值得留意，便是嘉靖四十三年（1564）時，廈門浯寨水軍二二○○人，但至萬曆四十年（1612）時，石湖寨軍僅剩一○七○人，約僅有前者的二分之一，而此一兵丁的額數至崇禎時尚維持如此的景況。爲何招募的浯寨兵丁，在相距不到五十年的時間裡，人數卻減少了一半？因相關史料中亦未交

代其源由，[89] 或許有人會認爲浯寨軍兵短少一一〇〇餘人，可能係因軍、政廢弛，導致其大量逃亡的嚴重結果，情況一如「廈門浯寨前期」衰頹景象的翻版。但是，此說的可能性不太大，因招募寨兵的待遇若與先前的戍寨衛、所兵相比，薪俸已大爲提高，廈門前期逃兵嚴重的景況當不致發生。根據筆者的瞭解是，浯寨兵丁短少的額數，主要是被抽調至泉州地區新設的浯銅、澎湖遊兵之中，亦即增設的浯、澎二遊的兵丁其中有一大部分是來自於浯寨。

因爲，鑑於嘉靖中後期慘痛的倭禍，福建當局除加強沿海偵防能力、增加水寨兵船的數目外，並在兩寨之間添設遊兵，而浯寨兵丁額數減少了一半，便是與隆慶、萬曆年間大量增設遊兵有直接的關聯。前章曾述及，隆慶以後，福建當局延續嘉靖時戚繼光等「五寨二分正、遊兵，正遊交錯，奇正互用」的海防構思，並將其規模加以擴大，陸續在各水寨之間增設的遊兵，「一寨之中以一遊間之」，寨扮正面當敵之正兵，遊則爲伏援策應之奇兵，「寨遊相間、奇正互用」，希望藉此能更有效地來對抗入犯的倭人。因此，浯寨所在地的泉州地區，便先後增設了浯銅、澎湖二支遊兵，而浯寨亦和福建其餘四寨相同，將該寨中部分的寨兵抽調到轄區附近新設的遊兵中，「如烽火（門寨）析爲臺山（遊）、礵山（遊）、崳山（遊）

---

89　除上述的《萬曆重修泉州府志》外，它如懷蔭布的《泉州府誌》卷之二十四〈軍制·水寨軍兵〉中，雖曾提及「舊額水軍二千二百名，萬曆[誤字，應「曆」]時，存一千七十名」（見同註 28，頁 34），卻亦未說明其源由經過。

矣，……小埕（寨）析爲海壇（遊）、五虎（遊）」。[90] 亦因，隆、萬時期閩海要島上大量地增設遊兵，而它的兵源有一大部分是來自各遊兵附近的水寨，所以，相對地亦造成各水寨兵力的短缺。例如福州的小埕水寨，在嘉靖四十三年（1564）時，與浯寨相同，擁有寨軍二二〇〇人和兵船三十二隻，至萬曆年間，兵船的數量雖增至四十六隻，但官兵卻僅剩下一〇六四人而已。[91] 或許有人會感到疑惑，對於剛新增設的遊兵，福建當局爲何不另行招募新軍以充之，關於此，因相關史料目前不易覓得，根據筆者的推測，它的原因可能和經費來源困難有關。

至於，本文探討主題的浯寨，它抽調寨軍去支援新成立的浯銅和澎湖二支遊兵，它們的情況究竟又是如何。先是成立於隆慶四年（1570）的浯銅遊兵，它編制有固定數額的兵船、水軍和支援的衛所貼駕軍。萬曆四十年（1612）時，該遊兵擁有水軍五三六人以及支援的衛所貼駕軍三〇〇人，並配備多、鳥兵船二十二隻。[92] 其次是，爲因應朝鮮倭警，倭人圖謀窺視閩、浙，於萬曆二十五年（1597）時增設的澎湖遊兵。澎湖遊兵有二，除萬曆二十五年（1597）冬先

---

90　董應舉，〈福海寨遊說〉，《崇相集選錄》（南投縣：臺灣省文獻委員會，1994 年），頁 63。文中的五虎遊兵，萬曆三十年增設，駐防五虎門，該島係福州省城東面海上的要衝之地。請參見徐景熹，《福州府志》（臺北市：成文出版社，清乾隆十九年刊本，1967 年），卷之 12，頁 40。

91　徐景熹，《福州府志》，卷之 12，頁 40。

92　陽思謙，〈武衛志上‧水寨軍兵和兵船〉，《萬曆重修泉州府志》，卷 11，頁 10。

行初創一遊外，明政府思慮澎湖大海橫阻，若有警時孤島寡援，便又在次年（1598）春天，又再增設一遊，[93] 此時的澎湖遊兵共有兵船四〇隻，官兵高達一六〇〇餘人。後來，雖因兵餉難繼而裁撤其中大半的人員，[94] 但至萬曆四十年（1612）時，澎湖遊兵猶存有八五〇人和兵船二〇隻。[95] 由上可知，萬曆四十年（1612）時浯、澎二遊合計共有水軍一三八六人，而同一時間的石湖寨軍卻僅剩一〇七〇人，與嘉靖四十三年（1564）時廈門浯寨水軍二二〇〇人相比短少約有一一三〇人，而浯寨此一短少的數額，應該是浯、澎二遊額兵一三〇〇餘人的主要來源。

　　總之，石湖時期的浯寨，雖然兵船的數目和寨軍的薪糧皆有增加，但是兵丁的人數卻因調往新設的遊兵處而減少了一半，此一源自「廈門浯寨後期」的措置，對於日後浯寨兵力的佈署和防務的執行上，造成許多負面的影響，如此的結果，或許是福建當局始料所未及的，而這部分的相關內容，會在底下石湖時期「組織變動後的浯寨對泉海局勢的影響」內容中，做更進一步的說明。

## 2.領導系統、海防轄區和兵防佈署的變動

　　至於，浯寨的領導系統，海防轄區以及兵防佈署這三方面，石

---

[93]　顧亭林，〈漳州府・彭湖遊兵〉，《天下郡國利病書》，原編第 26 冊，頁 113。

[94]　同註 20，頁 205。

[95]　同註 92。

湖時期它變動情形，究竟又是如何。首先是，領導系統方面的變動情形，它主要可就指揮統率和監督稽核這兩個部分來做說明。

　　一、指揮統率的部分。前已提及，早在「廈門浯寨前期」時，福建當局便因營伍組織龐雜，先將浯寨改由水路參將指揮，後再增設南路參將來負責指揮，但至天啓元年（1621）時，遂從福建巡按鄭宗周之建議，[96] 在南路參將的轄下增設「泉南遊擊」一職，來指揮泉州府轄境內的水、陸兵力，浯寨便在此時納歸其統轄。[97] 泉南地區位處漳、泉交界，地理位置重要；再加上，該地兵多將廣，「泉郡陸兵有新舊兩營，原額八百七十員名；水兵有浯嶼、浯彭、（澎湖）衝鋒三寨遊兵船計七十九隻。緣未有專將，乃以水兵隸南路、陸兵隸中路，事體不便」，[98] 故有必要設一鎮將以專任之，此爲泉南遊擊設立的原因。泉南遊擊，駐所設在廈門中左所，約控有水、陸額兵三〇〇〇人。[99] 天啓五年（1625），閩撫南居益以永寧爲泉州門戶，遂移泉南遊擊到此駐劄，以資控制。不僅如此，還以南路參將同時要管轄泉南遊擊以及剛成立的澎湖遊擊，主張將其移

[96] 鄭宗周，字伯悅，文水人，萬曆三十五年進士，萬曆末任福建巡按監察御史。見陳壽祺，〈宦績‧明‧巡按監察御史〉，《福建通志》，卷129，頁20。

[97] 臺灣銀行經濟研究室編，〈熹宗實錄〉，《明實錄閩海關係史料》，天啟元年十一月戊午條，頁127。

[98] 同前註。

[99] 同註28，頁34。

駐至中左所,並議准其升格為副總兵,以重其事權。[100] 但至崇禎時,泉南遊擊卻被裁撤掉,浯寨遂又直接歸由先前的南路副總兵來直接指揮。至於,泉南遊擊裁撤的時間,應在崇禎八年(1635)以後。[101]

二、監督稽核的部分。前亦提過,浯寨官兵最早由福建按察司「分巡興泉道」直接負責監督,直至「廈門浯寨後期」時,浯寨運作的直接監督工作才和泉州轄境內的浯銅、澎湖遊兵相同,改歸由泉州同知亦即海防同知來執行,並由其負責該寨官兵錢糧、器械等項的供輸工作,而北遷石湖後的浯寨,亦延續此一運作方式。

其次是,浯寨石湖時期海防轄區的變動情形。前已提及,浯寨由廈門北遷到石湖,和該寨的汛地範圍有關,因浯寨指揮中樞的廈門,距汛地南端的擔嶼僅咫尺之遙,不利海防勤務的執行。而北遷石湖後的浯寨,它的海防轄區亦隨之調整,有關此,何喬遠的《閩

---

[100] 　請參見臺灣銀行經濟研究室編,〈兵部題行「條陳彭湖善後事宜」殘稿(二)〉,《明季荷蘭人侵據彭湖殘檔》(南投縣:臺灣省文獻委員會,1997 年),頁 21;臺灣銀行經濟研究室編,〈熹宗實錄〉,《明實錄閩海關係史料》,天啟五年六月甲申條,頁 139。

[101] 　泉南遊擊一職,目前雖難以正確斷定其何時正式地廢除。但是,崇禎八年的四月,以海盜出身的五虎副總兵鄭芝龍為主體的福建水師,遠征廣東惠州的田尾遠洋殲滅海盜劉香,時任泉南遊擊的張永產則負責閩省境內的戰守任務,防止劉香向北逃竄騷擾閩海。由此看來,福建當局廢除泉南遊擊的時間,當是在此役之後。請參見臺灣銀行經濟研究室編,〈海寇劉香殘稿一〉,《鄭氏史料初編》(臺北市:臺灣銀行經濟研究室,1962 年),頁 143。

書》卷之四十〈扞圉志〉中，曾有如下記載：

> 浯嶼寨，……萬曆三十一[誤，應「三十」]年，有夷舟至泉
> 城下，不覺，當事者因移建郡東之日湖，……其信地，則惠
> 安之崇武、晉江之祥芝、永寧、圍頭、同安之料羅曰最衝，
> 惠（安）之獺窟、同（安）之官澳曰次衝。其會哨地，北則
> 分剳於湄洲，與南日（寨）會；南則與銅山（寨）會哨於料
> 羅之擔嶼。[102]

浯寨自遷往石湖後，汛地範圍亦有所更動，改成「北抵湄州，南至
擔嶼」，轄境內備禦要衝之地共有七處，即「最衝」的崇武、祥芝、
永寧、圍頭和料羅，以及「次衝」的獺窟和官澳，是寨兵哨巡汛防
的重點（請參見附圖一之一：「明代福建漳泉沿海示意圖」，筆者
製）。其中，較引人注目的是，浯寨的汛地範圍，若和浯寨在廈門
末期時的「北起大、小岞，南到擔嶼」做一比較，可以發現，北遷
石湖後的浯寨，海防汛地範圍亦跟著向北延伸，由崇武附近的大、
小岞，再向北挪移至湄洲島。此次，浯寨海防轄區的向北延伸，亦
延續先前該寨汛地範圍「由南向北」遷移的趨勢特質，尤其是，將
汛地的北境再向北推進至興、泉交界海上的湄洲島，此地在嘉靖四
十二年（1563）「浯寨革新期」時，曾是浯寨抵禦倭盜南犯的兵力

---

[102] 同註62。文中的獺窟，隸屬於惠安縣，位處泉州灣北岸，與南岸的石
湖相望，係海舟入泉州港必經之地，明置巡檢司於此。另，官澳，前
已提及，地在金門島上的東北方，明亦置巡檢司於此。

佈署重心。如今，浯寨以湄洲做為汛地的北端，實有加大泉州府城北面的防禦縱深之意圖，此一舉措，和搬遷浯寨水師至「泉郡咽喉」的石湖有著異曲同工之妙，同時亦可看出福建當局捍衛泉城安全的「一片苦心」。

　　最末是，浯寨在石湖時期的兵防佈署情形。除汛地範圍向北伸展之外，浯寨石湖時期兵防佈署上亦有一些的改變，有關此，陽思謙的《萬曆重修泉州府誌》卷十一〈武衛志上‧信地〉中，曾有如下的記載：

> 浯嶼寨兵分四哨，出汛時一屯料羅，一屯圍頭，一屯崇武，一屯永寧，每汛與銅山、南日兩寨及浯銅遊兵合哨，稽風傳籌。浯銅遊兵分二哨，出汛時一屯舊浯嶼，一屯擔嶼，每汛與浯嶼寨兵合哨。惟，彭[即澎]湖遊兵專過彭湖防守。[103]

上述的引文中，將萬曆四十年（1612）前後的泉州地區海防，以及浯寨的兵力佈署、出汛屯防的地點做了扼要說明，吾人若深入去觀察，可發覺它提供如下的三個重要訊息，即：

　　第一、浯寨和浯銅、澎湖二遊兵，是負責泉州海防的「一寨兩遊」，三個寨、遊彼此相互分工，各有其防務轄區，兵力較大的浯寨負責泉州沿海近岸的北段和中段的防務，浯銅遊負責南段的防

---

103　陽思謙，〈武衛志上‧信地〉，《萬曆重修泉州府志》，卷11，頁11。

務，澎湖遊則專守澎湖島。[104]每年春、冬汛期時，浯寨的兵船會結成四綜即四支巡海艦隊，由石湖的基地駛出泉州灣，分別前往泉州府近岸中段的料羅、圍頭，以及北段的崇武、永寧等四個要處駐屯把守。浯銅遊兵，則由廈門中左所出汛負責屯守泉州府近岸南段要地的舊浯嶼、擔嶼。至於，澎湖遊兵亦由廈門遠赴泉州府外海的澎湖，[105]戍防該島以扼賊衝。

此外，在萬曆四十四年（1616）時，福建當局曾一度對浯銅和澎湖遊兵的兵防體制做過調整。該年的八月，閩撫黃承玄以「澎湖之險，患在寡援。而浯銅一遊實與澎湖東西對峙，地分爲二，則秦、越相視；事聯爲一，則唇齒相依」爲由，遂奏請將澎湖遊併入駐地同在廈門的浯銅遊之中，並改名爲「浯彭（澎）遊兵」，浯澎遊爲欽依把總，並添增兵、船用以往來廈門、澎湖間巡哨，遇有倭警，可表裏應援，讓隔海相望的澎湖與廈門合而爲一，藉以掌控制漳、泉海域的動態。[106]此一建議，似乎已獲得中央的採行，[107]故此時，

---

104　前已提及，澎湖孤懸泉州府海外，倭人乘東北風南下時，常先至澎湖分綜，後再向西進擾泉州或北犯福州的梅花、長樂等地，澎湖關係福建海防的安危至大。請參見同註 41。

105　浯銅、澎湖兩支遊兵，它們的駐所同是設在廈門中左所，見何喬遠，〈建置志〉，《閩書》，卷之 33，頁 843。

106　請參見同註 20，頁 205。該疏係由時任閩撫的黃承玄，在萬曆四十四年八月所上奏的。

泉州海防兵力除此新成立的浯澎遊兵外，尚有原來的浯寨以及澎湖
的衝鋒遊兵來共同負責泉州沿海防務的工作。但此一新體制實施不
過數年，便又發生了變化。天啟元年（1621）在設立泉南遊擊的同
時，又將橫跨廈、澎二地的浯澎遊加以裁撤，恢復成先前的浯銅遊，
連浯澎遊欽總亦同時改降爲原來的浯銅名色把總。[108]

　　第二、浯寨除和銅山、南日二寨兵船進行會哨外，並與浯銅遊
兵合艅，執行哨巡勤務。浯寨和銅、南二寨兵船會哨的地點，便是
在其汛地南端的擔嶼，以及北端的湄洲島。至於，浯嶼、浯銅二寨
遊兵船合艅的方式和地點，係由南北上至圍頭和湄洲遊會哨的浯銅
遊兵船，並在圍頭和出汛屯此的浯寨兵船會合；而由北南下至擔嶼
與銅山寨會哨的浯寨兵船，並在擔嶼和出汛屯此的浯銅遊兵船會
合，經此，使在圍、擔二地合艅的浯寨和浯銅遊兵船，各構成較大
型的巡海艦隊，用以扼守南北舟船往來拋泊之地的圍頭，以及進出
海澄、廈門必經之路的擔嶼。而上述各寨、遊會哨和合艅的過程中，
可清楚地呈現出，浯寨在泉州海防中依然扮演一個核心樞紐的角

---

[107]　黃承玄此一奏疏，萬曆四十四年八月奏上後，朝廷中央似乎沒有馬上
　　　回應。但是，從天啟元年十一月的〈熹宗實錄〉中得悉，在此時之前
　　　確曾設有浯澎遊兵，且和浯寨、澎湖衝鋒遊並列爲泉州海防的三寨
　　　遊，可見後來還是有依黃的奏請，設立浯澎遊兵。見臺灣銀行經濟研
　　　究室編，〈神宗實錄〉，《明實錄閩海關係史料》，萬曆四十四年八月癸
　　　亥條，頁117；〈熹宗實錄〉，天啟元年十一月戊午條，頁127。

[108]　臺灣銀行經濟研究室編，〈熹宗實錄〉，《明實錄閩海關係史料》，天啟
　　　元年十一月戊午條，頁127。

色，並透過它和浯銅遊、銅山寨、南日寨交叉構成一個嚴密的海防體系。

第三、浯寨出汛時「兵分二艅，增而爲四」的重大改變。浯寨除派遣兵船至汛地南、北端和銅、南二寨會哨外，此時，浯寨一改明初創寨以來「兵分二艅、屯駐要地」的慣例，[109]將原來出汛屯險的兩艅即兩支的「巡海艦隊」分成四艅，亦即由萬曆二十五年（1597）時的「一艅屯崇武，一艅屯料羅」，兩大艅再細分成爲四艅，亦即上引文的「四哨」，「浯嶼寨兵分四哨，出汛時一屯料羅，一屯圍頭，一屯崇武，一屯永寧」。

由上可知，此次浯寨增列永寧、圍頭爲浯寨兵船出汛時的新屯守處，至於，此一改變究竟是何原因所造成的。根據陽思謙《萬曆重修泉州府誌》一書的說法是，「至崇武而南有永寧，料羅而上有圍頭，舊浯嶼之北有擔嶼，烈嶼南有卓岐、鎮海，皆海寇出入之路」，[110]因上述「海寇出入之路」中，料羅、崇武二地，先前便是浯寨出汛屯守處，而舊浯嶼和擔嶼此時已由浯銅遊兵屯守，附近的卓岐、鎮海亦因此受到了屏障。至於，和上述諸處同屬險要地的永寧和圍頭，當然亦有必要在汛期時派遣兵船來此屯剳，此爲浯寨增列永、

---

109 前已提及，在汛期時浯寨分為二艅、屯駐備禦要地，再由此出洋遊弋備禦入犯的倭盜，但各個階段屯駐的地點卻有差異。其中，浯島時期在料羅和井尾。而浯寨革新期時，改而為料羅和湄洲；但至「廈門浯寨後期」亦即萬曆二十五年時，又再改為料羅、崇武。

110 同註103。

圍二地爲浯寨屯守新處的主要理由，因爲，此時的福建當局相信，
兵船的屯防駐點若是能愈多，相對地，受其保護的地區就能愈大。
此外，上述《萬》書中亦指出，在春、冬汛期時，浯寨的兵船若能
屯哨崇武和永寧，則可使附近的地區如獺窟、祥芝、深滬、福全等
地（請參見附圖一之一：「明代福建漳泉沿海示意圖」，筆者製），
得到安全的保障；而且，若能同時屯守料羅、圍頭二地，亦連帶會
使沔洲、安海、官澳、田浦、峰上和陳坑等處受惠，獲得浯寨兵船
的保護。[111]總之，福建當局決定增加永寧、圍頭，來和崇武、料羅
並列成爲浯寨出汛屯守處的主要理由，便是係基於「增列險要地爲
水寨汛期屯守處，除可扼險禦敵外，其附近地區亦因此得到保護」
的因素考量，將出汛的兵船做更進一步的細分和安排，其目的是欲
透過更細密防區和駐點的分配，意圖使泉州各寨、遊在更明確的責
任和分工之下，能保護沿岸更多的地方，更有效地去達成鞏固海疆
的任務。

## 3.組織變動後的浯寨對泉州海防的影響

　　前面的內容，已將石湖時期浯嶼水寨人員、經費和兵船的數
目，及其領導系統、海防轄區和兵防佈署的變動情形，做過一番的
說明。其中，又以浯寨兵丁額數的減少，以及汛期出屯地點的增加

---

[111]　請參見同註103，頁12。文中的沔洲，即沔洲嶼，隸同安縣，嶼周圍
　　　二里餘，當縣之丙方，故謂之。安海，古名灣海，一名安平，隸晉江
　　　縣，地在泉州府城東南六十里處。

最引人注目，而影響的層面亦最大。

首先是，浯寨兵丁額數減少的問題。前已提及，浯寨額兵減少一半，主要係因調往新增的浯銅、澎湖二遊兵處引起的。此一問題的利弊得失，主要可從以下兩方面來做觀察，一是對浯寨和泉州海防的影響。二是對譚、戚「寨遊相間、奇正互用」海防構思的衝擊。

第一、調浯寨兵塡補浯、澎二遊，對浯寨以及泉州海防的影響。隆、萬時，浯寨因添設浯銅、澎湖甚或浯澎遊兵，而被抽走了大半的兵力。因爲，浯、澎諸遊的兵丁，其中有一大部分都由浯寨抽調而來的，並非額外再進行大規模的招募新兵，故表面看來，泉州的海防似乎因添設浯、澎諸遊而增強，但是，實際上，卻是嚴重削弱浯寨的兵防能力，而有「挖東牆補西牆」之缺憾。不僅如此，還因浯、澎諸遊的增設，造成了泉州海防「兵力分散」的嚴重缺失。此一現象，誠如董應舉在〈福海寨遊說〉一文中，所說：

> 自倭變作，而沿海焚如矣。事平之後，往往設堡以自固，以苟一日之命。當事者不深維始終，姑折[誤字，應「析」]寨為遊以彌縫其闕；始猶一、二，繼且五、六。蓋自隆、萬之際以及今日，閩海分為二十一寨、遊矣；兵愈分愈弱、船愈分愈寡，於是遠汛廢而內海之汛亦廢，遠近汛廢而海始為盜

賊有矣。[112]

除了董個人對福建當局「析寨爲遊，以彌縫其闕」的做法，深感不以爲然外，其它如晉江人史繼偕亦有類似的看法，史氏便認爲，泉州設有浯、澎二遊和浯嶼一寨，它們三者之間雖構成犄角的形勢，但此「兩遊一寨，而勢分力單，卒有警，不相爲應，即犄角，奚賴也」？[113]

　　第二、抽調浯寨兵去塡補浯、澎二遊，對「寨遊相間、奇正互用」海防構思的衝擊。隆、萬年間，泉州地區新增設的浯、澎二遊，其實和同期其它新增設的遊兵相同，皆是福建當局欲實踐－「寨遊相間、奇正互用、信地分明、兵勢聯絡、烽火相通」海防思維的一種手段。這一套以「五寨七遊」外加大海中的澎湖遊兵所構築的海防新架構，直至萬曆二十五年（1597）時才完成，福建當局期盼泉州海域的防務，能在此一海防構思之下，除了補救浯寨內遷廈門外海聲息不通的缺失外，浯寨能和浯銅、澎湖二遊做一巧妙搭配，並與鄰近銅山、南日、湄洲三寨、遊做好協調，透過寨、遊間汛防的

---

[112]　董應舉，〈福海寨遊說〉，《崇相集選錄》，頁 62。文中的「自倭變作」，係指嘉靖中後期東南倭禍一事。

[113]　史繼偕，〈郡東南徼新造銃臺記〉，收入方鼎等，《晉江縣志》（臺北市：成文出版社，清乾隆三十年刊本，1989 年），卷 16，頁 26。〈郡〉文，係史氏為天啟七年時新建的鷓鴣口銃臺而作。史繼偕，泉州晉江人，字世程，萬曆二十年進士，官至禮部尚書兼東閣大學士，諡「文簡」，賜祭葬。見陳壽祺，《福建通志》，卷 204，頁 36。

交叉（請參見附圖五之六：「明萬曆二十五年閩南海域三寨三遊汛防交叉圖」，筆者製），彼此互動協調，真正發揮「奇正互用、相應互援」的效果。福建當局上述增設遊兵的構思，立意甚佳。但是，抽撥五水寨的原有兵丁，以協助新增設遊兵的做法，卻破壞原本的海防架構，使得實施的成效大打折扣。因為，按照原先的構想是，做為泉州海防核心樞紐的浯寨，設有欽依把總，負有分疆備邊之責，係迎面當敵之正兵，重點在固守信地、阻敵登岸；而浯銅、澎湖二遊兵，則置有名色把總，主要任務是飛伏應援，是扮演策應浯寨之奇兵。浯寨和浯、澎二遊相應互援，發揮「寨遊相間、奇正互用」的功效。然而，從一開始在執行時便有了偏差，竟以抽撥浯寨的半數兵丁，以協助新增浯、澎二遊兵的設立，如此下來，一方面造成浯寨的兵源因減少過半，無法負荷原先的防務工作。另一方面，又因倭警增設澎湖遊兵，兵船春、秋出汛遠至大海中的澎湖島，此又造成泉州防務範圍的擴大，負擔更為加重。

　整體而言，因泉州海防的兵員額數少有增加，但汛防範圍卻擴大到澎湖，在防務吃重的現實情況之下，是浯寨和浯銅、澎湖二遊不得不對泉州防務轄區，做進一步細分安排的主要原因。其中，浯寨負責泉州沿海中和北段，浯銅遊則負責汛守泉州的南段，澎湖遊則專守澎湖，形成上述的三寨、遊「各分彼此、劃地自守」的局面。而此一情況，至萬曆四十年（1612）時已十分明顯，前面石湖浯寨兵防佈署一小節中已說明過，不再贅述。對於原先的構思，發揮浯寨和浯、澎二遊「寨遊相間、奇正互用」的功能，此時似乎已是難

以實現的海防目標了。到了後來，偏離的情況愈爲嚴重，萬曆四十
四年（1616）以後，福建當局廢掉浯銅遊名色把總，改新設浯澎遊
兵爲欽依把總，更進一步地破壞「寨遊相間、奇正互用」的初始構
想。關於此，顧亭林在《天下郡國利病書》原編第二十六冊〈福州
府・海防〉中，有如下的評論：

> 寨與遊之初設，寨必用世胄及勳陞者，欲尊其體統，令有以
> 御舟師，懾眾志也。至遊，第用材官及良家子，所以便吾鞭
> 弭，可使飛伏應援耳。故，寨爲正兵，遊爲奇兵。寨可以分
> 疆言，遊難以汛地執也。
>
> 近，概題請「欽依」，其說一遊一寨相間以居，俾分疆不淆
> 而汛地各守，此祇足塗觀聽耳。夫指臂不聯，則秦越異視；
> 輔車既隔，將脣齒莫依，幸無事也。若勢成犄角，倘變起倉
> 卒，而觀望參商，庸足賴乎？殆與先臣請設立之意，異矣。
> 114

顧氏認爲，寨、遊性質不同，「寨可以分疆言，遊難以汛地執也」，
對福建寨、遊此種「畫守疆隅，各分彼此」，與先前的構思大相逕
庭的做法，表示不以爲然，源自於嘉靖時譚綸、戚繼光等人的海防
理念，此時已遭嚴重地扭曲破壞。

　　其次是，浯寨汛期出屯地點增加的問題。石湖時期的浯寨，在

---

114　顧亭林，〈福州府・海防〉，《天下郡國利病書》，原編第 26 冊，頁 40。

春、冬汛期兵船出屯地點上，做了重大的改變，一改往昔「兵分二
艍」的慣例，將浯寨原本出汛屯險的兩支巡海艦隊即兩「艍」，「一
艍屯崇武，一艍屯料羅」，再加以細分成為四小艍，「出汛時一屯
料羅，一屯圍頭，一屯崇武，一屯永寧」。吾人若深入去瞭解此一
問題時，會發覺福建當局如此的作為，其動機頗有可議之處，且會
對浯寨兵防產生不良的後遺症。

　　因為，浯寨早自明初創設起，值遇汛期寨中兵船便會先行結聚
成兩大艍後，先往「備禦要地」泊駐屯守，再由此遠航至附近洋面
遊弋哨巡，以對付春、冬二季乘東北風入犯的倭人。上述的這些備
倭要地，綜觀有明一代浯寨演進的歷史，曾有多次的變動記錄，在
「浯島時期」和「浯寨廈門前期」時為料羅與井尾，「浯寨革新期」
時則為料羅和湄洲，到「浯寨廈門後期」則更動為的料羅和崇武，
它的變動主要是受浯寨汛地範圍和防務重心移動的影響而引起
的，雖然在「地點」上有所變化，但是它的「數目」卻不因此而有
所增減，讀者或許會提出疑問，為何浯寨出汛的備禦要地，數目長
期都維持在兩處？它主要是受限於水寨官兵和船艦的額數，才一直
維持此數。前已提及，因倭人每年春、秋二季入犯時，不僅常有固
定入境的路線，且多係結夥而行。此時，浯寨通常會將兵船編結成
兩支大的艦隊即「兩大艍」後，各往轄境內倭犯路徑上最重要的兩
處地點去屯守，亦即上述的兩處各有一艍兵船來負責，以防備敵寇
由此海域進犯內地。因為，寨中兵船僅編結成兩大艦隊，兵、船較
能集中運用，做靈活的調配，故在武力的「數量」上搶得上風；同

時，亦因兵、船先行藉扼守倭犯路徑上的備禦要地，故在戰略的「地點」上爭得先機。「結二艚」和「扼險要」是浯寨兵船出汛時最重要的兩個原則。關於此，萬曆晚期時，閩撫黃承玄便曾指出道：

> 陸贄云：「兵以氣、勢為用者也。氣聚則盛，散則銷；勢合則威，分則弱」。故前撫臣譚綸、鎮臣戚繼光經畫水寨之制，每寨必結聚二艚，每艚必上扼外險；蓋合大艚則兵力自倍，扼外險則門戶自固，據上遊則建瓴之勢自便；其制不可易也。[115]

黃氏主張用兵要講氣勢，「氣聚則盛，勢合則威」，對於昔日水寨出汛時「合大艚」和「扼外險」的做法，十分地稱許。其實，水寨兵船若能編結成大艚，除了有上述的兵力較可集中運用，氣聚勢合兵力倍增等優點之外，還可因兵眾船多藉此遣令其結艚遠航、巡弋外海，此舉不僅可訓練寨軍航駛、戰鬥的技能，熟悉海洋島澳地理、水文氣候等，並慣習海上風濤顛簸的生活，而且，更因兵船結成大艚遠汛外海，賊盜易生畏懼不敢接近，連帶亦使近岸海域獲得了保障。董應舉便曾舉福建北部的海域為例，「國初，只設烽火（門）、小埕二寨而海得無事者，寨之兵船多，得以驅使遠汛於外海也。外海有汛，則賊不敢近；而內海得以漁。沿海居民無盜賊之警，亦不

---

[115]　同註 20，頁 202。

待城堡以自固」。[116]

　　既然，上述兵船「結二艍」的制度有如此多的好處，本已減少半數額兵的浯寨，爲什麼還要將它細成「四小艍」，究竟是何種原因。前已提及，福建當局希望藉由此，建立更細密的防區和駐點的分配，讓浯寨在更明確的責任和分工之下，更有效地去達成保護地方的使命。表面上看來是一保境安民的良策，事實上，它的動機出發點，卻是和先前「北遷浯寨至石湖」一事相類似，都是以眼前利益作爲主要的考量重點，其中，還摻入地域甚至個人的私利在裏面。因爲，嘉靖中後期倭寇入犯多由浙而南下，閩海百姓橫遭荼害，福建當局爲恐慘劇重演，隨後便加強泉州北面的汛防能力以爲因應；同時，亦因嘉靖時慘烈的倭禍，致令閩人心生畏懼，驚恐悲劇再度的發生。所以，在福建當局「北面防倭」和閩人「恐倭」心理的大環境下，浯寨便在萬曆三十年（1602）時被搬遷至「泉郡門戶」的石湖，這是一群有「共同切身利害」的人，包括有泉府地方官員和閩籍仕宦人士，他們彼此間「通力合作」下的成果產物，他們相信著，若將泉州海上主要武力的浯寨設置於此，定可進一步加強泉城的防衛能力，對泉州該地區和個人的安全提供更深一層的保障。當然，此一「泉紳愛其門戶，假浯嶼（寨）於石湖」的舉措，[117] 若

---

[116]　同註112。

[117]　文中此段字句，係廈門人池顯方譏諷泉州官紳自私的話語，引自池氏寫給蔡獻臣的書信，請參見〈與蔡體國書〉，收錄在周凱，〈藝文略・書〉，《廈門志》，卷9，頁296。

未得到巡撫、巡按等官的支持，自然亦是無法實現的，故福建領導高層亦要對此事負部分的責任。

　　上述這種以局部地區或一部分人的利益，拿來作為決定重大措施時的主要考量依據，其心態動機頗有可議，令人難以苟同。然而，福建當局在決定浯寨是否遷入石湖時，既然會以部分地區或個人利益作為抉擇的主要考量時，那就難保它日後在決定是否增加兵船出汛屯守點時，不會循此相同的模式來做處理，亦即以眼前的利益，便是附近受保護地區愈大的角度去作決斷，而非以整體泉州，甚至福建海防的通盤利益做考慮。誠如前小節所提的，浯寨兵船汛期屯防駐點愈多，沿岸受保護的地區就愈大，如能同時屯哨崇武、永寧、料羅和圍頭四要處，將可使附近的地區如獺窟、祥芝、深滬、福全、　洲、安海、官澳、田浦、峰上和陳坑等地，連帶受到安全的保障。上述的措置，在實質上，卻對浯寨日後在兵防的佈署，產生諸多不良的後果。因為，原本結成兩大綜的兵船被拆成四小綜，去扼守崇、永、料、圍四地時，浯寨兵力由原先的「集中」轉成「分散」，兵力的分散除有被「各個擊破」的可能，在倭盜合綜結夥突犯時，更有難以招架之虞，而且，還因各綜兵寡船少，浯寨無法似先前般地合成大綜遠汛外海，致使賊盜可以無所畏懼地侵入到近岸海域，連帶亦使得原先受保護地區愈大的目標無法實現。例如萬曆四十四年（1612）秋天，倭人進襲料羅殺兵奪船，同年多，登岸入陷大金熜

其堡城而去，[118]「顧當者無不摧殘，官軍不能制，聽其揮斥，旋復解維他往」，[119]即是一好例，前述的料羅係浯寨兵船出汛要地，而大金則置有守禦千戶所，亦屬福寧的海防重地。

綜觀本節上述的內容，得知浯寨兵丁額數減半和汛期出屯地點增倍二事，不僅影響泉州海防關係甚大，尤其是，它的背後所凸顯出來明代中期以後福建海防諸多的問題，更值得吾人的重視。因為，調撥大半浯寨兵丁以補新增設的浯銅、澎湖遊兵，「析寨為遊」的措致，造成泉州海防「兵力分散」的不良後果，且因防務範圍的擴大，浯寨和浯、澎二遊又對泉州防務轄區做一細分安排，形成「各分彼此、劃地自守」的局面，此時兵力雖已減半，依然是泉州海防樞紐的浯寨，便負責泉州沿海中、北段的防務，但兵船出汛時扼守的備禦要地，卻受部分閩人「恐倭」心理、保護地方為首要的影響，福建當局一改昔日浯寨「兵結二綜」的慣例，將其細分成四小綜，備禦要地由二增四，希望能保護更多的地區，但其實施的結果，卻是使得原已兵數少半的浯寨，兵力更加地分散，兵船無法合綜遠汛外海，賊盜便得容易侵入內海，沿岸亦隨之告警。類似上述的問題，至萬曆晚期時不僅只發生在泉州，它幾乎是福建海防的共同問題，萬曆四十四年（1612）時，閩撫黃承玄在〈條議海防事宜疏〉中，便曾對此有所描述，指出道：

---

118　董應舉，〈中丞黃公倭功始末〉，《崇相集選錄》，頁50。
119　張燮，〈外紀考‧日本〉，《東西洋考》，卷6，頁118。

福建海防縈紆二千餘里。初設五（水）寨，後添五遊（兵）；
今復益其二，制亦綦密矣。乃一遇小警，皇皇焉若不足恃者；
何也？……迨後增設五遊，以（水）寨為正兵、以遊為奇兵；
（水）寨屯於遊之內，遊巡於寨之中。蓋（水）寨藉遊（兵）
以共聲其援，非得遊而可互卸其責也。乃今日之事，有大謬
不然者。（水）寨既漸移內澳，盡非建置之初；遊（兵）亦
盡守疆隅，全失立名之義。且向止五寨，猶必合為二艕；今
加七遊（兵），復各分為四哨。艕零則氣弱，備多則力分；
且散泊便於偷安，哨近易於影射：此皆近日之陋規也。[120]

黃在上疏中，對此時的福建海防做了一個全面性的觀察，認為先前
的烽火門、南日和浯嶼三水寨陸續由同名的離島，避入岸邊內澳的
松山、吉了和石湖三地，與明初水寨「據險伺敵」的海防構想大相
逕庭，而原本增設遊兵「寨遊相間，相應互援」的用意，卻演成寨
遊之間「各分彼此、劃地自守」，彼此間推卸責任的窘況，完全地
變調走樣，再加上，「析寨為遊」和「兵結二艕，細分為四」等不
當的措致，致使兵力四散，「艕零則氣弱，備多則力分；且散泊便
於偷安，哨近易於影射」等諸多缺失，一一地浮現出來。

　　除了上述這些因海防措施不當引發一連串的問題，困擾著福建
當局外，此時的福建海防，尚有其他的缺失弊端，亦值得吾人留意。

---

[120]　同註20，頁202。該疏係由時任閩撫的黃承玄，在萬曆四十四年八月
　　　所上奏。

因為，自嘉靖末倭亂被譚、戚、俞等人掃平後，經隆慶至萬曆的晚期，「四、五十年無倭警」，[121] 中間雖有豐臣秀吉侵犯朝鮮、東南海上戒嚴一事，但整體上而言，此數十年的時間中，閩海並無大規模的盜亂，亦因昇平日久，軍備日益地鬆懈怠弛，寨、遊諸多弊端隨之而生，例如將弁假借名目，扣剋兵丁糧餉；水兵不諳水性，虛冒寄名以食糧；兵船製造偷工減料，「實為船用者不過半價」……等，[122] 其他尚有官兵畏怯出海偷安內港，汛期時常「後汛而往，先汛而歸」，甚至以「風潮不順」為託辭而避泊別澳……等，[123] 不一而足。這些問題都是長時間累積下來的弊端，並和上述不當的海防措施糾葛在一起，兩者相互影響形成惡性循環，沈重地打擊福建的海防體制。萬曆四十年（1612）時，蔡獻臣目睹此一景況，在撰修的《同安志》中便曾感慨地說：「夫兵以衛民，民以給兵，矧同（安）為山海要衝，其於防圉尤所重。今之名有餘而實不足者，寨、遊之兵是也；其名實幾至俱亡者，弓兵、民兵是也」。[124]

上述的這些問題，經泰昌（1620）再到天啟（1621－1627）時，福建當局似乎都沒能做有效的改善，而且，愈到後期情況愈為嚴

---

[121] 此係董應舉語，引自〈答曾明克〉一文，收入氏著，《崇相集選錄》，頁 15。

[122] 請參見董應舉，〈福海事〉，《崇相集選錄》，頁 40。

[123] 請參見同註 20，頁 205。

[124] 蔡獻臣，〈同安志·防圉志〉，《清白堂稿》（金門縣：金門縣政府，1999年），卷 8，頁 636。文中的「矧」，況且之意。

重，再加上，此時閩海賊盜問題又有愈演愈烈的趨勢，[125] 更加使得福建海防的弊病缺失一一地暴露出來，真可謂是「屋漏，偏逢連夜雨」。崇禎初年時，目睹此一沈疴陋象的董應舉，便痛陳道：

> 夫海，昔之海也；寨、遊日增而盜賊日益。豈有他哉──兵分船分，力不足以及於遠汛；且兵屛船弊不敢當風濤，棄海與賊，使得成其勢而熾其毒，非一日之積也。[126]

董氏所言「兵分船分，不足以遠汛；兵屛船弊，不敢當風濤」，一針見血地道出明代中晚期以來福建海防問題的癥結所在。這位福州閩縣人，還舉福州的小埕水寨作為例子，指稱，定海和梅花為福州省城的左、右臂，明初江夏侯周德興構建千戶所城於此；之後，又置小埕寨，「其汛地乃遠至東湧，拒賊於外海」，並與定海所倚為犄角，來捍衛福州城。但是，自「析寨為遊」後，因「兵船少而遠汛廢，賊遂據內海而有之」，賊眾犯至，小埕寨因兵力四散難以招架，將弁遂棄寨潛逃，定海所亦隨之岌岌可危。[127] 除此之外，本文

---

125　天啟、崇禎年間，閩海盜賊昌盛蔓延的原因十分地複雜，包括有內政的敗壞、米價的騰貴、個人的利慾薰心，以及海禁漸嚴、濱海民眾生理無路……等因素所導致的結果。請參見張增信，《明季東南中國的海上活動（上編）》（臺北市：私立東吳大學中國學術著作獎助委員會，1988 年），頁 126。

126　同註 112。上述的〈福〉文，係撰於崇禎初年熊文燦擔任閩撫之時。文中的「屛」，卑怯之意，即指寨遊官兵畏怯偷安。

127　董應舉，〈浮海紀實〉，《崇相集選錄》，頁 56。

探究主題的浯寨，在崇禎元年（1628）時便亦曾爆發過海盜焚劫事件，其情況遠較小埕寨事來得嚴重。該年的三月二十六日，海賊鍾斌突入泉州灣內的石湖，焚奪浯寨水師兵船，[128]「而浯嶼寨舡[即戰船]，已爲鍾賊焚、駕，把總張一孿力戰失舡身死」。[129]海盜竟膽敢直入水寨焚掠兵船，浯寨指揮官戰敗而死……如此的場面令人難以想像，而此一「浯寨焚船事件」，它不僅暴露了因「兵力分散」和「兵怯船弊」所引發的海防諸多缺失，爲萬曆以來不當的海防措施和武備的鬆懈廢弛，付出了巨大的代價；同時，亦爲逐步走向衰頹的明代福建海防，做了最佳的註腳。

本節上述的內容，已分別將浯寨由浯島先後遷入廈門、石湖二地，它在組織上變動情形及其對福建海防的影響，做過一番的分析和探討。其實，吾人若對浯寨在浯導、廈門和石湖三個時期組織的變動經過，從頭至尾做一番的回顧和整合，亦可發現它有以下的三個特徵。

首先是，浯寨的領導上司，愈來愈嚴密。領導浯寨的軍事系統，主要有二，一是指揮統率的部分，福建初創五水寨時，浯寨的兵、船和其餘諸寨相同，直接歸由總兵統督指揮，但至嘉靖中期後，浯寨把總由總兵轄下的「參將」來統轄。因，嘉靖二十八年（1549），

---

[128] 前東北圖書館編輯，〈福建巡按趙胤昌爲酌採輿情招降巨寇等事〉，《明內閣大庫史料》（臺北市：文史哲出版社，1971年），卷15，頁755。

[129] 前東北圖書館編輯，〈福建巡撫朱一馮爲採通國之論納巨寇之降等事〉，《明內閣大庫史料》，卷15，頁751。

總兵底下增置參將一員，三十五年（1556），參將改分增爲水、陸二路，三十八年（1559）再改水、陸二路爲北、中、南三路，浯寨遂由水路參將，再改歸由南路參將所轄管。到天啓元年（1621）時，南路參將轄下又增設「泉南遊擊」一職，以統轄泉州府境水、陸兵力，浯寨遂又歸其轄管。至崇禎中期以後，泉南遊擊因被撤廢，浯寨遂又直接歸由天啓五年（1625）時由南路參將升格爲南路副總兵來直接指揮。浯寨把總的指揮上司，由先前的總兵，後再增加參將，續又再增加遊擊，愈來愈爲嚴密。

　　不僅，上述的指揮統率部分如此，另一個領導系統，即監督稽核的部分亦是如此，起初時，浯寨的組織運作係直接由福建按察司「分巡興泉道」負責監督，監督職級亦和指揮系統相同，時間愈晚區分愈爲細密，至「廈門浯寨後期」時，浯寨直接監督的工作，已改歸由層級較低的泉州府同知來負責執行。有明一代，閩省領兵的軍權，採武將指揮、文官監督「二權分離」的原則，一開始組織較爲簡單，實施到後期，有愈爲周密複雜的趨勢，並細分各層級指揮和監督的人員，而上述浯寨的「領導上司愈來愈爲嚴密」變化經過，正是最佳的典型寫照。

　　其次是，浯寨的官兵額數，愈來愈短少。明初時，浯寨共有官、兵二九四〇人左右，主要是來自於漳州衛，永寧衛及其轄下守禦千戶所，此外，尚有春、多汛期時由上述衛、所前來支援出汛勤務的「貼駕征操軍」，數目約在五〇〇人左右，故廣義地說，此時浯寨戍軍約有三四四〇人上下。正統以後，軍備廢弛，衛、所軍戶逃亡

嚴重，兵丁額數的銳減，連帶影響到衛、所調撥人員值戍水寨工作的進行，前已提及，如嘉靖時，五寨戍兵逃亡人數比率最低如浯寨者，逃兵便有一四○○餘人佔寨軍總數四成餘左右。倭亂平後，漳、永二衛所官兵不再如往昔駐戍浯寨，福建當局改另行招募新兵以充之，在嘉靖四十三年（1564）時，浯寨新軍的額數約有二二○○人，若再加上汛期時，由漳、永二衛所調援的貼駕軍五八○人，合計共有官軍二七八○人，浯寨官兵額數較衛所戍寨時減少約有六○○餘人。但是，隨著隆、萬年間泉州增置了浯銅和澎湖兩支遊兵，它們的兵源不少是來自於附近的浯寨，於是，浯寨先前招募的二二○○人，最晚在萬曆四十年（1612）前便僅剩下了一○七○人，不到原來額數的二分之一，此時，若再加上汛期調援漳、永二衛所貼駕軍的五八○人，總數亦不過一六五○人而已，上述的浯寨官兵額數直至明末崇禎時，似乎都沒有太大的改變。由上可知，有明一代，浯寨駐軍官兵額數，在汛期調援的衛所貼駕軍除外，它的額數有愈到後期愈為減少的趨勢。尤其是，隆慶以後抽撥浯寨額兵以充補新設的浯、澎二遊，此一「析寨為遊」的舉措，不僅造成浯寨兵源的嚴重不足，削弱其兵防能力，還導致泉州海防兵力「一分為三，勢分力單」的不良後果。

　　最後是，浯寨的出汛駐點，愈來愈增加。早自明初起，浯寨的防務工作，除有固定轄區負責哨巡，並和鄰寨定期「會哨」之外，每年春、冬二汛期時兵船會結成二大艘即兩支大型的巡海艦隊，先泊駐備禦要地，再至附近洋面遊弋哨巡，以對付由此入犯的倭盜。

此一備禦要地，雖然地點曾有多次的更動，但浯寨由浯島時期再到
廈門時期，一直將它維持在兩處，各有一綜兵船來負責。然而，此
一出汛「結二綜」的措置，卻在石湖時期做了重大的改變，浯寨一
改往昔「兵分二綜」的慣例，將「浯寨廈門後期」時的「一綜屯崇
武，一綜屯料羅」，改而爲「出汛時一屯料羅，一屯圍頭，一屯崇
武，一屯永寧」，亦即由先前的「二大綜」細分成「四小綜」。浯
寨出汛結成「二大綜」的好處，是兵船較能集中運用和靈活調配，
並在武力的「數量」上壓制敵犯。至於，將它改爲「四小綜」，目
的是欲透過更細密防區和駐點的分配，意圖使浯寨在更明確的責任
和分工之下，能保護沿岸更多的地方。但是，實施後的結果卻是，
因備禦地點的增多，讓出汛兵船由原先的「集中」轉爲「分散」；
再加上，寨中額兵本已短少過半，致使浯寨的兵力更加地薄弱。亦
因上述「備多力分，兵少勢孤」的缺失，造成倭盜在合綜結夥突犯
時，出汛的小綜兵船不僅難以抵禦招架，且因各綜兵寡船少，不易
似先前般地合成大綜遠汛外海，賊盜便得方便侵入內海，導致沿岸
容易隨之告危緊張。

## 第二節、浯寨在浯嶼、廈門和石湖三地得失的觀察

　　本節主要的內容，是對浯寨先後在浯島、廈門和石湖三地的得
失，做一比較和評論。明初時，江夏侯周德興視師閩海，大事擘建
海防，陸岸設衛所巡司，海上置水寨兵船，陸、海互爲表裏，構成

完整的福建海防架構。其中，做爲「禦倭於海上」兵船基地五水寨之一的浯寨，在一開始便相中同安西南海中的浯島，做爲該寨的寨址所在地。挑選浯島的原因，前已提及，主要是從福建海防角度來衡量，因該島位在九龍江出海口，不僅兼控漳、泉二府，爲同安、海澄、廈門海上的交通門戶。加上，該島突起海中，明初置寨戍軍於此，既可和鎮海、中左二衛所成三角鼎足之勢，又可阻斷海寇南北來往的去路，亦正好符合「控制該海（或水）面上有決定性影響之據點」的戰略考慮。

然而，浯寨上述這些設在浯島上的優點，卻因浯島孤懸海中，「既少村落，又無生理，賊攻內地，哨援不及」的理由，被福建當局移入了內港的廈門。浯寨內遷廈門，不可否認地，它可以讓戍寨官兵和陸岸上來往方便，內地衛所巡司聯絡較易，並得到較佳的生活機能等好處。然而，浯寨遷入內港一事，若站在海防觀點上來看，此一舉措可稱是「禍害的開端」。因爲，水寨設在浯島雖有官兵往來不便、生活補給不易等問題，但此早在洪武設寨時即已存在，且水寨設此亦經明政府評估後認可行才會付諸實施，然而，當政者竟忽略浯寨置此有「守外扼險」的深刻用意，卻順應戍寨官兵「憚於過海」的請求，將其搬遷到廈門。浯寨避入廈門，最嚴重的錯誤，在於忽視浯島是廈門的海上出入門戶，「不守大門，防廳堂」的決策，便是此一錯誤的問題核心所在。關於此，清初時，莊光前在〈同邑海防論〉一文中，亦有類似的看法，他指出道：

金（門）、廈（門）兩島，為同（安）邑之襟喉，而大小擔
（嶼）、浯嶼又（金、廈）兩島之襟喉。……先固其襟喉，
然後可安其心腹。……浯嶼（島）孤懸海中，抗扼海邊南境，
實為捍蔽金門之衝，先是設兵以守，明成化間移置廈門，沿
失至今，議者因有「舍門庭，守幃幕」之喻。夫王公設險以
守其國。兵不居要，猶之無兵。若襟喉不固，而心腹能安，
又未見其有濟也。[130]

莊氏認為，「王公設險守國，兵不居要，猶之無兵」，欲鞏固同安
甚至金、廈二島的海防，必需先從構築浯島的海防來著手。的確，
不管是「不守大門，防廳堂」或是「舍門庭，守幃幕」，這些說法
都點出了浯寨內遷廈門的問題所在。因為，浯寨的避入內港，進而
導致一連串的後遺症，除明初以來精心規劃且具創意的海防構思諸
如「箭在弦上」、「海中腹裡」……逐一地遭到破壞，此外，它的
後遺症主要尚包括外海聲息難通，官兵偷安軍備怠弛，門戶洞開，
敵人潛入不易攔阻，以及浯島棄而不守，倭盜番舶據為窟穴……等
嚴重的後果，有關此，請詳見底下的說明。

　　首先是，「外海聲息難通，官兵偷安軍備怠弛」的問題。浯島
有其地理上的特殊優點，但是，浯寨遷到浯島北方較近九龍江出海
口的廈門後，該處和外海尚有一段距離，此舉不僅使明政府對漳、

---

[130] 林學增等，《同安縣志》（臺北市：成文出版社，民國十八年鉛印本，
1989 年），卷之 25，頁 45。

泉二府外沿一帶海域情況的掌握能力相對地減弱。不僅如此，浯寨遷入廈門後，除和原本「設水寨於海中，禦盜寇於海上」的戰略構想背道而馳外，更方便水寨官兵苟安於腹裡內港，容易造成浯寨軍備怠弛的惡果。關於此，洪受《滄海紀遺》〈建置之紀第二‧議水寨不宜移入廈門〉一文中，便指出道：

> 浯嶼之地，特設水寨，……其移於廈門也，則在腹裡之地矣。……惟自水寨之移於腹裡也，把總得縱欲以偷安，官軍亦效尤而廢弛；寇賊猖獗於外洋，而內不及知，及知而哨捕之，賊乃盈載而遠去矣。甚至，官軍假哨捕以行劫，而把總概莫聞知焉！使或聞知，勢至掩飾罔上以自免過而不暇，又安敢發下罪以警後來，而圖後效哉？[131]

洪在文中，痛陳浯寨內遷廈門一事，形成官兵苟安怠弛，並導致外洋聲息難通，「寇賊猖獗於外洋，而內不及知，及知而哨捕之，賊乃盈載而遠去」，且在此情形之下，方便將弁欺瞞上司包庇過失，甚至發生「官軍假哨捕以行劫」……等嚴重的弊端。

其次是，「門戶洞開外敵潛入，兵船闊大難以攔阻」的問題。浯島，是廈門的出入門戶，浯寨內遷廈門，導致九龍江河口一帶門戶洞開，一旦敵盜潛入，海澄、同安、龍溪等地安全隨之受威脅。

---

[131] 洪受，〈建置之紀第二〉，《滄海紀遺》（金門縣：金門縣文獻委員會，1970年），頁7。

萬曆元年（1573）刊刻的《漳州府志》〈兵防志・險扼・水寨〉中，
便指出：

> 浯嶼水寨，屬泉州府同安縣，然嘗調漳州衛軍在彼防守，而
> 是寨在吾漳，視泉州尤為要地。……。按，浯嶼水寨，舊設
> 在大擔太武山外，可以控制漳、泉二府。成化年間，有倡為
> 孤島無援之說，移入內港廈門地方，賊舟徑趨海門，突至月
> 港，無人攔阻，官舟泊崖淺□[疑為「澀」字]，不可推移，
> 常至失事。[132]

因浯寨兵船多為適合大洋波濤，遠汛外海的大型兵船，一旦門戶洞
開之後，近河口處地形複雜且水位薄淺，賊舟船小來往便捷、行動
自如，兵船則轉動多礙、難於近敵，不易發揮功能，[133] 遂有上述「賊
舟徑趨海門，突至月港，無人攔阻」的憾事。

最後是，「浯島棄而不守，倭盜番舶據為窟穴」的問題。誠如
嘉靖年間，曾任惠安知縣的仇俊卿，所說的：

> 浯嶼水寨舊址，向在海洋之衝，可以據險，寇不敢近。今乃
> 移近（內陸岸邊）數十里，在于中左所地方，與高浦所止隔

---

[132] 羅青霄，《漳州府志》，卷之 7，頁 13。

[133] 請參見顧亭林，〈福州府・海防〉，《天下郡國利病書》，原編第 26 冊，
頁 39；陽思謙，〈武衛志上・兵船〉，《萬曆重修泉州府志》，卷 11，
頁 11。

一潮，致月港、松嶼無復門關之限，任其交通。其舊浯嶼，
基[此字疑誤]乃為寇之窠穴。[134]

自浯寨內遷後，此一「兼控漳、泉二府，同、澄、廈海上門戶」的
浯島，便成為倭盜盤據的巢穴，倭盜並以此作為前往漳、泉、興、
潮劫掠的跳板，前文提及的「嘉靖戊午，倭泊浯嶼，入掠興、泉、
漳、潮，據之一年，乃去」即是一好例，譚綸、戚繼光還曾為此事，
想將浯寨重新遷回到浯島。相同地，「天啓初，紅夷入犯，亦以此
為窟宅」。[135] 天啓二年（1622）時，荷蘭人欲與中國直接貿易不得，
惱怒而至漳、泉沿海地區進行騷擾劫掠，期間荷人船艦曾拋泊在浯
島，再由此進犯廈門、海澄等地。對此，閩撫南居益便指出，荷船
「拋泊舊浯嶼，此地離中左所僅一潮之水。中左所為同安、海澄門
戶，洋商聚集海澄，夷[即荷人]人久垂涎」，[136] 荷人的意圖十分地

---

[134] 胡宗憲，《籌海圖編》（臺北市：臺灣商務印書館，1983 年），卷 4，
頁 30。仇俊卿，江蘇海鹽人，舉人出身。在《籌海圖編》（卷 4，頁
30）一書，仇俊卿作閩縣知縣，筆者翻查陳壽祺，〈明職官〉，《福建
通志》的福州府閩縣知縣部分（卷 97，頁 8），並無仇氏此人的記載，
但在泉州府惠安知縣條下（卷 103，頁 17），卻有仇氏其人，任職的
期間在嘉靖時。故筆者疑以為，《籌》書所載，仇曾任閩縣知縣一職
的說法，可能有誤，特此說明。

[135] 杜臻，《粵閩巡視紀略》（臺北市：臺灣商務印書館，1983 年），卷 4，
頁 44。

[136] 臺灣銀行經濟研究室編，〈熹宗實錄〉，《明實錄閩海關係史料》，天啓
三年正月乙卯條，頁 129。

明顯，深知浯島是同安、海澄等地的海上門戶，荷人若能控據此，不僅此地區交通出入有困難，安全上亦隨之受到威脅。之後，蔡獻臣在寫給南居益的書信中，對此事件亦提出相同的看法，指稱：

> 浯嶼一片地，在中左所海中，中左門戶也，先朝設把總於此，官因名焉，嗣且縮於中左之城外，嗣且移於晉江之石湖，而浯嶼遂成甌脫，往尚有人居數家，汛時汛兵，朝往暮歸。今紅夷來必泊之，則此地之要明甚，倘就本嶼建一大銃城，而撥一水哨守之，多置銃械其中，則有險可憑，有銃可攻，夷必不敢泊舟其下，亦必不敢越此而入中左也。[137]

蔡氏除力主「欲固廈門，先守浯嶼」，並建議在浯島上築造一座大型的銃城，「有險可憑，有銃可攻」，讓荷人不敢泊舟其下，亦不敢越此而進犯中左等地。

　　由上可知，浯島是廈門的門戶，欲固廈門必先守浯島，浯寨內遷廈門，「不守大門，防廳堂」實為一嚴重錯誤的決定，故引發上述一連串的嚴重後果。然而，先前置寨地點的浯島，亦非是完美無缺的，除前述官兵往來不便、內地哨援不及、生活補給不易之外，尚有風向、地點和倭犯路徑的問題，亦即倭人乘北風南下時，經福寧、福州、興化以達泉州，而地處偏南的浯島寨兵不易逆風而上，遠去泉州北部迎敵。而且，賊盜若從浯島外東大洋北向直上，以犯

---

137　蔡獻臣，〈答南二撫泰院〉，《清白堂稿》，卷10，頁851。

其北面的金門、圍頭、崇武等地，浯島寨兵亦難以完全顧及。[138] 但，筆者須強調的是，上述風、地和倭路的問題，不僅浯島有，位處其內港的廈門亦有相類似問題。然而，不幸的是，浯島上述「偏處泉南海隅，不利逆風北上迎敵」的弱點，卻在嘉靖中晚期倭禍時被一再地凸顯出來，再加上，嘉靖末倭亂平後，泉州海防又爲「重北輕南」的思惟主張所主導，尤重倭犯入境的北面防務，故在如此的情況下，想將浯寨重新設在「偏處極南又需逆風遠上迎敵」的浯島，似乎是不易得到支持，它或許正是譚、戚二人議請浯寨重新遷回浯島，遇到阻力而胎死腹中的主要原因。

然而，此時泉州海防最大的問題是，並不完全在於浯寨有否遷回浯島，而是福建當局在嘉靖倭亂平後，未能因鑑昔時寨設廈門所引發諸多缺失的教訓，積極地去計畫將浯寨寨址移往北面邊海的險要處，以方便泉州兵防的重新佈署，反而，卻一味地因循繼續將浯寨留在廈門。同時，亦因浯寨依然避居內港，外海聲息不通、官兵苟安內港……等問題一直都存在著，這連帶使得譚、戚「恢復五寨以扼外洋」的制度在推行時，缺乏先前寨設浯島時「外海動態，便易偵知」的配合，一開始便有了缺陷。爲此，隆慶以後，福建當局才大量增設遊兵，藉以彌補「寨設內港，外海動態內不及知」之缺憾，並透過「寨遊相間、奇正互用」的構思，希望能更有效地來打

---

138　請參見蔡獻臣，〈同安志・防圉志・浯嶼水寨〉，《清白堂稿》，卷8，頁640。

擊敵人，而浯寨所在地的泉州，亦分別在隆慶四年（1570）和萬曆二十五年（1597）先後增設了浯銅、澎湖二遊兵。

　　上述的澎湖遊兵，在成立後不久即萬曆三十年（1602）時，福建當局爲因應自浙南犯的倭患，便將浯寨遷往泉州的北邊，藉以增強北面的防務，站在泉州整體戰略佈署的考量，此係一正確的抉擇。然而，此一「遲來」的正確抉擇當中，卻又隱藏著另一個更嚴重的缺陷。因，浯寨在向北遷移，在「方向」上並無缺失，但問題主要是出在遷移「地點」的選擇上，新遷的浯寨竟不設在邊海險要處以「據險伺敵」，方便發揮兵船「禦敵海上」的功能，反而，卻將它設在海灣內的岸邊。誠如曹學佺所說：「移浯嶼一寨，專守石湖，固泉門戶」。作爲浯寨新址的石湖，位處泉州灣中段的南岸，此一「地點」因係是泉州府城的海上門戶，浯寨置此，除了可讓「恐倭」的泉州地方官、紳，獲得該區域甚或個人身家進一步的安全保障之外，似乎看不到它對整體泉州海防有何積極性的貢獻。換言之，吾人若從水寨功能角色來看，浯寨設在灣內岸邊的石湖，它的位置不如先前近岸離島的廈門，更是無法和明初的浯島來做相比擬的。石湖，不適合當作水寨兵船的基地，主要有如下的三個理由：

　　第一、泉州灣內的石湖，爲灣口的崇武和祥芝所牽制，出入海上大受影響。前已提及，石湖爲泉州沿海陸上的防禦要地，早在北宋時便曾置巡檢寨於此，以捍衛晉、南、惠、同四縣的陸路安全，至於，此四縣沿海岸澳的防務工作，則另歸由設在崇武的小兜巡檢寨來負責，原因便是石湖地處較內側，而崇武位處泉州灣北岸海

口,「繇海道而陸者,先小兜、次石湖」,[139] 遂置小兜寨在崇武以
捍衛海門。同樣地,明初時,先是置巡檢司在石湖,至洪武二十年
(1387)便遷移該巡檢司至石湖外側的祥芝,該處地在泉州灣海口
南岸,不僅方便監視大海的動態,且可和北岸崇武千戶所共扼泉州
灣的出海口,而上述的歷史經驗,都一再地証明著,泉海陸路要地
的石湖,若用來監控海上動態或作捍禦海疆的最前線,它的地點都
已不如崇武和祥芝了,以如此偏近內地的地點,拿來作為「禦敵大
洋中」水寨舟師的基地,合適與否更是不無疑問。而且,石湖僻處
泉州灣內,出入海上僅有唯一通道,浯寨兵船來往海上時,又受制
於灣口的祥芝和崇武,萬一祥、崇二地突遭敵寇佔據或控制時,灣
內兵船的出入便發生問題,極可能成為敵寇眼中的「甕中之鱉」。

　　第二、石湖岸澳水淺,不適合大型兵船來往出入,有礙浯寨防
務的執行。懷蔭布《泉州府誌》卷二十五〈海防‧防守要衝‧日湖〉
載稱:「日湖在(晉江)縣南。《通志》:淺水,可泊舟。萬歷[誤
字,應「曆」]閒,移浯嶼水寨於此」。[140] 上述的「淺水,可泊舟」,
意指灣內的石湖雖可停靠船舶,但其岸澳可能只較適合中小型兵船
如鳥、快船的來往和停泊,卻不利於來往洋上大型船艦的交通出
入。然而,問題嚴重的是,浯寨遷入石湖後,兵船仍舊以福船、哨
船、多(仔)船和鳥船等四種類型的兵船為主,[141] 其中,福、哨、

---

[139]　懷蔭布,〈軍制‧宋軍制‧諸寨土軍〉,《泉州府誌》,卷24,頁26。

[140]　懷蔭布,〈海防‧防守要衝‧日湖〉,《泉州府誌》,卷25,頁17。

[141]　同註86。

多三種兵船,皆屬中、大型兵船,適合洋上波濤,方便水寨遠汛外海之需,而且,此類兵船航行時多仰賴風勢,駛入內港灣澳時,船頭調轉不便且容易擱淺。浯寨置此,顯示不利防務的執行。

　　第三、石湖偏處灣內岸邊,外海動態難以偵知,官兵易於苟安,弊端隨之滋生。石湖位在泉州海灣內港處,過度偏向內陸,「外海有事,內不及知」便是最大的問題所在。其實,此一問題,早在浯寨遷入後不久便遭人所詬病。關於此,萬曆四十年(1612)時所刊刻的《萬曆重修泉州府誌》卷十一〈武衛志上〉中,便有如下的評述:

　　　國朝洪武初,以郡治建泉州衛,……復於大擔、南太武山外
　　　建浯嶼水寨,扼大、小擔二嶼之險,絕海門、月港接流之奸,
　　　與福州烽火小埕、興化南日、漳州銅山聲勢聯絡,其為全閩
　　　計甚周。先年,烽火、南日二寨移入內澳,浯嶼寨復移廈門,
　　　縱賊登岸,而後禦之無及矣。嘉靖戊午,浙江舟山倭徙巢梅
　　　柯[地名倒置,應「柯梅」],復駕舟出海,泊於浯嶼,負嵎
　　　莫攖,四出剽掠,興、泉、潮、廣並受其害。越一載,迺揚
　　　帆去此已,事之殷鑒也。譚巡撫、戚總兵議請復舊,旋復旋
　　　罷。近,又移浯嶼水寨於石湖。說者謂,濱海四郡隔藩籬而
　　　懷酖毒,原非便計。迺石湖則於內地尤近,置鯨波若岡阜矣,

儻一長慮乎。[142]

上文中扼述浯寨兩遷三地的經過得失，慨嘆浯寨的北遷石湖，步上先前內遷廈門的後塵，而且情況更糟，「石湖則於內地尤近，置鯨波若罔聞矣，儻亦一長慮乎」？此一論點說法，不僅爲顧亭林所贊同，[143] 何喬遠亦認爲，石湖距離泉州府城太近，當事者搬遷浯寨入石湖的舉措，「是去郡[指泉州府城]三十里，不禦門戶守堂奧矣」，[144] 何的「不禦門戶，守堂奧」，一針見血地點出了浯寨設在石湖的問題癥結所在。

吾人綜合以上內容，站在地理位置的角度，觀察浯寨設在浯島、廈門和石湖不同三地的利弊得失，可以很清楚地看出，浯島是三者之中條件最理想者，它不僅能兼控漳、泉二府，且「在海洋之衝，可以據險，寇不敢近」，但是，有利亦必有弊，浯島「孤處海中」、「在漲海中無援」，且過度偏靠在泉州南端角落上，尤其是，倭寇多從浙乘風南下，不利兵船逆風遠上迎敵，是最大的缺點。至於，廈門和石湖二地作爲水寨基地，可說是「利少弊多」，「不守大門，防廳堂」是主要的問題癥結。因爲，浯寨遷入廈門、石湖後，

---

142 陽思謙，〈武衛志上〉，《萬曆重修泉州府志》，卷11，頁3。文中的「嘉靖戊午」，即嘉靖三十七年，係指海賊洪澤珍和倭寇巢據浯島，後自焚其巢，進掠泉、漳等地一事。

143 有關此，請參見顧亭林，〈泉州府・武衛〉，《天下郡國利病書》，原編第26冊，頁76。

144 同註62。

不僅兵船的出入，各為浯島，以及崇武、祥芝二地所牽制，並且，造成門戶洞開，外敵容易侵入的後遺症，更嚴重的是，水寨內遷後，外海的動態難以偵知，減低對漳、泉外沿海域的掌握能力。其他尚有避居內港官兵易於苟安怠弛，岸澳水淺、兵船舟大難行常致失事……等弊端，亦隨之漸次地產生。

　　附帶說明的是，雖稱防衛敵人的進犯要找到好的地點，佔領好的位置，「地點」對水寨的角色和功能的發揮，具相當重要的影響力。但是，吾人更不可輕忽的是，「人員」在其中所做的表現，亦即水寨官兵的良窳與否，它不僅亦是水寨能否發揮角色和功能的要素之一，更是影響海防盛衰興亡主要的關鍵所在。誠如，陽思謙《萬曆重修泉州府志》卷十一〈武衛志上·信地〉的結語，所說：「地利要矣，人和急焉」。[145] 畢竟，好的地點亦須好的人員來搭配，才能發揮其功能。所以，「人員」的素質和表現，才是海防安全的根本保證，如何去做好「選將校，練卒伍，修艨艦，明賞罰，使水軍狎風濤，而不敢偷安內澳」，[146] 讓水寨充分地發揮其功效，更是福建當局經營海防的努力重點。有關此，萬曆四十年（1612）時，蔡獻臣在《同安志》，對浯寨設在浯、廈、石三地其間利弊見解互異有爭議時，曾提出一段發人深省的話，說道：

　　夫昔之所爭者，浯嶼、廈門耳，而今則石湖，又去浯嶼不知

---

[145]　同註103，頁12。
[146]　同前註。

其幾矣，然畫地非不分明，而將脆卒惰，或泊內港，或寄人家，商民劫擄若罔聞知，甚至以販倭船為奇貨，何言倭哉。夫寇飄忽靡常，刻舟於舊，所從入者固為拘攣之見，第將士以船為家，時戒嚴于波浪要害之衝，則弭盜之上策也。[147]

蔡在上文中，闡述浯寨設置的地點，攸關海防雖然重要，但地點的合適與否，有時卻因見解角度不同而產生差異，最重要的是「人員」的問題，如何讓水寨官兵做到「以船爲家，時戒嚴于波浪要害之衝」，才是消弭賊盜、安靖海疆的最上之策。

## 第三節、浯寨遷徙過程的整體觀察和評價

董應舉嘗言：「夫扼險者，扼於內，不如扼於外。扼內者，如鼠鬥穴中，弱者先走；扼外者，如虎踞當道，展步有餘」。[148]前節的內容中，筆者站在福建海防角度來觀察浯寨的寨址位置，發覺到設在廈門、石湖二地並不合適，浯島是三地中較爲理想的地點，董氏上述所言，似乎是此說的最佳註腳。最後，吾人回顧浯寨兩百餘年的歷史，對其遷徙和演進過程，再做一全面性和綜合性的整體觀察，又可以獲得以下的三個結論，亦即「浯寨的內遷，破壞明初福建的海防架構」、「浯寨愈遷愈北邊，苟安私心影響決策」和「浯寨愈遷愈內陸，海防功能愈難彰顯」。有關此，請參見底下的說明。

---

[147] 同註 138。

[148] 董應舉，〈漫言〉，《崇相集選錄》，頁 53。

## 一、破壞明初福建海防架構

　　浯寨的內遷，破壞明初福建的海防架構。在第二章「浯嶼水寨的設置目的」內容中，筆者曾提及，明初時，因倭寇的侵擾，「防倭」是海防首要目標。作爲禦倭兵船基地的水寨，在福建海防中扮演著關鍵的角色。其中，浯寨構築於浯島，兵船備倭於海上，它的態勢形同箭矢般射向大海中，是泉州海防的最前線。浯寨的衛所成兵，不僅取代因海禁被強制內遷的沿海島民，成爲泉州海域第一線的「住民」後，此對昔時入犯的倭盜或潛通敵寇者，確能發揮一定程度的嚇阻作用。不僅如此，又因寨設在浯島上，由此處向內，在和陸岸上之間的水域構築成「海中腹裡」，除利用此以阻滯敵寇入犯內地的時間，島上寨軍和陸岸上衛所軍兵、巡司弓兵，還可在此一空間，合力內外夾攻，殲滅來敵於此。

　　然而，浯寨一旦遷入內港岸澳，不僅浯寨設在浯島「守外扼險，禦敵海上」的構思被嚴重地破壞，構築海上浯島的泉州海防最前線亦隨之內移，同時，又因寨軍不再如往昔般進駐近海的浯島，先前規劃「箭在弦上」的海防功能因此大打了折扣，並且，還因「海中腹裡」的海防構思不復存在，導致外敵來襲時，福建當局減少了急思謀應對策時所需的時、空間縱深，此一錯誤的遷移水寨的舉動，確實，給福建的海防帶來不小的禍害。清初時，姜宸英在《海防總論》中，便指嘉靖中晚期倭寇攻城掠地，荼毒甚慘，除了成化以後至嘉靖初倭警寢息，沿海軍備廢弛、豪右兼併衛所屯田、奸民勾引

倭人入犯之外，並和浯嶼、南日……諸寨不當的內遷有著直接的關聯，亦即福建當局將明初「控制于海中」的水寨「移于海港」，此一「浸失祖制」的不當措置，[149]自行撤除海防藩籬，致使沿海門戶洞開，便是重要的原因之一。

## 二、官民苟安私心影響決策

浯寨愈遷愈北邊，苟安私心影響決策。吾人綜觀浯寨的遷徙時間和方向，洪武二十一年（1388）前後它初創於同安西南海中的浯島，最晚在弘治初年以前便遷入北方內港、靠近九龍江河口附近的廈門，至萬曆三十年（1602）時又再由廈門遷往東北方的泉州灣南岸的石湖，直至崇禎帝亡國為止，並未曾再做過更動。由上述兩遷三地的過程中，可以清楚地看出，有明一代浯寨有「由南向北」的遷移趨勢，而且，它似乎和福建整個海防演進的脈動方向相呼應著，明初大事建構海防，陸上衛、所、（巡）司、（烽）堠星羅棋佈，浯寨亦在此時出現，「寨兵駐島，據險伺敵」，陸、海互為表裏，奠下福建堅強的基石。然而，吾人不能否認，孤處海島波濤中的浯寨官兵，他們生活條件遠較在陸上衛、所時來得艱辛和不便，部分寨軍心中若有怨者，人情自亦難免，而上述「浯島地處孤遠、諸多不便」的意見，便在正統年間以後，隨著海上昇平日久，人心、軍備漸次鬆懈的環境氣氛之下，便為福建當局私下所接納，並且，

---

[149] 同註 61，頁 5-7。

很可能在未經朝廷同意之前，便逕行將浯寨遷入北方內港的廈門。浯寨遷入內港，帶來不少的後遺症，嘉靖時閩海倭禍慘烈，與此「不守大門，防廳堂」的措致，脫不了干係。倭亂平後，福建當局鑑於倭多由浙南下入犯，重新佈署兵力特重北邊的防務，「重北輕南」的海防主張隨之產生，再加上，先前倭禍屠戮甚慘，有「恐倭」心理者不乏其人，在如此的環境之下，浯寨便在泉府官員和閩籍仕宦人士的主導，將浯寨搬遷到東北方「泉州府城的海上門戶」的石湖，透過泉州海上此一主要武力，來進一步加強泉城的防衛能力。

　　上述浯寨二度北遷的地點皆不恰當，對福建海防的整體發展上而言，均缺乏積極性的貢獻，因為，不管是遷廈門時「浯島孤懸海中、生活機能不佳、內地哨援不及」的說法，或是遷石湖時「北面備倭，加強泉城的防衛能力」的理由，它們背後所透露的訊息，卻是衛、所寨軍「憚於過海」和個人安全缺乏保障的心理，以及泉州官、紳欲獲致地方或個人進一步安全保障的動機，而這些出自苟安心理和利益私心的堂皇建議，卻在福建當局搬遷浯寨的決策過程當中，發揮了決定性的影響，實屬不幸。尤其是，浯寨內遷廈、石二地後，部分水師將領雖會辯稱，「今之寨遊，雖設在舊寨之內，而其哨守常在舊寨之外」。[150] 但是，寨入內港以避波濤，環境確實較

---

[150] 此係遊擊王有麟之語，引自鄭若曾，《籌海重編》（臺南縣：莊嚴文化事業有限公司，1997 年），卷之 4，頁 142。王有麟，生平不詳，僅知萬曆年間，曾任福建北路參將一職。見陳壽祺，〈職官・明・北路參將〉，《福建通志》，卷 106，頁 2。

前為安逸，而將弁棲泊港澳海岸一久，在不習風濤的情形下，極有可能如唐順之所形容的「將官棲泊海岸，日遇海風則頭暈目眩，夜聞潮聲則耳聾心惕，望其長驅海島、掃清大憨，能乎」？[151] 不僅如此，寨避內港亦較容易使得官兵滋生苟安怠惰之心，諸如「偷安內澳」或「或泊內港，或寄人家，商民劫擄若罔聞知」情事發生的機會，必定大為提高。此一情形前已詳述，不再此贅言。

## 三、海防禦敵功能難以彰顯

浯寨愈遷愈內陸，海防功能愈難彰顯。嘉靖時，兵部尚書胡宗憲嘗言：「海防之制謂之『海防』，則必宜防之于海，猶江防者必防之于江，此定論也」。[152] 所謂的「海防」，必須防禦敵寇於海上。另外，戚繼光亦曾指出：

> 防海有三策。海洋截殺（敵寇），毋使入港，是得上策。循塘拒守（敵寇），毋使登岸，是得中策。阻水列陣，毋使（敵寇）近城，是得下策。不得已而守城，則無策矣。[153]

上述戚氏所倡「首重防敵入港，次為阻敵登岸，後求止敵近城」的防海三策中，可清楚地看出，他主張先在海中便已將入犯的敵人予

---

[151] 陳壽祺，〈海防・事宜〉，《福建通志》，卷87，頁2。

[152] 鄭若曾，《籌海重編》，卷之10，頁17。

[153] 顧亭林，〈福寧州・軍政〉，《天下郡國利病書》，原編第26冊，頁61。

以攔截撲殺，勿使其有進港入犯的機會，是海防作戰的第一要務。

　　而上述胡、戚二人的說法，和明初時方鳴謙的「倭海上來，則海上備之」和「水具戰船，禦倭海上」的主張十分地接近，他們皆主張在海上對付從海上入犯的敵人，而前已提及，明初置水寨兵船於近海島中，「守外扼險，禦敵海上」的海防構思，便是方氏上述主張的具體實踐。其中，浯寨設在浯島上，寨軍據險伺敵，方便兵船遊弋遠汛，掌握海上的動態，阻截敵盜於海中，較易達到戚氏所言防海上策「防敵入港」的目標。然而，浯寨遷入內港廈門後，外海聲息難通，「寇猖獗外洋，內不及知」，不僅不易截殺敵寇於海上，而且，還因自行放棄浯島，導致漳、泉門戶洞開，造成上述「防敵入港」的目標出現漏失，方便倭盜進港入犯，劫掠沿岸地區。尤其是，浯寨再遷入更內陸的岸澳石湖時，該處位在泉州灣的中段，地點更加地偏向內岸，海灣外動態不易偵測得知，寨中兵、船出入不便且易受灣口兩岸的牽制，在如此環境的情況下，更加使得先前「海洋截殺敵寇，毋使入港」的理想，變得難上加難。總之，浯寨由洪武時的浯島，到正統以後的廈門，再到萬曆中葉後的石湖，亦即從一開始的近海小島，向內遷到近岸離島，再由此遷入更內陸的海灣岸邊，泉州水師重鎮的浯寨，從海中一步一步地走向陸地，不僅與初始時的海防構思漸行漸遠，而且，亦愈來愈難達成其海防的功能。

　　綜合本章前面三節的內容，吾人可以清楚看出，組織、人心和地理位置這三者在有明一代浯寨變遷的過程中，扮演著相當關鍵的

角色。首先是，組織的變化。明初浯寨有寨兵充裕和兵集機動的特徵。浯寨的領導上司愈來愈多，似乎和閩省領兵軍權愈晚愈爲周密複雜的趨勢，相互呼應。浯寨的官兵額數愈來愈少，尤其是，隆、萬年間「析寨爲遊」的舉措，不僅造成浯寨額兵嚴重短少，泉州海防兵力「一分爲三」的不良後果。另外，浯寨的出汛駐點愈來愈增加，兵船由「二大艍」細分爲「四小艍」，兵力由「集中」轉成「分散」，再加上，浯寨額兵又已減少過半，兵力短少四散，武力有限難以壓制合艍敵犯者，此一「艍零則氣弱，備多則力分」的窘狀，相較於明初時浯寨在浯島時戍兵充裕和兵集機動的景況，真是不可同日而語。

其次是，人心的問題。吾人由浯寨兩遷三地的過程中，可清楚看出，「人心態度」在福建當局海防決策過程中，扮演不可輕忽的角色。衛、所寨軍缺乏安全保障和憚於過海的心理，讓浯寨由孤懸海中的浯島搬入內港廈門；泉州官、紳欲使地方或個人獲進一步安全保障，讓浯寨遷入更內陸的岸澳石湖，甚至，影響浯寨兵船出汛地點的增加，藉此以讓沿岸保護的地區擴大。上述出自個人苟安心理或利益私心的建議主張，僅爲一部分人或局部地區的利益，因而改變或影響了泉州全局，甚至福建的整體利益和發展方向，是福建海防的根本致命傷。

最後是，浯寨的地理位置。「地理位置」，對水寨的角色和功能的發揮，具相當重要的影響力。其中，浯島是三者中地點較理想者，不僅可兼控漳、泉二府，又爲同安、海澄、廈門的出入門戶。

加上，該島突起海中，扼海洋之衝，可以據險伺敵。雖然，浯島有其缺點前已述及，但整體而言，浯寨置此仍是「利大於弊」。至於，作為寨址的廈門、石湖二地，可說是「弊遠大於利」，「不守大門，防廳堂」是其主要問題的癥結所在，諸如外海訊息難以掌握、門戶洞開外敵易入、寨軍出入不便且易受外力牽制……等問題，都是它們共同的缺點。對福建海防而言，浯寨的內遷，不僅是「不智之舉」，更是「禍害的開端」。

# 結　論

　　明初，因倭寇的侵擾，洪武帝爲根絕此患，遂遣江夏侯周德興
南下閩海，大事擘建海防，除了在沿岸增置衛、所、巡檢司和烽堠
外，其中，最具創意和關鍵的，莫過於水寨的設置。水寨，設在近
海島上或岸澳邊，配備有寨軍和兵船以禦倭於海上，來和陸岸上的
武力衛、所、巡司互爲表裏，以構成完整的福建海防架構，吾人若
綜觀上述的海防措置，可以發覺到，明初福建的海防佈署有以下的
特質，亦即「防倭」是明初海防問題的核心，以及相關海防措置的
由來根源，而其海防措置是探守勢的，即「以守代攻」的戰略。此
一守勢的海防佈署，雖消極卻具有創意，內容實際且可行性高，確
實能有效地阻擊來犯的敵人。

　　明政府在福建邊海共置有五座水寨，本文探討主題的浯嶼水寨
便是其一。浯寨，洪武二十一年（1388）前後創建於浯嶼島，此一
同安西南海中的彈丸小島，地雖處偏遠卻是廈門、同安、海澄和龍
溪的海上門戶，浯寨設於此，如箭矢般射向大海中，是泉州海防的
最前線，不僅可將泉州海防線由原先的海岸線內推進到近海的島嶼

中，而且由浯島向內至九龍江河口間的水域構築成「海中腹裡」，以遲緩敵寇入犯內地的時間，並可在此「腹裡」內外夾攻殲滅來敵。浯寨和福建其餘四寨相似，有固定海防轄區負責佈防哨巡，並與相鄰的南日、銅山二寨定期「會哨」聲息應援，在春、冬二汛期時兵船結成二大綜出汛扼守備禦要地，並遠汛外海偵察賊蹤。浯寨，透過上述寨址構築近海離島上，兵船「按期而往，遊巡往來」，可謂是方鳴謙「倭海上來，則海上備之」和「水具戰船，禦倭海上」海防主張的具體實踐。

洪武帝以無比氣魄構築的海防措置，衛、所、巡司、烽堠和水寨，規模之大，史所罕見，不僅爲福建海防奠定堅強的基礎，並有效地達到扼止倭寇入犯的目標。然而，隨著政局昇平日久、海上久安，福建海防跟著鬆懈下來，正統以後「人心怠玩、軍備廢弛」等缺失逐漸出現，浯寨便是在如此環境背景下，由海中的浯島被內遷回到岸邊內港的廈門，它的情況和烽火門、南日二寨相同，由同名島嶼各自內遷到陸岸上的松山和吉了澳，皆是福建地方當局「私下」、「自發性」的舉動，並非來自於朝廷中央的命令。亦因此，今日很難正確去斷定浯寨遷入廈門的時間，目前僅知它的時間絕對不晚於弘治二年（1489），史書上的正統、景泰和成化年間等三種說法都有可能成立，而且，是福建當局順應沿海衛、所戍寨官兵「憚於渡海」的請求，以浯嶼等三寨「地處孤遠、諸多不便」爲理由，要求中央同意其搬移三寨入內港的。水寨的內遷，可謂是明代福建海防史上最大的敗筆，不僅浯寨設在浯島「守外扼險，禦敵海上」

的構思被嚴重地破壞，連先前規劃構築海防最前線的「海上水寨線」亦隨之內縮而功能頓減，此外，明初以來的「海中腹裡」、「箭在弦上」和「島民進內陸、寨軍出近海」等具有創意的海防佈署，同樣地，亦隨著水寨的內遷而逐一地消失掉。

然而，更不幸的是，浯寨自從內遷廈門後，浯島此一漳、泉海上要津，卻成為倭盜泊船巢據的場所，並且以此為跳板，四處流竄劫掠，興、泉、漳、潮等地皆受其荼毒，此一景況至嘉靖中後期時到達顛峰。倭亂平定後，因賊倭先前盤據浯島為巢窟的教訓，閩撫譚綸、總兵戚繼光等人曾主張將浯寨再遷回舊地浯島，但因阻力太大，最後還是以胎死腹中來收場，浯寨寨址依舊設在廈門。而嘉靖末時，「譚、戚請復寨舊地，尋復以孤遠罷」一事，此亦宣告著明初時「寨兵駐島，據險伺敵」的海防措置，正式地走入歷史。

雖然，倭亂平後，「議遷水寨回舊地」不成，譚、戚等人卻對積弊廢弛的福建海防做一番的大整頓，除了恢復實施昔日「五水寨以扼外洋」的制度，亦即每寨兵船分二大鯨共四哨、汛期屯守海上險要處，清楚地劃分各水寨的海防轄區，以及嚴格執行各寨間「會哨」制度之外，並將五水寨一分為二，烽火、南日、浯嶼三寨為正面當敵之正兵，銅山、小埕二寨為伏援策應之遊兵，正、遊二兵相間，「正」、「奇」互為運用，扼賊敵之于海上，若犯賊寡少各寨自行禦戰，賊夥若眾多則合力圍攻，希望透過上述這些措置，來重新建構倭亂平後的福建海防體制。然而，因水寨依然避在內港或岸澳邊上，「議遷水寨回舊地」不成一事，使得「五水寨以扼外洋」

制度的實施，因缺乏先前水寨屯戍近海島上「據險伺敵」的配合，外海動態內不及知，一開始便有了缺陷，讓譚、戚福建海防革新蒙上了一層的陰影。

隆慶以後，福建當局延續嘉靖末時譚、戚「寨分正、遊兵，正遊交錯，奇正互用」海防構思，並將其構思的規模再加以擴大，在內遷的寨和寨之間的島嶼上增設遊兵，讓遊兵和原先的五寨形成交錯，水寨正面當敵，遊兵扮演伏援策應之奇兵，「寨遊相間、奇正互用」；同時，並透過近海島上新設的遊兵，往來洋上巡探攻捕，來彌補內遷的水寨「外海聲息不通」、「倭盜突犯馳援不及」、「官兵苟安內港」……等缺失，希能更有效地來對抗入犯的倭人。此一「寨遊相間、奇正互用、信地分明、兵勢聯絡、烽火相通」的海防主張，在萬曆二十五年（1597）時倭犯朝鮮、海上戒嚴的氣氛下，讓各寨間皆有遊兵來相交錯，便在閩撫金學曾手上增建完成，於是，「五寨七遊」外加大海中的澎湖遊兵，福建海防的新架構便在此時完成。

至於，嘉靖末倭亂平後的浯寨，它的海防轄區亦是受到嘉靖倭亂的影響，浯寨的汛地遂有「由南向北」遷移的趨勢。因為，嘉靖中晚期倭禍劇烈，敵寇入犯多由浙而南下，百姓橫遭荼害，鑑此，福建當局為恐慘劇重演，遂特別加強倭寇來犯方向的守備，「重北輕南」的海防主張隨之產生。然而，此時負責泉州海防的浯寨的汛地北端竟遠抵興化的平海衛城，兵力佈署重心亦以興化的湄州島為核心，福建當局似有矯枉過正之失。浯寨汛防重心「過度偏北」的

情形，至萬曆初增設湄洲遊兵時才有改善，直到萬曆二十五年（1597）海防新架構完成時，浯寨汛地北端向南移至大、小岞，浯寨的北段防務佈署，亦得到較合理的分配。但必須強調的是，福建當局「重北輕南」的海防佈署思維並未改變。

關於，浯寨汛地的南段部分，它的南端在嘉靖末時由井尾遷至擔嶼，範圍大為縮減，且在萬曆二十五年（1597）時海防新架構中，並未更動浯寨南段的汛地，南端依舊在擔嶼，而此處距離寨址廈門又近在咫尺。浯寨寨址偏靠在汛地南邊的末梢上，不僅不利於防務的執行，倭寇南下突犯時且有北面應援不及之缺憾，此一問題自然會引起原已「重北輕南」的福建當局注意，再加上，泉州城下倭人泊船事件令地方官紳恐慌不已，於是，在萬曆三十年（1602）時，便將浯寨北遷到泉州府城「海上門戶」的石湖，希望透過此來加強泉城的海上安全。石湖澳地在泉州灣中段的南岸邊，以「守外扼險」的角度看來，它的位置尚不如先前近岸離島的廈門，更是無法和明初的浯島來做相比擬的。

浯寨遷往北邊的石湖後，除了海防轄區稍做更動，汛地北端由大、小岞北移到湄州外，相較於廈門時期，綜觀石湖浯寨組織的變動過程中，又以兵丁額數的減少，以及汛期出屯地點的增加，影響的層面亦最大。一是兵丁額數的減少。萬曆四十年（1612）石湖寨軍僅是嘉靖末廈門時寨軍的一半，此事與隆慶、萬曆年間大量增設遊兵有直接的關聯，浯寨和福建其餘四寨相類似，將該寨中半數額兵抽調到轄區附近新設的浯銅、澎湖遊兵之中，而以「析寨為遊，

以彌縫其闕」，來達成上述「寨遊相間、奇正互用」的海防目標。然而，福建當局抽調寨兵以充遊兵的舉措，考慮實大欠周詳，不僅嚴重地削弱浯寨的兵防能力，且新增的浯銅、澎湖二遊又未另做大規模的募兵，致使泉州的防務未因添設浯、澎二遊而增強，反而卻造成兵力「一分爲三，勢分力單」的嚴重後果。而且，浯寨還因兵源減少過半，導致難以負荷原先的防務，又因萬曆中期倭警而增設澎湖遊兵，造成泉州防務範圍的擴大，在此情況之下，浯寨和浯、澎二遊不得不對泉州防務轄區做進一步的細分安排，而形成上述一寨二遊「各分彼此、劃地自守」的局面，它讓原先增設遊兵「寨遊相間、奇正互用」的美好立意，完全地變調走樣。二是汛期出屯地點的增加。在春、冬二季時，石湖浯寨兵船結隊出汛屯駐點上，一改往昔「兵分二綜」的慣例，再加以細分成爲四小綜，由廈門時「一綜屯崇武，一綜屯料羅」，改爲「出汛時一屯料羅，一屯圍頭，一屯崇武，一屯永寧」，希望藉此建立更細密的防區和駐點的分配，更有效地去達成保護地方的使命。然而，此一措置背後的動機，卻和先前「北遷浯寨至石湖」相類似，當中多少都摻有地域甚至個人私利的考量，認爲浯寨兵船汛期屯防駐點愈多，受保護的地區就愈大，該地民眾愈有安全感。但是，實際上，卻造成浯寨兵力由原先的「集中」轉成「分散」，兵力分散容易被各個擊破，且在倭盜合綜來犯時無法招架，更因各綜兵寡船少，浯寨兵船無法似昔日結成大綜遠汛外海，導致賊盜容易侵入內海，沿岸隨之告警，連帶使得原先希望被保護地區愈大的目標無法實現。

　　類似上述額兵減半和出汛屯地增倍不當的措置，所引發的寨遊
「各分彼此，劃地自守」、「鯨零氣弱，備多力分」……等問題，
至萬曆晚期時不僅只發生在泉州的浯寨，它幾乎是福建海防的共同
問題。再加上，自嘉靖末倭亂平後至此時，四、五十年無倭警，閩
海昇平日久，寨、遊弊端隨之叢生，並和上述不當的海防措施糾葛
在一起，形成惡性循環，沈重地打擊福建的海防體制，「兵分船分，
不足以遠汛：兵孱船弊，不敢當風濤」，董應舉上述語句是最佳的
寫照。這些問題，經泰昌再到天啓都沒有改善，而且愈到後期愈嚴
重，恰巧此時閩海賊盜又有愈演愈烈的趨勢。腐敗的福建寨、遊軍
兵，自然不是氣燄正盛的海賊對手，崇禎元年（1628）海賊鍾斌直
搗石湖，焚掠浯寨兵船，把總張一孳戰敗身死一事，便是最好的明
證。

　　最後，吾人回顧有明一代浯寨的歷史，自明初洪武帝銳意防
倭，江夏侯周德興南下福建構建海防，創建於同安小島浯嶼起，歷
經水寨內遷廈門、嘉靖中晚期倭亂慘變，譚、戚等人海防革新，隆、
萬年間增置遊兵，水寨北遷石湖……等事件，再到崇禎焚船事件的
發生，海賊猖狂直入浯寨焚奪兵船，寨創將亡的慘狀，此一近兩百
五十年的閩海水師重鎮，竟然走到如此境地，令人感慨不已。若將
此一情景，再和浯寨初創時的景況做一比較，不僅對洪武帝建構「寨
軍據險伺敵，兵船遠汛外海」的遠見佩服有加，更對其擘劃「構築
水寨海中浯島，衛所軍兵遠戍孤島」時的氣魄，益生景仰之心。

# 附　　錄

## 歷任浯嶼水寨把總生平事蹟表

| 把總姓名 | 任職時間 | 出身經歷 | 相　關　事　蹟 | 資料出處 |
|---|---|---|---|---|
| 丁桐 | 嘉靖二十六年前後，以興化衛指揮僉事調守。 | 全椒人，善射，有膂力，習海事，每駕帆，輒自持舵截海，時時於舟檣旁馳突呼嘯，先後鎮小埕，鎮南日，鎮浯嶼，屢有捕誅倭盜功。 | 嘉靖二十七年，正值佛郎機夷人入漳州。福建巡按金城檄海道副使柯喬禦之，遂彈劾浯嶼把總丁桐貪賄受夷人金，縱之入境，乞正其罪，並請籍產，繫逮京師。經審判，朝廷以「丁桐身為海寨防守之官，肆行受財枉法之私過，異於結交誆貸，其引寇貽患情犯尤重，合無比照前例，定發邊衛永遠充軍，子孫不許承襲，庶昭姦貪不法之戒」。踰數冬，諸寨水軍當鞫問，無不扼腕流涕，願為桐死者。久之，刑部郎中陸穩以恤刑至，力為疏理，報聞而已。會倭奴侵軼江浙，給事中曹禾，憐桐材勇，請貰其罪。詔出之，而桐已死。 | 1、周凱，《廈門志》，卷10，頁366。 2、何喬遠，〈文蒞志〉，《閩書》，卷之45，頁1143；〈武軍志〉，卷70，頁2057。 3、朱紈，《甓餘雜集》，卷6，頁9。 |

| 李希賢 | 約嘉靖二十七、八年，以指揮僉事擔任。 | | 嘉靖二十八年初，先前泊據浯嶼之賊寇和佛郎機夷人，開洋航至詔安靈宮澳下灣拋泊，巡海道柯喬和都司盧鐣聞此，督率各寨軍兵勦之，李希賢領浯寨兵親與此役。官軍大捷，擒獲佛郎機夷和賊寇李光頭等百餘人。 | 朱紈，《甓餘雜集》，卷5，頁41。 |
|---|---|---|---|---|
| 鄧一桂 | 約嘉靖四十二年間任。 | | 嘉靖四十二年十月底，倭船三隻登陸晉江之圳上澳；十一月初，又有倭船一隻登犯晉江烏潯巡檢司，合夥屯住內坑地方，上述二處皆屬浯嶼水寨信地。因，把總鄧一桂信失於堵截，遂致倭盜登岸進擾，按察使汪道昆乃上疏彈劾鄧失職，「難辭縱寇之愆，賊臨而一報不聞，寧免失機之罪，所當重究者也」。 | 譚綸，《譚襄敏奏議》，卷2，頁24、34。 |
| 秦經國（？） | 嘉靖四十二、三年間，以守備（？）任。 | | 副總兵戚繼光議請守備秦經國駐守浯嶼水寨，福建巡撫譚綸從之。嘉靖四十二年五月，譚遂上疏，指稱福建各寨把總，「惟原任守備秦經國尚堪鞭策外，他皆用之倉卒之餘，率乏勇敢之氣」，奏請秦經國擔任浯嶼水寨把總。筆者疑以為，戚、譚二人此一奏請，議寢，未果施行。 | 1、譚綸，《譚襄敏奏議》，卷1，頁15。2、劉申鑫、凌麗華主編，《戚繼光年譜》，卷之4，頁96。 |
| 朱璣（一作朱日璣？） | 嘉靖四十四年間（？）任。 | | 嘉靖四十四年三月，時值春汛，每水寨兵船三十二艘，把總朱璣分汛浯嶼、以千戶王豪協辦之。該年八月，廣 | 1、李國祥、楊昶主編，〈海禁海防〉，《明實 |

| | | | 東巨寇吳平等，駕船四百餘艘，出入南澳、浯嶼間，謀犯福建，把總朱璣、協總王豪引兵擊之海中。賊奮至，圍官軍數里，璣、豪俱皆陷歿。 | 錄類纂（福建臺灣卷）》，頁 492。2、劉聿鑫、凌麗華主編，《戚繼光年譜》，卷之5，頁 118。3、周碩勛，《潮州府志》，卷 38，頁 33。 |
|---|---|---|---|---|
| 秦經國 | 隆慶初年任。 | 五河人（一作鳳陽人），字嘉猷，別號東望，襲父鎮東衛指揮同知職。 | 秦經國擢總浯嶼寨，時穆宗御極，海寇曾一本縱橫海上，閩、廣大騷。朝廷遂下詔兩省協勦，督府下令有能督戰艦先登者，予金三百；經國趨應，令募死士，與約，戰不重傷者殺無赦。遇賊銅山、南澳間，大戰竟日，士死傷過半，火燎經國鬢並傷其右股。經國氣愈奮，親發大砲，焚其舟，斬首百餘級。 | 1、葉向高，〈秦將軍傳〉，《蒼霞草全集：蒼霞續草》，卷之15，頁 29。2、陳壽祺，〈明武宦績〉，《福建通志》，卷139，頁 7。 |
| 許師古 | 萬曆十七年任。 | 歙縣人。 | | 周凱，《廈門志》，卷 10，頁 366。 |
| 林武莒 | 萬曆年間任。 | 晉江人，字養萬，萬曆壬辰武進士。 | 閩海告警，福建巡撫推薦林武莒守浯嶼水寨。期間，武莒條上三建議，皆獲採行。遷廣西永福守備。 | 1、周凱，《廈門志》，卷10，頁 366。2、方鼎等，《晉江縣志》，卷之7，頁 28。 |
| 唐濟澄 | 萬曆年 | 晉江人，字士 | 唐濟澄世為泉州衛指揮僉 | 1、周凱，《廈 |

| | | | | |
|---|---|---|---|---|
| （一作唐澄濟，疑誤） | 間，以都指揮僉事任。 | 潔，世為泉州衛指揮僉事，七傳至於濟澄，襲職。 | 事，襲職。曾捕獲泉州監獄逸囚數十人，後，委治兵梧嶼水寨。時，撫帥貪得賊功，下令捕賊澎湖，濟澄曰：「澎湖某所轄汛地，無賊，何捕？若在海外，我從眾少，遠逐必窮」。撫帥不從，令捕賊於波濤中，賊詐為賈船來火吾船，船卒爭避火，盡溺死。帥大悔。未幾，濟澄改調南日水寨把總。後遷汀漳守備，巨寇聞風瓦散。陞貴州都指揮僉事。 | 門志》，卷10，頁366。2、方鼎等，《晉江縣志》，卷之7，頁27。3、懷蔭布，《泉州府誌》，卷56，頁29。 |
| 沈有容 | 萬曆三十年至三十四年間任，由世廳千戶都司僉事，授指揮守梧嶼欽依把總。 | 宣城人，字士宏，萬曆己卯武舉。 | 三十年春，沈有容初任梧嶼把總，時泉州知府程達以梧嶼水寨北去崇武四百里，緩急莫應；議徙寨於石湖，屬之經理。有容爰度地相宜，庀材鳩工，監司、海防、寨署及玄武祠、演武場次第興建，屹然重鎮。同年，倭距東番為巢，四出剽掠，沿海戒嚴。有容陰訶其地勢，部署戰艦，以二十餘舟出海；遇風，存十四舟。臘月，乘風破浪，過澎湖，與倭遇，諸士卒殊死戰，勇氣百倍，格殺數。縱火沈其六舟，斬首十五級，奪還男女三百七十餘人；倭遂去，海上息肩者十年。事聞，將吏悉敘功，有容止賚白金而已。三十二年七月，紅毛番長韋麻郎駕三大艘泊澎湖之島，通譯求市；稅使高案受略召之也。僉謂茲舉利一害百，萬 | 1、周凱，《廈門志》，卷10，頁367。2、懷蔭布，《泉州府誌》，卷30，頁28；卷31，頁79。 |

| | | | 不可從；以屬有容。乃輕袍緩帶，徑登其舟，為譚陳國家威德、封疆峻限與夫主客勞逸之勢、持久坐困之苦，聲韻雄朗，意氣磊落。韋麻郎感悟，索還所贈宋金，伺風便揚帆而去。自是鯨䑸消戢，溟波永靖；瀕海之民，咸頌其德。後歷登萊總兵官。卒，贈都督同知，賜祭葬。 | |
|---|---|---|---|---|
| 臧京 | 約萬曆三、四十間，以都指揮僉事（？）任。 | 鄞縣人。 | 石湖金釵山上有六勝塔，塔旁有魁星堂，昔時宋人梁克家讀書處，久已荒廢，臧京嘗重搆之。 | 1、懷蔭布，《泉州府誌》，卷6，頁54。<br>2、陳壽祺，〈明武職官〉，《福建通志》，卷106，頁5。 |
| 翁元輔 | 約萬曆四十、四十一年間，由松江金山衛指揮使，擢浯寨把總。 | 字孝揆，號曉暢。 | 太常卿蔡獻臣稱翁元輔「外壯熊虎，中飽韜鈐，事母孝，與士信，守嚴飲泉，惠溫挾纊，自弱冠從戎以來，近綰衛符，歷握兵柄，凡柘林、川沙諸要地命帥缺，則必以君攝事。而君老成持重，營務謹辨，以故諸臺使者，敵獎君者百，疏薦君者四，其素所樹立固然哉」。元輔任職浯嶼期間，時值閩撫丁繼嗣「復用汛事，慰薦之。嗣是乘風破浪與士卒同其苦，揚威海上，革衛所貼駕擇便之例金而戍卒懷，擒 | 1、懷蔭布，《泉州府誌》，卷31，頁81。<br>2、蔡獻臣，〈浯嶼把總翁曉暢去思碑〉，《清白堂稿》，卷7，頁582。 |

| | | | 小埕橫發難制之劇盜而威名震，緝通番不可測之販船而隱禍絕，兢惕勤勞，咸謂其有保障之功。未幾，以任怨中蜚語，解任去，兵民勒碑以志去思焉」。 | |
|---|---|---|---|---|
| 王夢熊 | 萬曆末年，以中軍守備，督浯嶼水寨兵。 | 晉江人。 | 王夢熊以材補撫標把總。題授征西守備。後以病告歸。時閩中匪茹，當事委署中軍守備，督浯嶼兵，海寇袁進素憚其名，率眾歸誠。夢熊又擒獲永春盜賊首，授浯銅遊戎守備。時，紅夷寇鼓浪嶼，夢熊率親丁隨王忠等擒戮，奪其艘，紅夷敗歸復率大迫內地。夢熊扮成漁人，匿藏火具乘風縱火，焚之，擒賊甚眾，後乃大徵兵直逼澎湖，賊聞風引去。歷驃騎將軍。 | 1、周凱，《廈門志》，卷10，頁366。2、方鼎等，《晉江縣志》，卷之29，頁29。 |
| 張一犖 | 約崇禎元年前後任。 | | 崇禎元年三月，海寇鍾斌突入石湖，焚燬浯嶼水寨兵船，把總張一犖力戰而死。 | 前東北圖書館編輯，《明內閣大庫史料》，卷15，頁751、755。 |
| 薛震來 | 約崇禎六年前後任。 | | 崇禎六年，浯寨把總薛震來曾領泉南兵，赴福建北路支援協勦海盜劉香。九月，時荷蘭人勾結海寇劉香進犯閩海沿岸，福建巡撫鄒維璉發大軍，以遊擊鄭芝龍部為前鋒，大破荷人舟師於料羅灣，震來親與此役，泉南遊擊張永產稱震來和浯銅遊 | 1、鄒維璉，《達觀樓集》，卷18，頁51。2、中央研究院歷史語言研究所編，《明清史料》，乙編， |

| | | | 把總蔡全斌等人「一時用命，而收全功」。 | 第七本，頁662。 |
|---|---|---|---|---|

附註：
1、前言曾提及，浯嶼水寨把總的生平事蹟，因年代久遠，無法將其完整蒐齊，本表並不是十分地完整，還請讀者包涵指正。
2、明代宗景泰間，浯寨長官職銜仍為「名色把總」。世宗嘉靖中葉，則改為「欽依把總」。見周凱，《廈門志》，卷10，頁365。
3、上表中，浯寨把總的姓名、職務或任職時間，後面若有"（？）"的符號，表示目前尚無法確定此一記載，是否完全正確者。

# 參考書目

## 一、基本史料

卜大同：《備倭記》，濟南市，齊魯書社，1995 年。

不著編人：《倭志》，收入玄覽堂叢書續集第十六冊，南京市，國立中央圖書館影印，清初藍格鈔本，1947 年。

中央研究院歷史語言研究所校：《明實錄》，臺北市，中央研究院歷史語言研究所，1962 年。

中央研究院歷史語言研究所編：《明清史料》，甲編至戊編，臺北市，維新書局，1972 年。

方鼎等：《晉江縣志》，臺北市，成文出版社，清乾隆三十年刊本，1989 年。

王鶴鳴：《登壇必究》，北京市，北京出版社，1998 年。

朱元璋：《皇明祖訓》，臺南縣，莊嚴文化事業有限公司，1996 年。

朱紈：《甓餘雜集》，濟南市，齊魯書社，1997 年。

江樹生譯：《熱蘭遮城日誌（第一冊）》，臺南市，臺南市政府，2000 年。

向達校注：《兩種海道針經》，北京市，中華書局，2000年。

沈有容輯：《閩海贈言》，南投縣，臺灣省文獻委員會，1994年。

沈定均：《漳州府誌》，臺南市，登文印刷局，清光緒四年增刊本，1965年。

何汝賓：《兵錄》，北京市，北京出版社，2000年。

何喬遠：《閩書》，福州市，福建人民出版社，1994年。

何喬遠：《名山藏》，北京市，北京出版社，1998年。

李言恭、郝杰：《日本考》，北京市，中華書局，2000年。

李國祥、楊昶主編：《明實錄類纂（涉外史料卷）》，武漢市，武漢出版社，1991年。

李國祥、楊昶主編：《明實錄類纂（福建臺灣卷）》，武漢市，武漢出版社，1993年。

李國祥、楊昶主編：《明實錄類纂（浙江上海卷）》，武漢市，武漢出版社，1995年。

吳廷燮：《明都撫年表》，北京市，中華書局，1982年。

杜臻：《粵閩巡視紀略》，臺北市，臺灣商務印書館，1983年。

谷應泰：《明史紀事本末》，臺北市，三民書局，1956年。

林君陞：《舟師繩墨》，上海市，上海古籍出版社，1995年。

林焜熿：《金門志》，南投縣，臺灣省文獻委員會，1993年。

林學增等：《同安縣志》，臺北市，成文出版社，民國十八年鉛印本，1989年。

周之夔：《棄草集》，揚州市，江蘇廣陵古籍刻印社，1997年。

周凱：《廈門志》，南投縣，臺灣省文獻委員會，1993 年。

周碩勛：《潮州府志》，臺北市，成文出版社，清光緒十九年重刊本，1967 年。

金鋐、鄭開極：《（康熙）福建通志》，北京市，書目文獻出版社，1988 年。

俞大猷：《正氣堂集》，甲戌四月盍山精舍刻印本。

茅元儀：《武備志》，北京市，北京出版社，2000 年。

洪受：《滄海紀遺》，金門縣，金門縣文獻委員會，1970 年。

胡宗憲：《籌海圖編》，臺北市，臺灣商務印書館，1983 年。

胡建偉：《澎湖紀略》，南投縣，臺灣省文獻委員會，1993 年。

姜宸英：《海防總論》，臺北市，藝文印書館，1967 年。

前東北圖書館編輯：《明內閣大庫史料》，臺北市，文史哲出版社，1971 年。

夏燮：《明通鑒》，長沙市，岳麓書社，1999 年。

郝玉麟、謝道承：《福建通志》，臺北市，臺灣商務印書館，清乾隆二年刊本，1983 年。

唐順之：《奉使集》，臺南縣，莊嚴文化事業有限公司，1997 年。

徐日久：《徐子學譜》，明崇禎間太末徐氏家刊本，國家圖書館善本書室微縮影片。

徐景熹：《福州府志》，臺北市，成文出版社，清乾隆十九年刊本，1967 年。

張其昀編校：《明史》，臺北市，國防研究院，1963 年。

張燮：《東西洋考》，北京市，中華書局，2000年。

陳仁錫：《皇明世法錄》，臺北市，臺灣學生書局，1965年。

陳夢雷：《古今圖書集成：方輿彙編》，臺北市，鼎文書局，1976
年。

陳壽祺：《福建通志》，臺北市，華文書局，清同治十年重刊本，
1968年。

曹剛等：《連江縣志》，臺北市，成文出版社，1967年。

曹操等注：《十一家注孫子》，臺北市，里仁書局，1982年。

章潢：《圖書編》，臺北市，臺灣商務印書館，1974年。

戚繼光：《紀效新書》，北京市，中華書局，1996年。

戚繼光：《紀效新書（十四卷本）》，北京市，中華書局，2001年。

戚繼光：《紀效新書（十八卷本）》，北京市，中華書局，2001年。

戚繼光：《戚少保奏議》，北京市，中華書局，2001年。

程子頤：《武備要略》，北京市，北京出版社，1998年。

黃仲昭：《八閩通志》，福州市，福建人民出版社，1989年。

陽思謙：《萬曆重修泉州府志》，臺北市，臺灣學生書局，1987年。

鄒維璉：《達觀樓集》，臺南縣，莊嚴文化事業有限公司，1997年。

葉向高：《蒼霞草全集》，揚州市，江蘇廣陵古籍刻印社，1994年。

葉春及：《石洞集》，臺北市，臺灣商務印書館，1983年。

董應舉：《崇相集選錄》，南投縣，臺灣省文獻委員會，1994年。

臺灣銀行經濟研究室編：《鄭氏史料初編》，臺北市，臺灣銀行經
濟研究室，1962年。

臺灣銀行經濟研究室編：《明經世文編選錄》，臺北市，臺灣銀行
　　　經濟研究室，1971 年。

臺灣銀行經濟研究室編：《清一統志臺灣府》，南投縣，臺灣文獻
　　　委員會，1993 年。

臺灣銀行經濟研究室編：《明實錄閩海關係史料》，南投縣，臺灣
　　　省文獻委員會，1997 年。

臺灣銀行經濟研究室編：《明季荷蘭人侵據彭湖殘檔》，南投縣，
　　　臺灣省文獻委員會，1997 年。

鄭若曾：《鄭開陽雜著》，臺北市，臺灣商務印書館，1983 年。

鄭若曾：《籌海重編》，臺南縣，莊嚴文化事業有限公司，1997 年。

談遷：《國榷附北游錄》，臺北市，鼎文書局，1978 年。

蔡獻臣：《清白堂稿》，金門縣，金門縣政府，1999 年。

劉聿鑫、凌麗華主編：《戚繼光年譜》，濟南市，山東大學出版社，
　　　1999 年。

謝杰：《虔臺倭纂》，北京市，書目文獻出版社，1993 年。

羅青霄：《漳州府志》，臺北市，臺灣學生書局，明萬曆元年刊刻
　　　本，1965 年。

譚綸：《譚襄敏奏議》，臺北市，臺灣商務印書館，1983 年。

懷蔭布：《泉州府誌》，臺南市，登文印刷局，清同治補刊本，1964
　　　年。

顧亭林：《天下郡國利病書》，臺北市，臺灣商務印書館，1976 年。

顧祖禹：《讀史方輿紀要》，臺北市，新興書局，1956 年。

## 二、專書及論文集

王宏斌：《清代前期海防：思想與制度》，北京市，社會科學文獻
　　　出版社，2002 年。

尹韻公：《中國明代新聞傳播史》，重慶市，重慶出版社，1990 年。

成東、鍾少異：《中國古代兵器圖集》，北京市，解放軍出版社，
　　　1990 年。

李熙泰：《廈門景觀》，廈門市，鷺江出版社，廈門文化叢書第一
　　　輯，1996 年。

吳晗：《朱元璋傳》，臺北市，里仁書局，1997 年。

孟森：《明代邊防》，臺北市，臺灣學生書局，1968 年。

馬漢（A. T. Mahan）撰、楊鎮甲譯：《海軍戰略論( *Naval Strategy,*
　　　*Compared and Contrasted with the Principles and Practice of*
　　　*Military Operations on Land* )》，臺北市，軍事譯粹社，1979
　　　年。

財團法人金門縣史蹟維護基金會：《金門人文丰采：金門國家人文
　　　史蹟調查》，金門縣，內政部營建署暨所屬單位員工消費
　　　合作社金門分社，2001 年。

張增信：《明季東南中國的海上運動（上編）》，臺北市，私立東
　　　吳大學中國學術著作獎助委員會，1988 年。

陳文石：《明洪武嘉靖間的海禁政策》，臺北市，臺大文學院，國

立臺灣大學文史叢刊 20，1966 年。

陳文石：《明清政治社會史論》，臺北市，臺灣學生書局，1991 年。

陳尚勝：《「懷夷」與「抑商」：明代海洋力量興衰研究》，濟南市，山東人民出版社，1997 年。

陳建才主編：《八閩掌故大全：地名篇》，福州市，福建教育出版社，1994 年。

陳懋恒：《明代倭寇考略》，北京市，人民出版社，1957 年。

傅衣凌主編：《明史新編》，臺北市，昭明出版社，1999 年。

傅祖德主編：《中華人民共和國地名辭典：福建省》，北京市，商務印書館，1995 年。

黃中青：《明代海防的水寨與遊兵：浙閩粵沿海島嶼防衛的建置與解體》，宜蘭縣，學書獎助基金，2001 年。

黃鳴奮：《廈門海防文化》，廈門市，鷺江出版社，1990 年。

湯錦台：《前進福爾摩沙—十七世紀大航海時代的臺灣》，臺北市，貓頭鷹出版社，2001 年。

葉時榮：《廈門文化叢書（第一輯）：廈門掌故》，廈門市，鷺江出版社，1999 年。

駐閩海軍編纂室編：《福建海防史》，廈門市，廈門大學出版社，1990 年。

鄭喜夫：《臺灣先賢先列專輯：沈有容傳》，南投縣，臺灣省文獻委員會，1979 年。

（日）篠田耕一：《中國古兵器大全》，香港九龍，萬里機構，2000

年。

聶德寧：《明末清初—海寇商人》，臺北縣，楊江泉，1999 年。

# 三、論文

川越泰博：〈明代海防軍船の噸數について〉，《海事史研究》第
　　　19 期，1972 年。

川越泰博：〈明代海防體制の運營構造〉，《史學雜誌》第 81 卷第
　　　6 期，1972 年。

太田弘毅：〈倭寇防禦のための江防論について〉，《海事史研究》
　　　第 19 期，1972 年。

中村孝志：〈關於沈有容諭退紅毛番碑〉，收入許賢瑤譯：《荷蘭
　　　時代臺灣史論文集》，宜蘭縣，佛光人文社會學院，2001
　　　年。

王庸：〈明代海防圖籍錄〉，收入孟森：《明代邊防》，臺北市，
　　　臺灣學生書局，1968 年。

何孟興：〈從《熱蘭遮城日誌》看荷蘭人在閩海的活動（1624—1630
　　　年）〉，《臺灣文獻》第 52 卷第 3 期，2001 年 9 月。

何孟興：〈詭譎的閩海（1628－1630 年）：由「李魁奇叛撫事件」
　　　看明政府、荷蘭人、海盜李魁奇和鄭芝龍的四角關係〉，
　　　《興大歷史學報》第 12 期，2001 年 10 月。

何孟興：〈明嘉靖年間閩海賊巢浯嶼島〉，《興大人文學報》第 32
　　　期，2002 年 6 月。

姚永森：〈明季保臺英雄沈有容及新發現的《洪林沈氏宗譜》〉，

《臺灣研究集刊》，1986 年第 4 期。

晁中辰：〈朱元璋爲什麼要實行海禁？〉，《歷史月刊》第 104 期，1996 年 5 月。

張增信：〈明季東南海寇與巢外風氣（1567—1644）〉，收入張炎憲主編：《中國海洋發展史論文集（第三輯）》，臺北市，中央研究院中山人文社會科學研究所，中山研究院中山人文社會科學研究所叢刊（24），1995 年 6 月。

廖漢臣：〈韋麻郎入據澎湖考〉，《文獻專刊》第 1 卷第 1 期，1949 年 8 月。

盧建一：〈福建古代海防述論〉，收入唐文基主編：《福建史論探》，福州市，福建人民出版社，1992 年。

國家圖書館出版品預行編目資料

浯嶼水寨：一個代閩海水師重鎮的觀察 / 何孟興
著.--修訂一版.--臺北市：蘭臺, 民 94
　　面； 公分
　　參考書：面

　ISBN 986-7626-19-2

1.海軍 – 中國 – 明（1368-1644）
2.海防 – 中國 – 明（1368-1644）

597-.8096

蘭臺圖書 232094

# 浯嶼水寨——一個明代閩海水師重鎮的觀察

作　　者：何孟興
編　　輯：蘭臺編審委員會
發 行 人：盧瑞琴
出 版 者：蘭臺出版社
登 記 證：行政院新聞局出版事業登記臺業字第六二六七號
地　　址：臺北市中正區懷寧街 74 號 4 樓
電　　話：(02)2331-0535 (代表號)
傳　　真：(02)2382-6225
劃撥戶名：蘭臺網路出版商務股份有限公司
劃撥帳號：18995335
網路書局：www.5w.com.tw　電子信箱：lt5w.lu@msa.hinet.net
總 經 銷：華達文教科技股份有限公司
出版日期：中華民國 95 年 3 月
版　　次：修訂一版
定　　價：新臺幣 350 元整（平裝）

ISBN 986-7626-19-2